国家社科基金一般项目"中国近代科学文化共同体研究"（16BZX029）阶段性成果

中国现代科学文化共同体研究
——以中央研究院为考察中心

1928—1949

夏文华 著

STUDY ON THE COMMUNITY OF SCIENTIFIC
CULTURE IN MODERN CHINA(1928-1949)
——AN INVESTIGATION FOCUSED
ON ACADEMIA SINICA

中国社会科学出版社

图书在版编目（CIP）数据

中国现代科学文化共同体研究：1928 - 1949：以中央研究院为
考察中心/夏文华著. —北京：中国社会科学出版社，2018.3
ISBN 978 - 7 - 5161 - 9937 - 4

Ⅰ.①中…　Ⅱ.①夏…　Ⅲ.①科学技术 - 文化研究 - 中国 -
1928 - 1949　Ⅳ.①G322.9

中国版本图书馆 CIP 数据核字（2017）第 041960 号

出 版 人	赵剑英	
责任编辑	宋燕鹏	
责任校对	李　莉	
责任印制	李寡寡	
出　　版	中国社会科学出版社	
社　　址	北京鼓楼西大街甲 158 号	
邮　　编	100720	
网　　址	http：//www. csspw. cn	
发 行 部	010 - 84083685	
门 市 部	010 - 84029450	
经　　销	新华书店及其他书店	
印刷装订	北京明恒达印务有限公司	
版　　次	2018 年 3 月第 1 版	
印　　次	2018 年 3 月第 1 次印刷	
开　　本	710×1000　1/16	
印　　张	19.5	
插　　页	2	
字　　数	320 千字	
定　　价	80.00 元	

凡购买中国社会科学出版社图书，如有质量问题请与本社营销中心联系调换
电话：010 - 84083683

序

张培富

　　科学建制和科学文化是构成现代科学的重要社会形态，其中，科学建制既是人类科学活动不断制度化的结果，又是科学进一步发展的组织条件和制度保证。通过建制化而产生的专业科学社团、科学研究机构、科学出版物、科学教育制度，以及科学奖励和资助制度等，已经成为现代科学结构和运行的基本要素。科学文化则是伴随着科学的建制化而逐步形成并为社会所接受的新型文化，是科学活动的价值、精神和规范在人类文化中的合法呈现和外化。科学文化的发展不仅对人类的一般文化产生了深刻影响，改变了现代文化的基本结构，同时也反过来强化了科学建制的合理性。对科学建制和科学文化的考察涉及科学如何在社会中形成、科学如何独立地运行和发展以及科学如何影响社会文化的变迁等基本的元科学问题，是科学史、科学技术与社会等研究领域的兴趣焦点，因而开展针对中国科学建制和科学文化关系的研究就显得很有必要。

　　中国的科学建制产生于近现代的社会变革运动，既有直接移植于意、英、法、德、美等国科学建制的模式，也有依据国情和需要加以创新的内容。可以说，一部中国近现代科学史就是一部中国科学建制史。伴随着科学建制一百多年的发展和完善，中国现代科学建立起了完整的学科学术体系，取得了重要的科学成就，在世界科学之林占据了一席之地。事实证明，中国科学从无到有、从初建到繁荣发展的意义远远超越了科学事业本身，它不仅具有持续提升中国经济、政治、军事和教育等国家实力的功能，还具有更深层次的文化价值和作用，对于中国一百多年来的现代化进程产生了深远影响。

　　从中国科学建制的发展，考察中国科学文化的建设，是避免对中国科学文化的地位与作用作空泛判断的一条有效途径。尽管所谓"西学东渐"一开始就包含着对西方近代科学文化的传播，但如果没有本国科学建制的形成，就不能保证科学家社会角色的形成和存在，中国科学的真正发展就无从谈起，更谈不上科学文化的建立和发展。正是随着中国的科学建制从无到有、从小到大、从零散到规范，中国的科学文化才逐渐发展起来。因此，开展中国科学建制与科学文化的历史发展和相互作用关系的研究，既有重要的学术价值，也有深远的现实意义，对于构建中国新的文化思想体系，促进中国现代化进程大有裨益。

在过去关于中国近现代科学发展的研究中，国内外学术界已对中国科学建制的形成和中国科学文化的发展开展了一系列研究，但这些研究总体上是分立的，尚缺乏关于科学建制与科学文化互动关系的深入探讨。夏文华博士的《中国现代科学文化共同体研究》正是一部将科学建制与科学文化的互动结合起来的研究成果。该书以民国时期的"中央研究院"为主要研究对象，以人物为核心，构建了"科学文化共同体"，对共同体的形成作了社会学分析，并对共同体的学术示范与文化影响力进行了全面细致的论述，通过研究较好地诠释了科学建制与科学文化之间的互动关系。

从 2004 年跟随我读研究生算起，夏文华接触科学文化这一领域已经有十多年的时间了，在这期间他完成了硕士、博士的学业，也完成了从一个文学学士到哲学硕士再到科技史博士的转变，多学科的背景使他能够从不同研究领域吸取养分，从而找到一条更适合自己的治学路径。"中国现代科学文化共同体"这一概念的构建正是得益于他在不同学科之间广泛的阅读与思考。在完成博士学位论文，送交匿名评审时，外审专家给予这一选题充分肯定的评价，认为该选题"具有开创性"，其学术思考是"新颖的、有价值的"，而且"以民国时期最重要的科研机构——中央研究院为案例的论述是合适的，也是有说服力的"，其研究不仅具有历史意义，更具有现实价值。我认为匿名评审专家的评价是中肯的，符合夏文华当初选择这一选题进行研究的初衷，其研究结果也达到了预期的目标。

当然，"科学文化"或"科学文化共同体"这一研究领域是极其宽广的，在一篇博士论文或是一部著作当中是不可能把相关问题完全研究透彻的。"科学文化共同体"涉及的人物、机构和思想十分繁富，时间跨度也很长，仅仅以某一时段某一核心机构为案例进行论证，似乎不足以充分反映科学文化在中国近现代史上的变迁与重大影响。好在，夏文华博士打算在这一领域长期地钻研下去，并尝试将"科学文化共同体"的研究在时间维度上向前推进、向后延伸，即从"现代"向"近代"和"当代"拓展，研究对象也尝试触及学术精英之外更广泛的群体，从而构建"科学文化共同体"在中国产生、发展的完整图景，充分挖掘其历史价值与现实意义，使之具备一定的普适性。

　　夏文华在其博士论文基础上经过进一步修订和完善形成的书稿，即将出版。经过四年多的沉淀、反思和删改，其立意当有所提升。作为他的指导教师，我乐观其成，也希望他能借此书的出版，对过去十多年的学术思考作一总结，并继续在"科学文化"这一领域钻研，争取早日取得新的成果。

目　录

第一部分　中国现代科学文化共同体的提出及其意义

第二部分　中国现代科学文化共同体的社会学分析

第三部分　中国现代科学文化共同体对科学事业发展的贡献

第五部分　中国现代科学文化共同体的科学文化价值观与影响力

引　言

20 世纪以来，科学的概念和思维习惯越来越深入地影响人们对社会的理解，科学对于现代中国而言，不仅是知识体系，更因科学方法和科学精神的有效性，融入社会各个领域，进入意识形态领域。由于"科学"在现代中国扮演的极为特殊的角色，形成了具有鲜明特色的科学文化。科学在现代中国社会当中的影响是根本性的，它不仅仅体现在物质文明上的进步，更重要的是，科学文化逐渐成为文化体系中的重要构成部分，"科学"已超越其本身的价值，成为衡量其他文化的标杆。因而，对"科学文化"的研究已成为自近代以来中国文化最重要的课题之一。笔者在综合考量了各种研究之后，尝试提出"中国现代科学文化共同体"这样一个概念，试图将人文学者与科学家纳入共同的研究主体，从而对中国现代科学文化的发生、发展做出全面完整的理解。

一　选题目的与意义

（一）选题目的

笔者提出"中国现代科学文化共同体"① 这一概念，试图从两种文化分离的源头来寻求科学家与人文学者在构建科学文化中的融合。如果说现代中国在科学上取得的成就主要由科学共同体完成，那么，现代中国科学文化的塑型则是由包括科学共同体的成员在内的科学文化共同体建构完成的。科学文化共同体的产生和发展是科学文化发展的一个重要组成部分，科学文化共同体把科学家和人文学者结合成一个功能整体，大大地推动了

---

① 本文中的"现代"与社会史、政治史中"现代"的意义不完全一致，虽然本文也以历史时期来划界，但本文所指的"现代"主要是从"现代性"的意义上来使用它。现代性一般从两方面去理解：其一，社会的组织结构方面，现代性标志着资本主义新的世界体系趋于形成，世俗化的社会开始建构，世界性的市场、商品和劳动力在世界范围的流动，民族国家的建立，与之相应的现代行政组织和法律体系形成；其二，思想文化方面，以启蒙主义理性原则建立起来的对社会历史和人自身的反思性认知体系开始建立，教育体系以及大规模的知识创造和传播，各种学科和思想流派的持续产生，这些思想文化不断推动社会向着既定的理想目标发展。

社会文化的发展。因而，科学文化共同体的意义和作用应该是科学发展、文化发展进程中需要深入探讨和解决的问题之一。

本书的主旨在于弥合这一研究对象的隔阂，试图通过提出一个"科学文化共同体"，把塑造科学文化的主体人员统摄起来，形成一个具有共同价值观——科学文化——的群体，通过对这一群体的研究，如实呈现科学文化塑型过程中科学家与人文学者各自的贡献，揭示科学文化所包含的丰富内容。本书提出科学文化共同体，最大的目的是尝试把科学家与人文学者纳入同一个研究群体，进而阐释他们在科学文化发生、发展、传播中的共同作用。

（二）选题意义

本选题在提出"中国现代科学文化共同体"时，以中央研究院这一民国时期最重要的科研机构为核心，以其职员作为共同体的成员，做具体而系统的实证研究，用具体的考察代替空泛的论断。作为民国时期最重要的科研机构，中央研究院在中国现代科学建制的建立和科学文化的建设中做出了突出的成就，对现代科学事业起到了示范作用，对中国现代科学文化的影响十分深远。选取中央研究院这一民国时期具有代表意义的科研机构进行研究，探讨中国科学建制与科学文化的历史发展和相互作用关系，既有重要的学术价值，也有深远的现实意义，对于构建中国新的文化思想体系，促进中国现代化进程大有裨益。

中央研究院是民国时期集自然科学和人文社会科学于一体的"全国最高的学术研究机关"，囊括了一批当时中国最优秀的职业科学家，在20年的历程中，在科学研究和人才培养上，取得了显著的成果。同时，它还担负着指导、联络、奖励国内学术研究的任务，在决定国家学术研究方针政策、促进国内外学术合作与交流方面发挥了重要作用。中央研究院最初的20年曲折发展，是民国时期中国科学艰难奋进的缩影。中央研究院在中国现代科学建制的建立和科学文化的建设中做出了突出的成就。鉴于中央研究院在民国时期不可替代而又十分重要的历史地位与作用，使得对中央研究院发展历程的研究成为学术界长期关注的热点，对中央研究院的研究也成为民国史研究特别是民国科学史研究最重要的议题之一。

自中央研究院成立之后，中国科学体制化的发展进入一个崭新的阶段，特别是1928年到1937年抗日战争全面爆发之前的十年间，在中央研究院的组织带动下，全国的科学事业取得了突飞猛进的发展，各种科研机构、科学团体、科学刊物纷纷问世，出现了科学文化繁荣的局面。在科学建制化的过程中科学文化也逐渐成型并通过各种途径深入民众之间，确立了科学文化作为现代社会文化主流的地位。"科学是一种文化过程"，科学文化的发展离不开特定的时间和空间，离不开社会支撑物，而科学建制恰是科学文化发展的一个重要支撑物。科学文化是伴随科学的建制化而逐步形成并为社会所接受的新型文化，是科学活动的价值、精神和规范在人类文化中的合法呈现和外化。科学文化的发展不仅对人类的一般文化产生了深刻影响，改变了现代文化的基本结构，同时也反过来强化了科学建制的合理性。对科学建制和科学文化的考察涉及科学如何在社会中形成、科学如何独立地运行和发展，以及科学如何影响社会文化的变迁等基本问题，因而是科学史研究领域的兴趣焦点。

中央研究院作为民国时期最重要的科研机构，在体制与文化上的探索对现代科学事业起到了示范作用，更因为它与国内外各科研机构、高等院校间的密切关系，其对中国现代科学文化的影响十分深远。通过对历史事实的全面深入考察之后，发现中央研究院客观上就是以科学文化共同体的形式存在。与科学共同体相比，科学文化共同体容纳的成员更多，它不仅包括科学家，举凡对科学文化的发生、发展起到推动作用的人都可以在一定程度上和范围内纳入科学文化共同体。

科学文化共同体范式所体现的特定的世界观、价值观和方法论，是推动现代中国科学前进的思想框架。其范式作为一种文化价值规范系统为其成员所接受，同时又反过来制约、影响着他们的认识活动。科学文化共同体发挥着重要的文化影响能量，宣扬了科学精神、深化了民众对科学文化的普遍认同，营造了科学发展所必需的社会氛围，重建了以科学文化为核心的新型文化，树立了新的世界观和科学信仰，冲破旧观念，打开新思路，推动了中国现代科学的发展。

从科学文化共同体的视角来考察现代中国科学、科学文化的发展，具有重要的历史意义和现实意义。对现代科学发展史的文化学观照，既是对现代科学史研究做深广拓展的一种尝试，同时对整个现代科学史的研究新格局的形成也将具有一定的启示意义。深入研究现代中国科学文化共同体的形成及其对科学事业的推进、对科学文化的塑型之贡献，既有助于理解和把握现代中国科学发展的真实情况，也能对当前科学事业的规划提供一些有益的启示。

二　研究现状与问题

由于本书提出的中国现代科学文化共同体是以中央研究院的职员为成员，因而本书的所有研究都是以中央研究院及其成员的科学文化实践而展开，主要是对中央研究院的研究现状进行考察。

（一）对中央研究院进行研究的现状

1. 中国大陆对中央研究院的研究

中国大陆对中央研究院的研究包括 1949 年前的研究和 1949 年后的研究，最重要的研究成果是改革开放之后取得的；研究内容主要有对中央研究院的整体研究、研究所的研究和学者的传记研究三个方面。

（1）对中央研究院的整体研究

对中央研究院的研究可以追溯到 20 世纪 30 年代。在中央研究院发展过程中，作为创建者和领导者的蔡元培即随时对本院的科学事业进行总结和探讨，如《中央研究院之过去与将来》（1934），《中央研究院与中国科学研究概况》（1935），《中国的中央研究院与科学研究事业》（1936），《二十五年来中国研究机关之类别与其成立次第》（1936）等。民国时期发表的这些文章是当时对中央研究院科学研究的总结，也是现今研究中央研究院的重要文献。

1949 年之后，中国大陆对中央研究院的研究中断，重新研究开始于改革开放之后，最早的论文是傅长禄发表于《史学集刊》1982 年第 2 期的《蔡元培与"国立中央研究院"》，它揭开了中国大陆新时期研究中央研究院的序幕，引发了其他学者研究的热情。稍后几年涌现出一批重要的研究成果，如：《前中央研究院的组织机构和重要制度》（孔庆泰，1984），《中央研究院机构沿革大事记》（樊洪业，1985），《中央研究院概述》（林文照，1985），《中央研究院的组织与管理（1928—1949）》（夷声、歆名，1985），《中央研究院的筹备经过》（林文照，1988），《中央研究院主要法规辑录》（林文照，1988），《中央研究院院长的任命与选举》（樊洪业，1990）。林文照、樊洪业等学者对该领域的研究有筚路蓝缕的开创之功，这些论文初步讨论了中央研究院建立的缘起、组织原则与形式、国际间的学术交流、科研奖励、法规、人才培养等内容，对中央研究院的历史功绩做出了客观的评价。

　　徐明华较早从中国现代科学体制化的视角对中央研究院进行研究，认为中央研究院的建立是"我国政府办科学的开始"，"实现了科学活动从业余到专业的转变"，"科学事业成为政府事务中的一部分"。这种官办集中型的中央研究院是科学界和政府的必然要求和选择，国家科学体制"符合中国人的心理，符合中国社会集权专制的传统结构模式"，在稳定的环境下能够取得可喜的成就，但"容易导致科学自主性的破坏"①。

　　张剑的《中国学术评议空间的开创——以中央研究院评议会为中心》和左玉河的《中央研究院评议会及其学术指导功能》探讨了中国学术评议空间开创过程中的得失，认为尽管民国科学体制化走的是政府化的道路，仍存在一定的学术自由空间，"中央研究院通过建立和完善评议会制度，真正实现了《国立中央研究院组织法》所赋予其之'指导联络奖励学术之研究'的使命，有效地促进了中国现代学术研究的职业化和体制化。"② 段治文亦认为中央研究院评议会的形成标志着官办集中型科学体制的正式形成，奠定了中国科学体制的基础。

　　段异兵、樊洪业通过考察 1935 年中央研究院科研选题的转变，认为此前中央研究院的选题多依据学者个人兴趣及见解而自由选定，此后则转向解决"实际急需问题"，标志着中央研究院"除研究纯粹科学之学理外，同时积极研究科学之应用"；作者认为这种转变"是中国社会对现代科学在中国本土化的要求"③。孙宅巍对抗战期间中央研究院的机构迁徙、人员流动、学术研究工作进行了论述，认为中央研究院的西迁，是"一项具有战略意义的举措"，在战火中为国家基本完整地保存了这一最高学术研究机构，包括人员、重要资料、仪器、设备等，对于推进科学、教育、文化事业发展，加速国家现代化的进程，有着深远的意义。在分析中央研究院在艰苦环境中仍能取得成就的原因时，孙宅巍认为政府的重视、研究人员的爱国热情、战争的客观需要、国际学术团体的支持等起到了重

---

　　① 徐明华：《中央研究院与中国科学研究的制度化》，《"中央研究院"近代史研究所集刊》（第 22 期下）1983 年。
　　② 左玉河：《中央研究院评议会及其学术指导功能》，《史学月刊》2008 年第 5 期。
　　③ 段异兵、樊洪业：《1935 年中央研究院使命的转变》，《自然辩证法通讯》2000 年第 5 期。

要作用。① 张凤琦着重总结了中央研究院在抗战期间取得的科研成果，尤其是在应用科学研究上作出的重要贡献，认为当时科学家们普遍认同"科学研究绝无纯粹平常与应用科学的严格区分，二者彼此渗透，相辅相成"②。

郭金海认为，1948 年中央研究院第一届院士的选举"是现代中国学术界自主选举学术精英的典范"，"是现代科学建制化历程开始步入成熟阶段的重要标志"③。《1940 年的中央研究院院长选举》（张剑，1999）、《民国中央研究院院长之争》（雷颐，2007）、《中央研究院首届评议会 1940 年会与院长选举》（王扬宗，2008）、《一九四八年中央研究院院士选举》（周雷鸣，2006）等文通过考察院长与院士的选举，探讨在中央研究院这一科学研究机构中学术与政治间的制衡与博弈。此外，诸如《中国近现代科学技术史》（董光璧，1997）、《20 世纪中国科学技术史稿》（杨德才，1996）等科技史通论著述中均有论及中央研究院与民国科技发展的关系。

（2）对中央研究院各研究所的研究

1937 年刘咸选辑的《中国科学二十年》一书，收录了严济慈、曾昭抡、胡先骕、卢于道、吕炯等知名科学家的文章，这些文章对 1937 年之前 20 年间中国科学的发展分门别类作了总结，其内容包罗物理、化学、生物、天文、气象等科学分支学科，无异于一部中国科学断代史，该书对各个学科在建制和学术上的成就做出了梳理与评价，内容多涉及中央研究院各所及研究人员。1945 年吴学周撰成《中央研究院化学研究所》一文，主要记述化学研究所在 1928—1945 年所取得的学术成就。

1949 年，留在大陆的中央研究院各研究所与北平研究院等科研机构整合建立了中国科学院，中央研究院原来的机构从体制意义上不复存在，有必要对之前的工作做一个总结。为此，1950 年第 1 期、第 2 期的《科学通报》上，集中发表了《解放以后的前中央研究院植物研究所》（王伏雄）、《解放前后前中央研究院天文研究所概况》（陈彪）、《前中央研究院化学研究所四月份工作报告》（吴学周）、《前中央研究院地质研究所近况》（张文佑）、《前中央研究院物理研究所解放后工作概况》（李寿柟）、

---

① 孙宅巍：《抗战中的中央研究院》，《抗日战争研究》1993 年第 1 期。
② 张凤琦：《抗战时期内迁西南的中央研究院》，《四川文史资料集粹》（第 4 卷文化教育科学编），1996 年版，第 743 页。
③ 郭金海：《1948 年中央研究院第一届院士的选举》，《自然科学史研究》2006 年第 1 期。

《前中央研究院气象研究所最近工作报导》（章震樾）、《前中央研究院动物研究所最近动态》（伍献文）、《解放后的前中央研究院化学研究所》（徐晓白）、《前中央研究院工学研究所近讯》（柳大维）、《解放以来的前中央研究院医学研究所》（胡旭初）等文章，可视作对中央研究院各研究所在 1949 年以前历史的总结。

1980 年代之后，学术界恢复对民国时期中央研究院各研究所的关注，研究的论著主要包括亲历者对研究所的回忆，以及对历史资料的整理与研究。研究多集中于地质、天文、物理、化学、数学等学科发展较好的研究所。如陈遵妫的《对中央研究院天文研究所的筹建及建设紫金山天文台的回忆》（1988）、吴文俊的《中央研究院数学研究所一年的回忆》（1989）等。王仰之的《中国地质学简史》（1994）中有《中央研究院地质研究所》专节，详细记述研究所机构设置、人员、经费、研究方向、成果及出版刊物等情况，内容翔实。近年来对中央研究院各所的研究有所深入，胡升华对中央研究院物理研究所的沿革、工作范围、研究人员状况、研究工作进行了梳理，肯定了物理研究所作为中国第一个物理学研究机构，为物理学在中国的兴起、研究队伍的培养等方面做出的功绩，但认为物理所的"研究事业发展缓慢"，"显得有些零乱、随意，很难看出有明显的特色，缺乏有计划的、系统的研究"[①]。袁振东通过对中央研究院化学研究所设立的动因、经费的拨给、设备的扩充、研究队伍的形成与壮大等内容的微观考察，探讨中国现代化学学术研究的职业化和科学体制化问题，认为"中研院化学所的创建是职业化化学研究在中国的一次成功的尝试"[②]。李惠兴对天文研究所成立的原因、时机，天文台的选址及建造中遇到的经费缺乏、驻军干扰等困难做了分析，并专章分析天文研究所的领导者高鲁和余青松对天文台的贡献。全文着力阐述民国时期的科学发展受政治支配的主旨，认为天文研究所的成立主要是政治的需要和少数学者努力的结果，"在一开始就打上了'政治'的烙印，成为政府的工具"，

---

① 胡升华：《中央研究院物理研究所工作评述》（1928—1949），《第七届国际中国科学史会议文集》，大象出版社 1999 年版，第 344—349 页。

② 袁振东：《国立中央研究院化学研究所的创建（1927—1937 年）：职业化化学研究在中国的尝试》，《中国科技史杂志》2006 年第 2 期。

"科学也成了政治的奴仆"①。陈紫微通过对社会研究所的学术成果、特色、范式进行考察，认为社会研究所的研究方法紧跟世界趋势，研究内容多与社会现实契合，从经济研究入手，将实地调查资料与史料并重，着眼于现实问题，使学术成果直接为社会服务，其目的缘于为国家探寻出路；社会研究所的研究具有学术和社会双重贡献。②

（3）对中央研究院学者的传记研究

对中央研究院学者的个案研究主要以传记的形式出现，这是研究中央研究院学术史的重要组成部分，如早期胡适、傅斯年等人发表的对丁文江的回忆文章《丁在君这个人》（1936）、《我所认识的丁文江先生》（1936）等。随着对中国现代科学史研究的深入，近年来涌现出一批重要的科学家传记，如华罗庚、苏步青、吴大猷、吴有训、赵忠尧、严济慈、吴学周、朱家骅、李四光、翁文灏、竺可桢、侯德榜、茅以升、童第周等人先后有一种或多种传记问世。这些传记记述了科学家们的科学历程，虽侧重点各不相同，但或多或少会涉及他们在中央研究院时的经历。

一些科学家传记以年谱的形式面世，如《李四光年谱》（1999）、《黄汲清年谱》（2004）、《翁文灏年谱》（2005）、《胡先骕先生年谱长编》（2008）等，其中《翁文灏年谱》、《胡先骕先生年谱长编》为近年科学家研究年谱类的精品。李学通所作《翁文灏年谱》颇得作年谱的家法，取材谨严，剪裁有度，以谱主的学术成就为主线，对其他各类材料尽可能兼收并蓄，既有中国地质事业大事的记载，又有其政治、军事背景的交待，挖掘出不少新材料，订正了此前的错误，为学界提供了一个脉络清楚、材料翔实的研究平台。《胡先骕先生年谱长编》的作者胡宗刚长年潜心研究静生生物调查所，所撰胡先骕年谱，资料丰富，考证翔实，大部分资料为首次呈世，对中国生物学史研究者而言，该书有着极高的价值。

中央研究院科学家传记研究除个人传记外，还有集体传记研究方式。当前的科学家集体传记研究主要有两种进路，一是对同一时代科学家的共时研究，一是对某一学科科学家的历时研究。前一种进路如：段治文的

---

① 李惠兴：《有关中央研究院天文研究所建立初期的几个问题的探讨》，硕士学位论文，中国科学院，2006年，第45页。

② 陈紫微：《中央研究院社会研究所探究》，硕士学位论文，华东师范大学，2009年，第33—36页。

《中国现代科学文化的兴起：1919—1936》（2001），该书部分章节探讨了中央研究院与中国特色科学体制的形成，并采用集体传记研究的方法对20世纪20—30年代科学家的学科分布、年龄结构、籍贯分布、留学经历等进行社会学分析，把这个时期的科学家称为"第三代科学家"，是"真正具有现代意义的科学家群体"，并认为科学家的社会地位得到提高，职业化完成，促进了中国社会结构的现代转型。后一种进路如：张培富的《海归学子演绎化学之路——中国近代化学体制化史考》（2009），该书从化学留学生（中央研究院从事化学研究的人员基本属于此群体）的群体指标分析入手，探讨了留学生在中国近代化学社团、化学期刊、化学教育、化学研究机构等体制化建设方面的贡献，其研究思路为体制化与中国近代科学之间的复杂互动，在同类研究中尚不多见。这两种研究进路均以科学家集体传记的方式对中央研究院的科学家作了微观考察、整体描述，可谓各具特色，殊途同归。

2. 中国台湾对中央研究院的研究

1949年，中央研究院的历史语言研究所、数学研究所迁到台湾，在艰难中维持，并力图恢复。由于"中央研究院"在台湾的重建，对它的历史研究也是台湾学者的长久关注点。他们的评论基本是一以贯之，不曾有昨是今非的骤然转变。早期的研究主要集中于人物研究，如胡适于1956年完成的《丁文江的传记》，是他晚年最重要的研究著作之一，兼具史料的一般功能。台湾"中央研究院"近代史研究所的陶英惠所作的研究很具代表性，其重要的研究成果有：《蔡元培与大学院》（1972），《蔡元培年谱》（1976），《蔡元培的生平与志业》（1977），《蔡元培》（1978），《蔡元培与中央研究院1927—1940》（1978），《蔡元培1868—1940》（1984），《王世杰1891—1981》（1988），《朱家骅1893—1963》（1996），《深谋远虑奠磐基：朱家骅与中央研究院》（2000）等。在这些论著中，阐述了蔡元培等学术领袖对中央研究院发展的功绩；对比了"中央研究院"与其他国立研究机关、大学研究机构之异同；认为"由于国家多难，政府经费支绌"，各机关均缩减经费，"学术研究机关若无基金，则进行必难稳定"，"中研院各所的设备，以及举办的特种事业，有赖于基金利息之补助者亦多"；充分肯定蔡元培等人教育独立、学术自由的思想使中央研究院具有"独立超然的地位"①。王汎森的 *Fu Ssu – nien: A Life in Chinese History and Politics*（《傅斯年：中国历史与政治中的个体生命》，2000）树立了历史研究的一个典范——通过把握个体生命进而把握中国近现代历史变迁的脉搏；作者将历史与政治看作理解长期任职于中央研究院历史语言研究所的傅斯年的一生的关键因素，通过傅斯年的生命揭示出的是个体生命消解于历史理想与现时政治的夹缝中的过程。② 吴大猷的《八十述怀》（1987）、《早期中国物理发展之回忆》（2001）等著作，回顾了民国时期中央研究院物理研究所的发展，对叶企孙、饶毓泰、赵忠尧、吴有训、严济慈等学术骨干的贡献做出客观评价，认为"中国在 20 世纪的头个 50 年，（在物理学上的）最大的成就，就是的的确确训练出来有十几二十位很好的学生"。③

3. 海外对中央研究院的研究

近年来，海外学者对中央研究院整体研究取得的成果以陈时伟（Shi-wei Chen）为最佳。陈时伟在 "Government and Academy in Republican China: History of Academia Sinica, 1927—1949"（《民国时期的政府与学术：中央研究院的历史（1927—1949）》，1998）、《中央研究院与中国近代学术体制的职业 1927—1937》（2003）等文中阐述了国民党与中央研究院的关系，分析了国家科学体制模式的选择与确立，探讨了科学家职业化与职业科学化对中国近代科学体制的影响。陈时伟以中央研究院为中心论及整个近代中国学术体制的转型，从中央研究院的地位、组织结构、人才构成等方面作了分析，认为中央研究院这一西方近代科学知识体系和民国政治相结合、超然于各国立大学和其他研究机构之上的机关，为近代职业学术研究在中国的普及和发展提供了体制空间。④

（二）对中央研究院进行研究存在的不足

尽管学界对中央研究院的研究取得诸多重要成就，但其存在的不足也是需要做深入探讨的，包括研究空白点的填补、研究视野的扩展、研究平

---

① 陶英惠：《蔡元培与中央研究院（1927—1940）》，《"中央研究院"近代史研究所集刊》（第七期），1978 年。
② Axel Schneider. Book Reviews. The China Quarterly, 2001 (1)：1040—1041.
③ 吴大猷：《早期中国物理发展的回忆·续三》，《物理》2005 年第 4 期。
④ 陈时伟：《中央研究院与中国近代学术体制的职业化 1927—1937》，《中国学术》2003 年第 3 期。

台的提升等。

1. 研究领域亟待拓展

就整体而言，当前学界对中央研究院的研究仍比较薄弱，许多研究领域并未引起足够全面的重视，研究热点相对集中。作为民国时期科学体制的中心，中央研究院因学术而与国内其他研究机关、高等院校之间紧密关联，而这方面的研究极少。在学科研究方面，对中央研究院的化学、天文学、植物学、地学等学科的研究比较深入，成果较多，而对有的学科如中央研究院的工程学发展则少有人问津。在人物研究方面，即使李四光、竺可桢、胡适等热点人物，其研究的焦点与专注的角度，也并不在他们与中央研究院的关系上面。事实上，与中央研究院结缘的科学家和学者人数众多，大多都是影响中国现代学术发展的重要人物，但多数人物长期不获垂青，每每论及他们在中央研究院的经历总是语焉不详。近年来，个别科学家的传记或相关论著相继出现，但就中央研究院科学家群体来看，可供研究的个案仍有很多。作为最高国家学术机构，中央研究院除开展科学研究之外，还影响到中国科学文化事业的建设，如学术评议会、现代基金会、新式学会、科学期刊等的建设均因中央研究院的参与而取得长足进展，但这方面的研究尚待拓展。

2. 研究深度有待加强

现有相关中央研究院的研究成果很多流于表面，未对科学发展背后的社会、文化等因素做出深刻的探讨。如对中央研究院研究所的研究，史料挖掘和整理者居多，而对它的历史作用与地位、广泛的社会影响力等方面缺乏细致而系统的研究。就科学家的个案研究而言，除少数成果兼有史料与研讨的性质，达到相当高的水准外，多数是以传记或年谱的形式面世，其本身即说明对科学家的研究还停留在初级层面。并且，中央研究院的院士多数具备多重身份，除在中央研究院从事科学研究工作之外，兼跨教育、行政、政治甚至实业等领域，并几乎在各个领域都做出杰出成就，只有从不同的角度和观点对他们进行全方位的深入研究，方能客观地展示他们在现代科学发展史上的作用与地位，对于后世认识现代科学文化的发展亦能提供进一步的帮助。有的研究从个体和群体角度反映某一学科的发展，不免存在孤立的特点，不能全面展现科学家的立场、观点、历史作用，以及科学活动、社会关系等，难以对考察中央研究院在科学体制化进程中的作用提供更深入的借鉴。

3. 缺乏引领性的研究纲领

当前学术界对中央研究院的研究，正处在分散的科学社会史的研究层面，一般选取某一个角度，关注某一个焦点，缺乏统领性的研究纲领，不同研究者所选取的研究内容缺乏有机联系，无形间会造成研究的孤立，构成学科间的隔阂，不利于客观全面深入地把握中央研究院在民国科学史上的地位与作用。只有在分散研究基础之上进行更高的综合，用整体的文化视野去观照、统领分散的科学社会史研究，方能全面把握中央研究院的历史功绩，折射出它在中国现代科学史上的光彩。因此，在继续扩大在科学社会史领域对中央研究院的研究，丰富其研究成果的同时，要广泛借鉴哲学、社会学等人文社会科学的方法和理论，积极寻求并建立具有全局性、前瞻性的能统领诸多研究成果的研究纲领，引领以中央研究院为研究对象的现代科学史的深化探索。

三　研究思路与内容

（一）研究思路

1. 总体思路

通过提出一个容纳科学家与人文学者于一体的"中国现代科学文化共同体"，将民国时期对科学文化的发生、发展、塑型、传播起到决定性作用的学术精英融合为一个整体，以他们的科学文化实践为基础，展开对中国现代科学事业、科学文化的微观的社会史研究。

2. 具体思路

通过对科学文化共同体成员数十年科学文化实践的研究，特别是对中央研究院的组织机制、科学研究模式、学科建设、与社会其他建制之间的关系、科学文化事业的建设等内容做整体考察的同时，关注科学家、学术领袖的科学观，并注重对一些重大科学文化事件、历史细节的考察，还原历史的真实面貌，客观、全面地阐明科学文化共同体在中国科学建制建设与科学文化建设上的功绩，以及通过各种途径和方式对中国现代科学文化的塑造与散播，从而对其历史地位做出公正的评价，对其科学文化影响力做出正确的把握。同时，可总结中国现代科学技术发展的历史经验和教训，这对当前如何推进中国科学技术的进步、创造有利于科学技术发展的社会条件和文化氛围，追赶国际先进水平，实现"科教兴国"这样重大的问题也有相应的借鉴意义。

（二）研究方法

本课题采取历史和逻辑相统一、历时和共时相结合、从局部分析到整体综合的研究思路，充分借鉴科学思想史、科学社会学和文化哲学的研究理论与方法，如历史比较方法、内容分析方法、文献研究法、调查统计方法，以及社会变迁理论、文化模式理论、文化转型理论、文化批判理论等，通过对中央研究院全面深入的考察，揭示现代中国的科学建制和科学文化之间的内在互动关系。

（三）研究内容

本书共十四章，从结构上可划分为五个部分：

第一部分（第一章与第二章）提出"中国现代科学文化共同体"这一概念，并对科学文化共同体的性质、特征、结构、维系、研究内容进行阐述。

第二部分（第三章至第六章）对科学文化共同体进行社会学分析。第三章主要对科学文化共同体的核心成员进行分析，探讨他们对科学事业的领导作用以及对科学文化塑造的推动作用；第四章对科学文化共同体成员的整体社会学特征进行分析，寻找共同体成员在地缘、亲缘、学缘、业缘等方面的社会联系与特征，并分析原因，进而探讨这些复杂的社会关系对共同体的维系作用；第五章将科学文化共同体的核心成员——中央研究院的院士，与同一时期另一重要的科研机构北平研究院的核心成员——会员，进行比较研究，分析二者在各个方面的异同；第六章以案例研究的方法来探讨科学文化共同体的社会网络的形成，以及共同体成员的科学文化实践活动对科学事业与科学文化的贡献。

第三部分（第七章至第十章）阐明科学文化共同体对中国现代科学事业的贡献。第七章探讨了以中央研究院成员为主的科学文化共同体对其他科研机构的贡献；第八章考察了科学文化共同体成员参与科学学会的建设，并探讨中国现代科学学会在促进学科发展、团结科学家群体、增进国际交流、传播科学文化等方面起到的重要作用；第九章考察科学文化共同体成员对中国现代高等教育发展所起的特殊贡献；第十章以自然历史博物馆和科学图书馆为例，探讨科学文化共同体对承载着传播科学文化，普及科学知识功能的科学文化事业的促进作用。

第四部分（第十一章与第十二章）讨论科学文化共同体的学术示范作用与科学文化实践。第十一章主要以科学文化共同体的精英成员发表的论文为研究对象，探讨他们的学术示范作用，并以中央研究院的一份科学刊物为案例进行分析；第十二章主要以两次典型的科学调查活动来说明科学实践与科学文化之间的互动关系。

第五部分（第十三章与第十四章）探讨科学文化共同体在科学文化上的独特贡献。第十三章着重讨论科学文化共同体的科学文化价值观；第十四章通过科学文化共同体对科学文化的传播、科学人才的培养、科学精神的塑造，来阐明科学文化共同体的文化影响力。

四　研究重点难点、创新与后续研究

（一）研究重点与难点

本书重点在于提出一个"中国现代科学文化共同体"的概念，将民国时期对科学文化的产生、发展做出贡献的精英人群全部包含进去。该共同体的提出有助于在研究主体上将科学家与人文学者整合在一起，也希望在此基础上达到科学与人文的融合。但是，由于"科学文化"及"共同体"这两个概念在学术界都没有定论，因而将两个很抽象的概念整合起来需要一定的勇气，并承担相应的风险。为使这一抽象的科学文化共同体具有现实的基础，使得研究能够顺利开展，笔者以中央研究院这一实体科研机构为界限，以其职员作为共同体的成员来进行研究。不过，在中央研究院20几年的发展中，仅据笔者所作统计，其职员已达1131人。因为本文多数章节的研究依赖于共同体成员的科学文化实践与社会学特征，所以，尽可能多地获取共同体成员的传记资料至关重要，虽然借助相关的数据库可以提高这一工作的效率，但要把每个人都查到仍然不可能做到。在这1131人当中有一部分人物的资料比较容易找到，如1949年后留在新中国继续从事科学研究与科学文化事业，并担任一定社会职务的；有些人则因为远赴国外或台湾，生平资料较难获取；还有些科学文化精英甚至包括一些重要的人物已湮没于历史的长河当中。在获取材料之后的甄别与取舍仍需要投入大量的时间与精力。即使获取相应的材料，又如何使用这些资料，如何对这一庞大的人群进行合理、有效的研究，如何才能真实地反映出这一共同体对现代中国的科学事业、科学文化所做的贡献，在把握上仍有很大的难度。另外，因为科学文化共同体容纳了民国时期的大部分学术精英，涉及学科众多，在对他们的思想进行论述时，不可能涉及全面，只能选取典型的人物、事件来阐明观点。鉴于人物众多、史料庞杂，笔者在对某些问题进行研究的过程中采用了计量与举证相结合的方法来阐明观点，但这样的方法是否能保证个别案例与一般论述之间关系的必然性，仍有待积累足够的个案分析来加以验证。

（二）创新之处

1. 概念与理论创新

本书在综合考量了学术界对中国现代科学文化的研究之后，提出"中国现代科学文化共同体"这一概念，并对这一共同体的性质与特征、结构与维系等进行探讨。这一概念的提出，能够弥合科学文化在研究对象上的隔阂，能够把塑造科学文化的主体人员统摄起来，形成一个具有共同价值观——科学文化——的群体，通过对这一群体的研究，如实体现科学文化塑型过程中科学家与人文学者各自的贡献，揭示中国现代科学文化所包含的丰富内容。

2. 立意与内容的创新

从科学文化共同体的角度探讨中国现代科学文化的发展，是研究中国科学文化的一个尝试。通过本论题的实施，对中国现代科学文化的形成、发展进行深入的研究，特别是通过对中央研究院这一现代中国最重要的科研机关的职员的科学文化实践的全面考察，深度揭示中国的科学建制和科学文化之间内在的互动关系，将对中国科学文化研究做出重要贡献，推进该领域的学术发展。

3. 研究方法的整合

本论题通过对科学社会史研究方法、科学思想史研究方法、科学社会学研究方法和文化哲学研究方法以及历史学、文献学研究方法的整合，提升本论题的研究广度和深度，对于科学技术史的研究方法也是一种新的拓展。

4. 新史料的挖掘整理

本论题的开展，依赖一些未被学术界发掘使用的史料，对这些史料的利用有利于研究的进行，新挖掘出的史料不仅使本论题有实证的支撑，也可为该研究领域的其他研究者提供帮助。

（三）后续研究

1. 科学文化共同体理论需要进一步完善、充实

本书提出了一个全新的共同体——"中国现代科学文化共同体"，并对其性质、结构等问题进行了基本的探讨，并以"科学文化共同体"来提纲挈领，展开研究。但是如何使其成为一套成熟的理论，适用性更广泛，需要不断地对其进行进一步的完善与充实。同时，也应将共同体理论与科学史研究更紧密地结合起来，推动相关的研究实践。

2. 在静态分析的基础上加强动态研究

研究一个共同体，确定该共同体的维系是一个重要的研究内容，在本书的写作中，尝试对共同体成员之间的关系进行全面的探究，但是限于人物众多，关系复杂，有些人物的资料难于获得，因而不可能全面地反映人物之间的关系。尽管如此，笔者还是努力寻找他们之间可能存在的联系。在本书的写作中，主要描述了共同体成员之间的静态关系，如他们的籍贯、亲缘、学缘、业缘等，但在实际的社会中，随着人员的流动、机构的迁徙、合并、继承，共同体成员之间的关系会变得十分复杂。而人物之间动态的关系演变更能反映出共同体的维系与发展。这一问题应在之后的研究中继续进行，可以考虑选取一些更具典型性、人数相对较少、史料较易获取的相对较小的共同体进行动态的研究。

3. 拓宽研究广度，深化研究内容

在构架全书的结构时，笔者试图尽量涉及更广泛的领域，举凡科学文化共同体涉及的领域，都希望纳于研究范围，因而，本文具有比较宽的广度。但同时，对有些部分的深度有所削弱，这一不足应在后续的研究中得到弥补。

第一部分

中国现代科学文化共同体的
提出及其意义

第一章　提出科学文化共同体的
必要、可能与意义

　　科学文化是有别于中国传统文化的一种异质文化，是伴随着近代科学在中国的传播与发展逐渐形成的。在民国时期，中国真正意义上的现代科学得以建立，开始进入学术化、专业化的发展阶段。与自然科学的发展相适应，科学文化也随之开始步入理性发展轨道，以现代科学的专业知识为载体，营造了一种新的文化氛围。科学思想、科学方法、科学精神得到极大的弘扬，并产生了深刻的社会影响，形成了一个相对完整的体系，科学的概念和思维习惯越来越深入地影响人们对社会的理解。鉴于科学文化的重要性，近年来逐渐引起研究者的关注，对它的研究也逐步深入，不同研究领域的学者采用不同的方法对科学文化进行了探讨。笔者在综合考量了各种研究之后，发现一个显著的问题，即不同学科的学者在进行研究时，研究的对象有所局限，如科学史研究者关注点在于科学家，人文思想史研究者的关注点在于人文社会科学家，无形中形成了对研究对象的分解，不利于全面完整地把握科学文化在中国现代史上的形成、发展。事实上，在科学文化的兴起过程中，人文学者与科学家一样起到了不可忽视的作用，有鉴于此，笔者尝试提出"中国现代科学文化共同体"这样一个概念，试图将人文学者与科学家纳入共同的研究对象，从而对中国现代科学文化的发生、发展做出全面完整的理解。

第一节　提出科学文化共同体的必要

　　20 世纪以来，科学的概念和思维习惯越来越深入地影响人们对社会的理解，然而在其发展的初期，科学却需要借助于日常生活的概念来解释它的研究对象。也许正是由于这个原因，科学的思想逐渐转变成为支配我们理解社会的基本方法。在这一时期，科学力图从其他领域汲取力量用以证明自身的意义，但也力图为政治、经济、文化和其他社会事务提供认识的原理。科学作为合法性源泉与有待合法化的知识的双重特点，深刻地体现在科学/政治、科学/文明、科学/时代等有关科学的叙事方式之中。科学对于现代中国而言，不仅是知识体系，更因科学方法和科学精神的有效性，融入社会各个领域，进入意识形态领域。由于"科学"扮演的极为特殊的角色，形成了具有鲜明特色的科学文化。

科学在现代中国社会当中的影响是根本性的，它不仅仅体现在物质文明上的进步，更重要的是科学文化也逐渐成为文化体系中的重要构成部分，"科学"已超越其本身的价值，从而成为衡量其他文化的标杆。凡事如果是"科学的"则表明它是正确的、先进的，反之则是错误的、倒退的。因而对"科学文化"的研究已成为近代以来中国文化最重要的课题。但是"科学文化"是如何产生的、如何兴起、并占据文化体系中的核心地位的？这一过程是由何人完成的？各个学科不同的学者纷纷从自身的研究领域对这一问题进行了解答。在中国近现代思想史研究中，以历史学者、文学研究者为主流的研究群体着重于对近代以来西方科学著作的译介为研究对象，如通过对严复等人的翻译工作来阐明西方文明对中国近代文化产生的影响；进入民国以后，以"五四"为标志，"德先生""赛先生"成为新文化思潮的主导，对这一运动中的文化领袖如胡适、陈独秀、鲁迅等"旗手"的研究一直是"科学文化"研究的主要组成部分，总体看来，对中国现代科学文化的研究主要是人文学者对人文学者而不是对科学家的思想进行研究，这些人文学者成为科学史研究的重要对象。如在另一个研究领域，是科学史研究者对近代以来科学家思想的研究，在研究的早期，他们主要关注科学家的科学成就，近些年来，随着科学社会学研究的广泛开展，对近现代科学技术史的研究逐渐形成了对科学文化的研究，业已取得一些重要的成果。

在现有关于科学文化的研究成果中，有的是科学家、思想家的个案研究；有的是对某一群体或者某一机构的群体分析。在现代思想史研究中，有的以某一学派（如《学衡》史地学派）或以某一具有重要影响的阵营（如《新青年》作者群体）展开科学文化的研究；在科学史研究中，以某一机构（如中国科学社）为核心展开研究。这些研究的对象一般以现代学术精英的某一部分为主，或限于某一学科，或限于某一阵营，在研究对象与范围上有所局限。由于研究者的学科背景、研究旨趣的差异，在"科学文化"这一共同研究领域事实上已形成较为明显的隔阂，除去研究方法、研究内容的差别，更为重要的差别是对科学文化这一近现代以来中国文化的核心部分的成因有着不同的理解，即科学文化这一核心文化的主导者究竟是人文学者？还是科学家？在这一问题上产生了分歧，而对于多数一般民众而言，他们的认知似乎是科学文化是由那些精英人文学者塑造的，而与科学家们毫无关系。难怪乎有学者认为："在中国现代思想研究中，科学共同体及其文化实践是经常被忽略的部分，以致按照通常的历史构图，现代启蒙运动似乎仅仅是一些人文知识分子的活动的产物。"① 汪晖在分析这一现象的原因时称，为何我们在探讨近代文化运动时会自觉地或不自觉地将科学共同体置于我们的视野之外呢？在这里，首先涉及的是制约着我们的知识体制和观念的"两种文化"的区分，即科学文化与人文文化的分野。因而，我们有必要提出一个既包括科学家在内，又包括人文学者在内的以科学文化为共同价值目标的科学文化共同体。

由于现代科学在中国社会中扮演着极其重要的角色，使得科学这一观念被赋予了异乎寻常的意义，"科学"成为了一种世界观，价值观，甚至是方法论。科学文化在社会文化中的核心地位的确立，得益于一大批社会精英的极力鼓吹，这一精英群体包含科学家、人文学者。近代西学的涌入使得"科学文化"从"人文文化"中分离出来并与之相对立，形成"两种文化"，笔者提出"科学文化共同体"这一概念，试图从两种文化分离的源头来寻求科学家与人文学者在构建科学文化中的融合。如果说现代中国在科学上取得的成就主要由科学共同体完成，那么，现代中国科学文化的塑型则是由包括科学共同体的成员在内的科学文化共同体建构完成的。科学文化共同体的产生和发展是科学文化发展的一个重要组成部分，科学文化共同体能够把科学家和人文学者耦合成为一个功能整体，大大地推动了社会文化的发展。因而，科学文化共同体的意义和作用应该是中国现代科学发展、科学文化发展进程中需要深入探讨和解决的问题之一。

本书的主旨在于弥合科学家与人文学者的隔阂，试图通过提出一个"科学文化共同体"，把塑造科学文化的主体人员统摄起来，形成一个具

---

① 汪晖：《现代中国思想的兴起》，生活·读书·新知三联书店 2008 年版，第 1107—1108 页。

有共同价值观——科学文化——的群体，通过对这一群体的研究，如实呈现科学文化塑型过程中科学家与人文学者各自的贡献，揭示科学文化所包含的丰富内容。本书提出科学文化共同体，最大的目的是尝试把科学家与人文学者纳入同一个研究群体，进而阐释他们在科学文化发生、发展、传播中的共同作用。这一沟通与融合仅限于科学文化的主体的融合，并不能做到如萨顿那样宏大的目标——"架起科学与人文之间的桥梁"。本书所指的科学文化，仍主要指与人文文化相对应、源于科学与技术而生成的文化，是以理智为主的理性文化，其内涵主要指科学思想、科学方法和科学精神。科学思想指通过科学研究活动体现出来的关于自然及其规律的一般性认识；科学方法指通过科学研究活动体现出来的科学地认识研究对象的思维方法，其主要特征是理性思维，如逻辑的、系统的、实证的等；科学精神是科学文化的核心内容和根本物质，即唯实、求真。

第二节 提出科学文化共同体的可能

要提出一个共同体，需要先阐明何为共同体。共同体的观念在哲学、政治学、人类学和社会学思想中有着悠久的历史。它不仅被用来描述一套以地方为基础的社会关系，也被用来指称那些更广泛的想象的人类群体。正如许多广泛使用的术语都不容易定义一样，为"共同体"寻找一个清晰的定义是一件很困难的事。科林·贝尔（Colin Bell）和霍华德·纽拜（Howard Newby）认为，"还从来没有一个关于共同体的理论，甚至还没有一个令人满意的共同体定义"。[①]"什么是共同体？……我们将看到，这可以解析出超过 90 个共同体的定义，而它们之中的唯一要素就是人！"[②] 既然诸多学者的努力已经表明，确定一个单一的共同体定义难以成功，那么是否意味着应该换一种：澄清"共同体"的内涵不是要给出一个明确统一的定义公式，而是要梳理这个概念在不同语境中的不同用法。首先，毫无疑问的是，"共同体"是一个描述群体而非个体的概念。它"不仅被用来描述一套以地方为主的社会关系……也被用来指称那些更广泛的、想

---

① Colin Bell and Howard Newby, *The Sociology of Community*: *A Selection of Readings*, London: Frank Cass, 1974, p. xiii.

② Colin Bell and Howard Newby, *Community Studies*: *An Introduction to the Sociology of the Local Community*, Westport, CT: Praeger, 1973: 15.

象的（甚至是虚拟）人类群体。"① 用来表示"一个根据其成员所共享的某个或多个特征而定义的群体"，该群体或者是"某个有组织的利益群体，或者不过是一个共享某种独有的特征、实践活动或居住地点的人类集体"②。它除了在描述性的意义上提示该群体的内部成员分享着某些共同性以及该群体是具备一定的共同性的人类集合之外，并没有对成员之间的相互关系以及共同性质的内部结构予以更深入的刻画，也没有给出过许多的规范性维度的引申空间。在这个意义上，人们可以较随意地使用"共同体"这个术语。共同体可以用以下两个特征来定义：①一个共同体需要一个人们之间能够彼此影响的关系网——这种关系经常相互交织，并且能够相互增强（而不仅仅是一对一的关系或像链条那样的个体联系）；②共同体需要信奉一系列共同的价值、规范、意义，以及共同的历史与认同——简言之，一种特殊的文化。因此，共同体除了意味着"某一群人在共同地域内的共同生活"，它似乎还需要在其内部产生和具备某些其他的共同性，方可合乎我们长期以来对它的特定想象。

滕尼斯（Ferdinand Tönnies）揭示了"共同体"的一个重要维度，即，除了"共同的生活地域"，共同体还需要一些更加深刻而持久的共同性，以至于人们不但相互认识（cognize），而且相互承认（recognize）。这种态度和观念上的共同性，被称为"共同的价值取向和善的观念"。因此，"共同体"特指"一个拥有某种共同的价值观、规范和目标的实体，其中每个成员都把共同的目标当作自己的目标。"③ 但是，安东尼·柯亨（Anthony Cohen）在《共同体的符号结构》（The Symbolic Structure of Community）一书中指出，最好不要把共同体予以实体化，而要更多地注意共同体对于人们生活的意义以及他们各自认同的相关性。因此，把共同体视为一种主观性的想象产物，并不意味着否定它的客观特征。毋宁说，这种主观的想象过程，其实是再次张扬了那种彼此承认的共同的生存信念和价值取向。凭借这种信念和取向，彼此期待连为一体的人们能够弥补他们在实际中尚不充分的利益共同性。也就是说，人们之所以讨论共同体、

① Dominic Bryan, "The Politics of Community", *Critical Review of International Social and Political Philosophy*, Vol. 9, No. 1, p. 606.

② David Hollinger, "From Identity to Solidarity", *Daedalus*, Fall 2006: 24.

③ 俞可平：《从权利政治学到公益政治学》，刘军宇：《自由与社群》，生活·读书·新知三联书店1998年版，第75页。

寻求共同体，甚至声称自己拥有或即将拥有一个共同体，并不是因为他们发现共同体曾经有过，也不是因为他们的共同体即将到来，而是因为他们需要这样一种被视为团结的紧密联系与和谐的交往模式，来提高自己与生活中相关成员的凝聚力和友善程度。所以，"共同体"这个词实际上既指称一种特殊的社会表象，又指称一种关于归属的观念，它表达的是"对意义、团结和集体行动的寻求"①。

无论以何种标准界定一个"共同体"，对共同性的寻求都暗含了一种预设，即，共同体是一种客观存在的社会群体关系；由于它具有某些特殊的共同性质和要素，因此能够作为一种特殊的群体关系而存在。但是，把共同体理解为某种客观存在的社会实体，可能是不全面的。因为我们实际上难以找到完全具备这些共同性的群体。所以，与其说我们是因为发现了具备某些共同性的群体而断言共同体，不如说我们是希望发现它们才作出如此断言；与其说我们是通过共同体的共同性而彼此承认，不如说我们是为了彼此承认和生存的需要而想象、建构出某种社会群体关系，从而解释和容纳我们的认同感与归属感。②

同其他多数共同体一样，科学文化共同体也应是一个抽象概念。为更好地解释"科学文化共同体"的内涵，可以通过参照文化共同体、科学共同体、无形学院的概念来理解它。

文化共同体，指一种相对社会机体而言的社会宏观单位，指广义的文化，人类有明确目标的特殊活动方式及其结果的总和。它不仅包括客观化的劳动（以实物形式和以在人们的意识中记录下来的经验的形式），而且还包括人们的行动和行为中最有明确目的的能动性的直接表现。③ 文化共同体的一种含义为"隶属于相同或相似文化区的人群以某一共同关心的文化现象为纽带结成的文化群体。一般而言，它有一个官方的或民间的核心组织，定期或不定期地举行一系列的活动"④。

1942年，英国学者波朗尼在《科学的自治》一文里第一次用"科学共同体"（Scientific Community）这个概念来按地域划分科学家的群体。但是，直到1962年美国科学史家库恩《科学革命的结构》一书出版以

---

① Gerard Delanty, *Community*, London：Routledge, 2003：3.
② 李义天：《共同体与政治团结》，社会科学文献出版社2011年版，第11—12页。
③ 覃光广、冯利、陈朴：《文化学辞典》，中央民族学院出版社1988年版，第164页。
④ 李淮春：《马克思主义哲学全书》，中国人民大学出版社1996年版，第705页。

后，这个问题才引起科学社会学界更广泛的重视。库恩对科学共同体概念的贡献，在于他提供了科学共同体形成、发展和转变的认识论基础。库恩提出了范式的概念，所谓范式，就是某一学科领域中被公认的科学成就，或者叫作学科模式。范式必须具有这样两个特点：第一，这些成就是以空前地把一批坚定的拥护者吸引过来，使他们不再去进行科学活动中的各种形式的竞争；第二，这种成就又是以毫无限制地为一批重新组合起来的科学工作者留下各种有待解决的问题。这些重新组合起来的科学工作者组成了一个科学共同体，范式就成为科学共同体中的成员共同认识的基础。科学家的行为规范是生活在某一科学共同体内的科学家从他的价值观念派生出来的外在行为表现形式，它构成了科学活动区别于其他活动的特征，支配着从事科学活动的人的行为。科学共同体的内涵是这样的：在实际的科学社会运行过程中，科学家可以因一项具体研究项目而结成团体，形成研究组；也可以因共同的研究兴趣结合在一起，形成专业学会；还可以因追求科学知识这一共同目标而结成团体，即形成自然科学界。因此，科学共同体有着许多具体的表现形式。科学共同体的具体形式可以划分为内在形式和外在形式两大类。科学共同体的内在形式主要有无形学院、学派等，外在形式有学会、研究所、大学等。

无形学院是以优秀科学家为中心，以学术思想的沟通为宗旨，以学术讨论、通信交流为形式，立足于自由联合的科学家非正式团体。其特征在于强调学术的交流借鉴，往往由多学科人员组成，排他性不强。在任何大学科中都有这种小规模的无形学院。无形学院的成员之间互送未定稿、通信、交流信息、进行教学和科研上的互访或合作。在科学前沿问题的研究中，往往是由少数人组成的"无形学院"创造出新知识，然后由正式的科学交流系统来评价、承认和传播它。

综上所述，根据对共同体各种特性的描述，我们可以归纳出一个大概的定义："共同体"是以现实的组织为基础，以人为基本要素，以某一共同的价值观为目标，通过各种社会活动而联系在一起的人群。具体到笔者所要提出的"中国现代科学文化共同体"，它包含这样的内涵：该共同体以中央研究院为现实的组织，以中央研究院的职员为要素，以科学文化为共同的价值目标，共同体成员通过各种复杂的社会关系联系在一起，并通过科学文化实践塑造中国现代的科学文化。由于科学文化在现代中国属于新兴的文化内容，它的形成与兴起不可能是由某一人或者某一机构直接造成，直到 1928 年"全国最高学术机关"中央研究院成立，中国历史上第一次具有了现代学术意义上的科研机构。可以说，中央研究院的成立，是中国自近代以来科学研究在学科上的综合，也是学术精英的集合。从其性质和地位来看，中央研究院是民国时期集自然科学和人文社会科学于一体的"中华民国学术研究最高机关"，它的成立结束了中国没有国家科学研究院的历史，标志着中国现代有系统的科学研究事业的开端；从其学科设置来看，它涵盖了当时主要的学术学科，不仅包括数学、物理学、化学、地质学、工学、气象学、天文学、医学、农学，还包括文学、历史、法律、政治；从其人员构成来看，它容纳了科研、教育、政治、文化等各个领域的精英；从其任务和影响来看，它"实行科学研究，及指导联络奖励学术之研究"，在中国现代科学建制的建立和科学文化的建设中做出了突出的成就，在其组织带动下，全国的科学事业取得了突飞猛进的发展，各种科研机构、科学团体、科学刊物纷纷问世，出现了科学文化繁荣的局面。综合看来，笔者以中央研究院为核心来提出中国现代科学文化共同体是有历史基础的，也符合科学史学科的规范，并且具备较强的可操作性。

第三节　开展科学文化共同体研究的意义

英国现代思想家齐格蒙特·鲍曼认为，"共同体是指社会中存在的、基于主观上或客观上的共同特征而组成的各种层次的团体、组织"，"既包括有形的共同体，也有无形的共同体"，中国现代科学文化共同体介于有形与无形之间。厘清科学文化共同体的主体、结构和范式，是当前深入研究科学文化在中国的发生、发展、塑型以及如何促进中国现代科学发展所亟待解决的问题。中国现代科学文化共同体的意义和作用应该是科学发展、文化发展进程中需要深入探讨和解决的问题之一。提出"中国现代科学文化共同体"这一概念，有助于如下方面的研究：（1）以现代中国科学和科学文化的发展、中国学术精英的公共交往为事实基础，致力于厘清现代中国科学文化共同体的概念、组成主体、结构和范式；（2）从科学文化共同体动态形成的视角深入研究科学文化在现代中国的发生、发展、塑型；（3）尤为重要的是，探讨科学文化共同体对现代中国科学发展的贡献。

与西方不同，中国现代科学文化共同体所承担的科学文化的问题域、探讨方式、知识结构、价值取向等包含着更为丰富而独到的内容。科学文化不是在中国传统文化中衍生的，也不仅是科学在中国进化的自然结果，而是交织着浓重的民族危机、民族文化危机而发生发展的，既有科学文化的普遍性，也有因与中国社会文化发展的特殊性而衍生出的内容与意义。在此语境下，所形成的科学文化具备更广泛的包容性，在西方主要由科学家、哲学家、科学哲学家和科学传播学者构成的科学文化共同体，而在现代中国，科学文化的实践者包括所有进行科学研究与科学启蒙的科学家、社会科学家、人文科学家以及一切矢志于以科学为基础塑造新型文化的人们，基本囊括了当时中国学术界的全部精英。要言之，中国现代科学文化共同体以国家科研机构为中心，以科学家和人文学者为主体，由不同职业、不同背景乃至不同政治信仰的人凝聚而成，其成员有共同的科学文化理念和相似的行为规范，致力于科学救国道路的积极探索，以及以科学文化为核心的新的社会文化的重建。

科学文化共同体范式所体现的特定的世界观、价值观和方法论，是推动现代中国科学前进的思想框架。其范式作为一种文化价值规范系统为其成员所接受，同时又反过来制约、影响着他们的认知活动。科学文化共同体发挥着重要的文化影响能量，宣扬了科学精神、深化了民众对科学文化的普遍认同，营造了科学发展所必需的社会氛围，重建了以科学文化为核心的新型文化，树立了新的世界观和科学信仰，冲破旧观念，打开新思路，推动了中国现代科学发展。

从科学文化共同体的视角来考察现代中国科学、科学文化的发展，具有重要的历史意义和现实意义。对现代科学发展史的文化学观照，既是对现代科学史研究作深广拓展的一种尝试，同时对整个现代科学史的研究新格局的形成也将具有一定的启示意义。深入研究中国现代科学文化共同体的形成及其对科学事业的推进、对科学文化的塑型之贡献，既有助于理解和把握现代中国科学发展的真实图景，也能对当前科学文化建设提供有益的借鉴。

第二章　科学文化共同体的性质、结构与研究内容

在上一章讨论了提出中国现代科学文化共同体的必要与可能，本章是对这一共同体的性质与研究内容进行进一步的分析。本书所提出的中国现代科学文化共同体具有现实性与抽象性双重性质。由于本书所研究的科学文化共同体其成员人数众多，而且几乎每个人物都具备多重社会身份，通过人物将不同的科研机构、科学社团、教育机关、政府部门等社会部门联系起来，形成一个具有强大社会影响力的群体，其研究内容十分丰富。

第一节　科学文化共同体的性质与特征

科学文化共同体是根据"科学文化"这一共同特征将不同共同体（包括有形共同体和无形共同体）中的成员抽象而成的，笔者将中国现代科学文化共同体的成员限定于曾担任中央研究院职务的人员，已大大地提高了这一共同体存在的现实基础。科学文化共同体以"科学文化"为最根本的性质。关于什么是科学文化，在当前的学术界，尚没有形成一种较为客观的理性判断，不同学者有不同的理解与认识。如吴国盛将"科学文化"看成"科学传播"，认为科学文化是科学传播的工作性质和工作身份的命名[1]；江晓原认为"科学文化"这个概念，可以有多种定义，一是把科学当作一种亚文化来看，二是将科学看作整个文化的一部分，三是理解为科学和文化两个并列领域之间的沟通与互动[2]；谢清果认为科学文化"是理解、把握科学的一种独特视角，一种理念，一种思维方式。从根本

---

[1]　吴国盛：《反思科学》，新世界出版社 2004 年版，第 94 页。
[2]　江晓原：《看！科学主义》，上海交通大学出版社 2007 年版，第 20 页。

上说它是科学精神与人文精神交融的产物，是科学社会功能的文化整合的结果。"① 刘兵认为："如果从学术研究来看，像科学哲学、科学史、科学社会学等学科领域，其研究内容，恰恰可以说是属于科学文化的，尽管各学科所关注的重点又有所不同。"② 唐代兴认为，科学文化是文化的亚文化形态，它是指通过对自然科学探索所展示出来的人类存在发展的特定精神、信仰、价值取向、方式，以及为促进自然科学探索、发展所需要的社会制度、规范、物质手段、技术、行为、过程、历史和学术研究、传播等的总和。③

　　科学文化涉及以下四个层面的内容：一是科学本身作为人类的一种具体的精神存在方式、精神创造方式、精神探索方式，它所拥有的精神构成、特殊信仰、信念、价值取向、工作方式、思维方式、认知方法等；二是科学作为一种精神探索和创造方式，它展开自身所必须的全部社会条件，包括社会制度条件、社会文化条件、社会知识条件、社会认知条件、社会技术条件、社会道德条件等；三是科学作为一种精神探索和创造方式，它展开自身与其他精神探索和创造领域的互动关系和必然联系，比如科学与自然，科学与生命，科学与社会，科学与人文，科学与人性，科学与哲学、宗教、艺术，科学与时代存在问题以及发展方向，科学与人类知识体系的构建与繁荣等；四是科学作为一种精神探索与创造方式，它展示自身创造出来的知识成果，将以什么样的方式影响人类的生活，促进人类文化的发展和文明的进步，具体地讲，科学对人类物质世界和精神世界的创造，将通过哪些方式而产生实质性的影响与推进作用。

　　除科学文化这一根本性质之外，科学文化共同体还存在着其他的特征，虽然这些特征不对科学文化共同体产生根本的影响，但这些或明或暗的属性对科学文化共同体的维系与发展的确起着不可忽视的作用。科学文化共同体还具有多重性、广泛性、抽象性、模糊性等特性。

　　多重性是指共同体成员在科学文化活动中同时具有多种性质的社会联系，即存在多重科学社会关系的特点。共同体成员之间的联系也可分为正式联系与非正式联系两种。正式的联系包括在正式科研机构的组织下科学家在科学活动中的合作和交往，由正式科学组织建立的交往或交流，其主

①　谢清果：《中国科学文化与科学传播研究》，厦门大学出版社 2011 年版，第 13 页。

②　刘兵：《在文化发展中应关注科学文化的重要性》，《中国科学院院刊》2012 年第 1 期。

③　唐代兴：《文化软实力战略研究》，人民出版社 2008 年版，第 68 页。

要形式有学术会议、科学出版物、学术访问等；非正式的人际交流，指科学家个人间的各种私下交流，如谈话、书信往来等。

广泛性，科学文化共同体与科学共同体相比，其成员的组成要丰富得多，既包括科学家，又包括人文学者；既包括从事科学研究的科研人员，也包括鼓吹科学文化的思想家，还包括一些为科学文化的发生、发展得以实现而工作的人们。

抽象性是指科学文化共同体这一共同体是以某些特征抽象出来的，或者是想象出来的。在划定共同体成员时，尽管以在中央研究院任职作为标准，但其成员是否意识到他们隶属于一个以科学文化为特征的抽象的共同体，这一点并不能确定。笔者将这一群体视为一个文化共同体，最主要的目的在于将更多为中国现代科学文化塑型做出贡献的人群容纳进来，以构建完整的科学文化图景。

模糊性指科学文化共同体的界限与内部结构具有一定模糊性。科学文化共同体成员的地理分布和职业分布极其广泛，它不像一个完全实体组织或机构的成员那样可以清晰地区分，因为科学文化共同体的同一性是认识上的同一性、行为上的同一性。在科学文化共同体内部，科学文化实践的交叉与综合既可以使许多成员同时属于几个子共同体，也可以使他们在各子共同体之间流动。特别是无形学院等弹性机构的出现使有形与无形、正式与非正式联系之间的区别日趋模糊。

第二节　科学文化共同体的结构与维系

笔者所提出的中国现代科学文化共同体虽然是一个抽象的共同体，但是它有现实的组织基础，并且具有一定的结构。这一共同体可以说是从若干科学共同体、文化共同体、政治共同体中抽象出来的，因为其成员除具有中央研究院职员这一共同特征外，同时还可能是其他科学社团、教育机构、政府部门的重要成员。因而这一共同体的成员按不同的标准来看，可以同时分别隶属于不同的共同体，但是这并不妨碍我们以科学文化共同体来讨论他们的活动。另外，即使在科学文化共同体当中，也存在若干不同的子共同体，如按各学科来划分，可以划分为数学文化共同体、化学文化共同体、物理学文化共同体、地质学文化共同体、生物学文化共同体等，若再以更细的专业来划分,如生物学文化共同体可以划分为动物学文化共同体、植物学文化共同体等。每一个具体的学科成员都可视作为一个更小的科学文化共同体。中国现代科学文化共同体的结构具有多重性,根据不同的标准可划分出不同的结构类型,根据共同体成员的职业可形成职业结构图,如图2-1所示;根据共同体的学科组成可形成学科结构图,如图2-2所示。

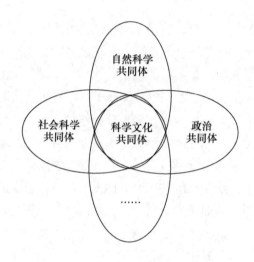

图2-1 科学文化共同体的职业结构

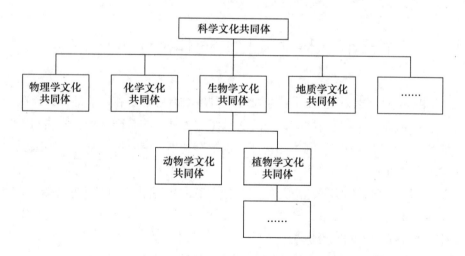

图2-2 科学文化共同体的学科结构

　　一个共同体是否存在并能维系，一方面取决于这一共同体成员有共同的价值观，同时，一个现实的组织也是这一共同体得以维系的重要基础。笔者所设定的中国现代科学文化共同体，以在中央研究院担任过职务的人员这一共同特征为界线，尽可能容纳更多的科学文化精英，同时，设定这一界线以免使这一共同体无限扩张。尽管笔者着力提出一个现实科学文化共同体，但这一共同体仍是以抽象的形式存在，它的维系有赖于很多现实的子共同体的存在。

　　对一个共同体的归属感，直接建立在社会关系——个人正是通过这种关系而归属于一个共同体——的基础上。在这些社会关系中，包含地缘关系、亲缘关系、学缘关系与业缘关系。前两种关系是与生俱来的，后两种关系属于社会组织的关系，组织（organization）使一个共同体不再仅仅是人群的聚集，它们对共同体成员起着重要的作用，其中业缘关系直接决定着共同体的现实维系。业缘关系是人们由职业或行业的活动需要而结成的人际关系，与血缘关系和地缘关系不同，业缘关系不是与人类社会俱来的，而是在血缘和地缘关系的基础之上由人们广泛的社会分工形成的复杂的社会关系。业缘关系对于维系科学文化共同体具有更为重要的作用。事实上，共同体成员之间的关系具有错综性，他们之间可以因业缘关系联系在一起，同时也可以与其他关系，如地缘关系、学缘关系等相互联系。通过各种类型的联系和关系网，科学文化精英被联结成共同体。

第三节　科学文化共同体的研究内容

　　既然认为尝试提出一个科学文化共同体具有必要性和可能性，又存在一定的结构，而且这一共同体有现实组织作为维系的基础，那么该共同体就兼具了抽象与现实共同体的特征，这样有利于开展研究。笔者以中国现代史上最重要的学术机关——中央研究院为中心，以其职员为群体对象，以他们的科学文化实践活动为线索，分别探讨如下内容：中国现代科学文化共同体的形成、发展，科学文化共同体对中国科学的贡献，以及对中国社会文化所产生的巨大影响。

　　由此来看，首要的问题是讨论中国现代科学文化共同体的成员问题。一个共同体，最重要的是不同的社会成员根据一定的关系组合而成的群体，以科学文化为共同特征来统摄中国现代的科学文化精英群体。笔者研究的中国现代科学文化共同体的核心成员包括中央研究院的历任院长、总干事、各研究所所长，各研究所的研究员，评议会的评议员，院士。除此之外，在中央研究院 20 多年的发展中，据笔者统计有上千职员在该院担任过职务。这一千余人以何种关系存在于一个共同体当中，个体之间又有什么样的社会关系，比如，师生关系、同乡关系、同事关系、同学关系、亲属关系等，这些对形成与维系一个共同体具有独特的意义，因而，对中国现代科学文化共同体进行整体的社会学分析是研究这一共同体的重要内容。由于科学文化共同体的成员人数庞大，不可能对全部成员的情况进行全面的分析，因而采用整体分析与个案分析相结合的方法来展开研究，以保证研究的可实现性。

现代中国科学界、教育界的人才流动十分频繁，而且他们一般具备多种社会身份，这在很大程度上增大了科学文化的影响范围，比如有的学者兼跨学术、教育、行政等多个领域，而且不少人担任过国民政府的高级官员，如担任过教育部部长的就有多位，这在很大程度上会增加这一共同体对社会的影响力。当然，这种频繁的社会流动在统计上会带来很大的不便，笔者处理这一问题的方法是选择个案分析来反映整体的状况。因为科学文化共同体所具备的多种社会身份，有必要对他们在其他社会领域的科学文化实践进行专门的讨论，笔者选取了科学学会、高等教育、科学文化事业等领域来分析他们作为一个整体对中国科学文化所起到的独特作用。

本书所研究的科学文化共同体的核心成员，绝大多数是中国现代科学的开创者，他们对本学科的建设起到奠基的作用。科学成果的外在表现形式即他们发表的学术论文。他们通过发表论文对学术界起到了良好的示范作用。本书着重对中央研究院院士发表的外文论文进行分析，通过对不同学科、不同学者发表的论文的数量进行计量分析，对中国现代科学发展的进展做微观的考察。

科学文化本身又是一种社会实践。笔者在中央研究院众多的科学考察活动中选取了两次比较特殊的活动作为案例，来折射科学文化共同体对中国科学文化的影响，并通过科学活动中的其他因素的影响，来反映科学文化发展的艰难与曲折。这两次科学考察活动分别是 1928 年的广西科学调查与 1948 年积石山科学考察。两次考察活动截然不同的结果，反映了社会对科学活动的重大影响力与制约力。

中国的科学是继发性的，留学生在中国科学与科学文化的形成与发展中起到了不可替代的作用，国内对相关领域的研究已进行得比较深入。本书在科学文化共同体的社会分析中对共同体核心成员的留学生特征进行简略讨论，鉴于留学生科学家在国外多师从著名科学家从事研究，本书着重对留学生科学家在与国外学术交流问题进行探讨。

中国现代科学文化共同体的成员上承中国传统文化，下接西方现代文明，使他们身上兼备传统与现代的特性，一个重要的特征即他们强烈的爱国情结与追求学术自由精神，这也成为他们科学活动的两条主线，形成了特征明显的科学文化价值观。本书通过共同体成员对科学与工业、科学与农业、科学与战争、科学与资源、科学与民族尊严等问题的论述以及因此而导致的科学实践进行分析，总结科学文化共同体对现实问题的观照。通过他们对救亡图存的呼吁、对科学普及的宣传以及实践来分析科学家的社会责任与使命。通过科学家对学术自由的追求与对政府依赖的悖论中发展科学的精神。

本书的最后，笔者对科学文化共同体的科学文化影响力进行讨论。包括抗战期间科研机构在不断的迁徙过程中对科学文化的传播，对科学精神的塑造，对科学精英的培养等内容。

第二部分

中国现代科学文化共同体的
社会学分析

第三章　科学文化共同体核心成员的分析

一个共同体得以存在，需要有核心的成员来进行领导和维系，这些核心成员在该共同体中具备如下的素质：是相关学科的权威，具有很强的社会影响力，具备较强的组织能力。中央研究院组织法规定了该院的组织主要由行政、研究、评议三部分组成，相应地，中央研究院的核心成员包括从事行政、研究、评议的三部分人员。具体来看，包括中央研究院的历任院长、总干事，各研究所的研究员，历届评议会的评议员、院士。这些人员因其重要的地位，在科学文化共同体中起到重大的作用，对这些核心人员的分析，有助于理解科学文化共同体的形成与维系。

第一节　中央研究院的核心行政人员

依照 1928 年 11 月 9 日国民政府公布的《国立中央研究院组织法》，中央研究院的组织分为行政、研究、评议三部分。行政方面，以总办事处为主持，设总干事一人，商承院长执行全院行政事宜。需要指出的是，本节所指的核心行政人员同时也是重要的研究人员，因其在行政领导方面有特殊贡献，特专列一节论述。

一　中央研究院院长

《国立中央研究院组织法》第三条规定"国立中央研究院设院长一人，特任，院长综理全院行政事宜"。从 1927 年中央研究院筹建到 1949年，先后由蔡元培和朱家骅担任院长职务。

作为中央研究院的首任院长，蔡元培对该院的创建与发展做出了重要贡献，该院的设立体现了蔡元培的学术思想。蔡元培认为教育和学术是立国的根本，而科学研究尤为一切事业的基础，所以努力于科学研究的促进。中央研究院的创立是同蔡元培的活动紧密相连，被誉为"学界泰斗"的蔡元培曾多次留学欧洲，他不仅一直热心于中国科学研究事业，而且在我国创办一个综合性的科学研究机构也是他的夙愿。早在 1924 年 4 月，蔡元培在英国伦敦时，就曾发表《对英国退还庚款规定用途之意见》，希望"以庚款的全数，办理一种大规模的事业，为永久纪念。此大规模的事业，必为中国教育上目前所最需要者"。而"中国教育上目前所最需要者，为科学的教育，故主张以庚款全部办一科学博物院，包有陈列、试验、演讲、研究、编印图书杂志等事"。1926 年 2 月，蔡元培自欧返国，重申上述主张，并拟将科学博物院"更名为科学院"，"以大规模的科学研究院为大本营，对于各地方研究科学的机关，自有助其发展的同情"。①蔡元培甚至认为设立学术研究院是"最要而不可缓"的事业，并对其寄予莫大的期望。蔡元培在学术界享有很高的声誉，又是国民党元老，他对科学研究事业的推崇无疑会增加政府及学术界对设立科学研究院的重视。1927 年 5 月，蔡元培在南京参加中央政治会议第九十次会议。会上，蔡元培与李石曾、吴稚晖、张静江共同提议设立国立中央研究院。政治会议采纳了上述提议，决定成立中央、北平和浙江三个研究院，首先建立中央研究院。同时决定设立中央研究院筹备处，推举蔡元培为筹备委员。1927年 11 月 20 日，蔡元培在大学院会议厅主持召开了"大学院中央研究院"筹备会及各专门委员会成立大会。经讨论通过了《中华民国大学院中央研究院组织条例》，对研究院的名称、宗旨、研究范围及其组织结构作了规定，确定中央研究院为全国最高科学研究机关，以大学院院长蔡元培兼研究院院长。1928 年 4 月，国民政府公布《修正国立中央研究院组织条例》，改"大学院中央研究院"为"国立中央研究院"。《国立中央研究院组织法》规定，"国立中央研究院直隶于国民政府，为中华民国最高学术研究机关"。其任务是："一、实行科学研究。二、指导联络奖励学术之研究"，特任院长一人，综理全院行政事宜，蔡元培仍任院长。

中央研究院集中专门人才，分设各种研究所，使中国科学研究进入一个新的时代。就名义而言，该院为全国最高的学术研究机关；就职责而言，实兼学术的研究、发表及奖励诸务。有了此一有系统而代表全国的学

---

① 王世儒：《蔡元培先生年谱：上册》，北京大学出版社 1998 年版，第 439—440 页。

术团体，国内的学术工作得有中心，可以促进各机关的合作，提高研究工作的效率；遇有国际学术会议，也可借此组织彼此接洽，并由此组织转与本国各学术机关或专门学者商洽推进。中央研究院的设立，在中国科学事业上，是极具重大意义的。

作为中央研究院的领导人，固然自己要具备渊博的学识和优越的行政能力，但更重要的是广为延揽人才。蔡元培自言"性近学术，不宜政治"，但他有一个最大的长处，即擅找帮手，并且完全信任他的帮手，所以在事业上都能顺利推行，而不需要事必躬亲。蔡元培出任中央研究院院长时已 60 岁，因年事已高，在抗战前长住上海，抗战开始后迁居香港，统理全局的是总干事，甚至院务会议也多由总干事召开。蔡元培以院长的地位，只把握中央研究院发展的大局与方向，具体事务放手由总干事与各研究所所长去做。翁文灏曾提道："蔡先生主持中央研究院的主要办法，是挑选纯正有为的学者做各研究所的所长，用有科学知识并有领导能力的人做总干事，延聘科学人才，推进研究工作。他自身则因德望素孚，人心悦服，天然成为全院的中心。不过他只总持大体，不务琐屑干涉，所以总干事各所长及干部人员，均各能行其应有职权，发挥所长。"①

自民国以后，凡是教育、学术、文化界的重要事务，如勤工俭学、华法教育会、教育独立运动、以庚款作教育费用等，蔡元培都是重要的参与者。1935 年 7 月，他发表启事，辞去兼职，所列出来的兼职达 23 项之多，当时国内的重要文教机关，几乎都由他来领衔。尽管他无法去一一过问各机构的事务，但至少可以说明一件事实，那就是承认他在教育和学术界的崇高地位。正因为大家都承认他具有崇高的地位，而中央研究院又为全国最高的学术机关，所以中央研究院在他的主持下，才能顺利地促进与全国学术界之合作。蔡元培晚年辞去一切兼职，但仍保留中央研究院院长的职务，以贯彻他注重学术研究的主张。

1940 年 3 月 5 日，中央研究院院长蔡元培病逝于香港。依法要由评议会选举继任院长，这是评议会第一次行使推举院长候补人的职权，由评议会推举候补人，旨在避免政治干预学术，但是在实际选举过程中，仍不免受到各方面的影响，直到 9 月 18 日才由国民政府特派朱家骅为代理院

---

① 翁文灏：《追念蔡孑民先生》，《中央日报》（重庆）1940 年 3 月 24 日。

长。朱家骅接任之时，正是抗战进行到最艰苦的时期，但朱家骅仍带领中央研究院勉力发展，比如，在原有研究机构的基础上，增设了几个研究所。1941 年 3 月 20 日在重庆举行的第二届评议会第一次会议，通过增设数学研究所，先设筹备处于昆明，聘姜立夫为筹备处主任，1947 年 7 月数学研究所在上海正式成立。1944 年 3 月 9 日，第二届评议会第二次会议，又通过增设医学、植物、体质人类学研究所。1944 年 12 月医学研究所筹备处在重庆成立，聘冯德培为代理主任。体质人类学原属史语所第四组，拟单独成所，聘吴定良为筹备处主任。抗战胜利后，吴定良赴浙江大学任教，此事停顿。尽管如此，仍可看出在艰苦的抗战期间，中央研究院在不断的迁徙中仍能取得一定的发展。

1945 年抗战胜利，中央研究院筹划复员工作。朱家骅时任教育部部长，即自教育部拨一笔巨款给中央研究院，筹备复员工作。到 1946 年年初，位于后方的各研究所相继迁回南京、上海两地，天文所、气象所、地质所、史语所、社科所五所迁回战前南京原址，数学所、物理所、化学所、动物所、植物所、心理所、医学所迁到上海自然科学研究所址。

1946 年 10 月 8 日，中央研究院在重庆举行第二届评议会第三次会议，开始筹划选举院士事宜，经 1947 年 10 月 15 日在南京举行第四次会议，由初步审定 402 人名单中，再经分组详细审查，通过 150 人为院士候选人，经过为时 4 个月的公告，于 1948 年 3 月 24 日至 26 日的第五次会议中，选出 81 人为第一届院士，同年 9 月 23 日，举行第一次院士会议，有了院士会议，中央研究院的体制才算正式完成，全国的学术研究踏上了新的阶段。

二　中央研究院总干事

中央研究院由行政机关、研究机关、评议机关三大部分组成。行政机关是总办事处，负责全院的具体行政事宜。总办事处设总干事一人，受院长直接指导，执行全院行政事宜。总干事是聘请学术上较有成就、威望较高而且管理能力较强的人担任。自 1928 年中央研究院成立到 1949 年，相继出任中央研究院总干事的是杨铨、丁燮林、丁文江、朱家骅、任鸿隽、傅斯年、叶企孙、李书华、萨本栋、钱临照，他们无一不是留学归国学者。详情见下表。

表 3 – 1 　　　　　　中央研究院历任总干事姓名、任期及留学国别

姓 名	任 期	留学国别	姓 名	任 期	留学国别
杨 铨	1928.11—1933.6	美国	傅斯年	1940.10—1941.9	英国 德国
丁燮林	1933.7—1934.5	英国	叶企孙	1941.9—1943.9	美国
丁文江	1934.5—1936.1	日本 英国	李书华	1943.9—1945.9	法国
丁燮林	1936.2—1936.5	英国	萨本栋	1945.9—1948	美国
朱家骅	1936.6—1938.12	德国 瑞士	钱临照	1948.11—1949	英国
任鸿隽	1938.12—1940.10	日本 美国			

中央研究院的第一任总干事是杨铨，蔡元培之所以选择杨铨作为首任总干事，不仅因为二人之间有良好的关系，更是看重了杨铨科学管理的能力。作为中国科学社的社刊主编，杨铨经常在《科学》等刊物上发表一些关于科学管理的文章，如《人事之效率》《效率之分类》《科学的管理法在中国之应用》《科学的办事方法》等。他对科学管理的效率观以及他在美国时组织中国科学社的能力都受到蔡元培的赏识。蔡元培说过："我素来宽容而迂缓，杨君精悍而机警，正可以他之长补我之短。"杨铨作为蔡元培的主要助手，亲自参与了中央研究院创建的六年规划制订和实施。作为中央研究院的总管家，杨铨不仅精心组织规划蓝图的实施，而且处处精打细算，为筹措和分配资金、征地造房等事务而到处奔波。中央研究院能够在短短几年就初具规模，应该说杨铨劳苦功高。杨铨遇难后，中央研究院的报告中对其评价说："君为院事竭智尽忠，备尝艰辛，研究院之得有今日者，蔡先生之功亦君之力也。"①

在抗战前为中央研究院作出突出贡献的又一位总干事当数丁文江。虽然他任期不长，但他在任职期间为中央研究院做了许多工作。蔡元培说："丁先生到本院任总干事，虽为时不及二年，而对于本院的贡献，均有重大关系：评议会的组织，基金保管委员会的成立，各所预算案的示范，均为本院立坚定不拔的基础。院内各所的改进与扩充，也有不可磨灭的劳绩。又若中央博物院的计划，棉纺织染实验馆的建设，为本院与其他文化机关合作的事业，虽完成有待，而规模粗具，也不外乎丁先生努力的结

---

① 许为民：《杨杏佛：中国现代杰出的科学事业组织者和社会活动家》，《自然辩证法通讯》1990 年第 5 期。

果。"① 在丁文江为中央研究院所作的诸多贡献中，又以建立评议会最为突出。评议会的建立，扩大了国立中央研究院与其他研究机构的联络渠道，从而加强了国立中央研究院作为国家级科学院的地位和作用，在国内也属一项创举。此外，丁文江力推设立基金保管委员会，制定编制预算的制度。丁文江担任总干事后，为了更多地增加基金并对现有基金有效利用，认为有组织保管委员会的必要。丁文江亲拟基金暂行条例，并呈请国民政府核准。6 月 14 日，《国立中央研究院基金暂行条例》由国民政府核准施行。有了这个条例，中央研究院基金部分的增益与应用，就有规则可循了。在丁文江到任前，中央研究院在经费使用上采取"平均分配"的办法。丁文江到院后，即与各所长商讨，打破习惯，而各所视其最紧缩的需要，以定预算。由总办事处综合各所节省下来的款项，以应付本院所需提前赶办的，或与其他机关合作的事业。于是各事业的轻重缓急，有伸缩余地，不致有胶柱鼓瑟的流弊。简言之，就是将有限的经费，都花在了刀刃上。以上三项重要的制度建设，都是丁文江在上任后不到一年的时间里完成的。胡适对此高度评价，他认为丁文江"做了一年半的中央研究院的总干事，就把这个全国最大的科学研究机关重新建立在一个合理而持久的基础之上"。②

朱家骅以学者从政，历任党政方面要职，但他与中央研究院的关系竟连续长达三十多年，朱家骅担任总干事及代理院长期间，正值国家多事之秋，先是抗日战争，自京沪西迁，并随战事之变化不断搬迁，各研究所散处西南各地；抗战胜利之后，再陆续复员。在抗战极其艰苦的环境下，又增设数学、医学、体质人类学三个研究所筹备处，并将动植物研究所各自独立成所。虽一再播迁，饱尝颠沛流离之苦，仍能继续成长发展，研究工作也未中辍，而且在 1948 年完成了第一届院士的选举，朱家骅功不可没。

三 中央研究院各研究所所长

对于科研机构来说，人才是最基本的最重要的保障。20 世纪二三十年代，中国各个学科的带头人已基本具备。以中央研究院来说，在最初负责各研究所筹备的大约 50 名委员中，基本都具有留学经历，在国外经过专门的科学训练，是学有专长的专家，且多数是各个学科的领军人物。他

---

① 高平叔：《蔡元培全集》（第 7 卷），中华书局 1989 年版，第 6 页。
② 胡适：《丁文江这个人》，传记文学出版社 1979 年版，第 9 页。

们在留学期间目睹异国科学之隆盛，惭中土学术之凋敝，体会到科学乃富强固邦之本，要发达中国莫过于诉诸科学，希冀通过科学来再造中国社会与文化。在新文化运动"科学""民主"旗帜的鼓舞下，民族意识空前觉醒，社会要求独立自主地调查本国资源，抵御列强觊觎，捍卫国家权益，并谋求在科学上有所创造，以在世界科学文化格局中占有一席之地，重树民族自信的呼声甚嚣尘上。在此背景下，学术界有识之士远袭欧美，近法日本，或介绍西方国家研究机构的概貌，或提出设立国内研究机构的方案。

这些学有所成的归国留学生怀着科学救国的理想，热衷于中国的科学研究事业，他们被聘为中央研究院及各个研究所的筹备委员，积极出谋划策，为中央研究院和研究所的筹备做出了奠基性的贡献。1927 年年底，各研究所的筹备工作开始进行，首先筹备的是理化实业研究所、地质调查所、社会科学所和观象台 4 个研究机构。经过几个月的筹备，1928 年元月首先成立地质调查所，并将之改名为地质研究所。一个月后，原先拟议筹设的观象台，于正式成立时分为天文、气象两个研究所。之后又相继成立了理化实业研究所、社会科学研究所。有了五个研究机构后，1928 年 6 月 9 日，中央研究院召开了第一次院务会议，在这次会议上，蔡元培宣布中央研究院正式成立，并确定以"Academia Sinica"为名走向世界。从 1927—1934 年，中央研究院先后成立了地质、天文、气象、社会科学、物理、化学、工程、历史语言、心理和动植物 10 个研究所，在这些研究所的筹备及发展过程中，以留学生为主体的筹备委员发挥了不可替代的作用。

中央研究院各研究所的所长一般是本研究所的专任研究员，其主要职责在于研究工作，但又比一般的专任研究员承担更多的行政工作，因此，本书将他们归于行政人员之中，主要是出于对中央研究院行政系列自上而下的完整性研究的考虑，这并不影响对各研究所所长的科学研究工作的考察。中央研究院是一个侧重于研究工作的机关，故行政部门的组织，较为简单。中央研究院采取分权制，院长蔡元培只是善选各所所长人选，对各所的发展和研究方向不加干涉。该院以研究为其中坚，各研究所又是研究部门的主体，因而各研究所主持者的选任极其重要。中央研究院在创建初期即设有天文、气象、物理、化学、工程、地质、心理、历史语言、社会科学等 9 个研究所，每个所长都是留学归国的专家。1929 年又增设自

表 3-2　　　　　　　　　中央研究院各研究所筹备委员情况

	委员	学科	留学国别		委员	学科	留学国别
地质研究所	翁文灏	地质	比利时	社会科学研究所	蔡元培	民族学	德国　法国
	李四光	地质	日本　英国		周览	国际法	日本　英国　法国
	朱家骅	地质	德国　瑞士		孙科	经济市政	美国
	谌湛溪	矿学	美国		李煜瀛	社会主义	法国
	李济	考古学人类学	美国		胡适	历史	美国
					杨端六	经济	日本
	徐渊摩	地质			陶孟和	社会学	日本　英国
理化实业研究所	王季同	电学	英国		马寅初	经济	美国
	曾昭抡	毒气化学			叶元龙	经济及社会学	美国　英国　法国
	温毓庆	无线电	美国		杨铨	经济及社会思想	美国
	赵承嘏	化学药学	英国　瑞士	观象台	高鲁	天文气象	比利时
	宋梧生	化学药学	法国		竺可桢	气象	美国
	丁燮林	物理	英国		余青松	天文物理	美国
	陈世璋	化学	美国	政治教育委员会	潘宜之		
	颜任光	仪器制造物理	美国		彭浩徐	政治	—
	胡刚复	物理	美国	科学教育委员会	王星拱	化学	英国
	张乃燕	化学	英国　瑞士　法国		王琎	化学	美国
	李熙谋	无线电	美国				
	周仁	工程	美国	译名统一委员会	曹梁厦	化学	英国
	张延金	无线电	美国		王岫庐	语言	—
	曹梁厦	化学	英国		宋春舫	文学	瑞士
	吴承洛	化学工程	美国	考试制度委员会	王世杰	法律	英国　法国
心理学研究所	唐钺	心理学	美国				
	汪敬熙	心理学	美国		张奚若	政治	美国
	郭任远	心理学	美国	体育指导委员会	吴蕴瑞	体育	美国
	傅斯年	历史	英国　德国		孔韦虎		
	陈宝锷	心理学	日本		黄振华		
	樊际昌	心理学	美国				

然历史博物馆，主任钱天鹤也是留学归国的学者。该馆后改名为动植物研究所，1944 年又分为动物、植物两个研究所，两所所长王家楫、罗宗洛都是留学归国专家。

表3 - 3 中央研究院历任所长任期及留学情况

所别	所长	任期	留学国别	所别	所长	任期	留学国别
数学所	姜立夫	1947—1949	美国	工学所	周 仁	1928—1949	美国
	陈省身	1947—1949	德国	地质所	李四光	1928—1949	英国
天文所	高鲁	1927—1929	比利时	动物所	王家楫	1934—1949	美国
	余青松	1929—1940	美国	植物所	罗宗洛	1944—1949	日本
	张钰哲	1941—1949	美国	史语所	傅斯年	1928—1949	英 德
气象所	竺可桢	1927—1946	美国	社会所	杨端六	1928—1929	日本
	吕炯*	1936—1944	德国		蔡元培	1929—1932	法 德
	赵九章*	1944—1946	德国		杨铨	1932—1933	美国
		1947—1949			傅斯年	1933—1934	英 德
物理所	丁燮林	1928—1946	英国		陶孟和	1934—1949	日本
	萨本栋	1946—1947	美国	心理所	唐钺	1929—1933	美国
	吴有训	1948—1949	美国		汪敬熙	1933—1949	美国
化学所	王琎	1928—1934	美国	医学所筹备处	林可胜	1944—1949	美国
	庄长恭	1934—1938	美国		冯德培*	1944—1949	英国
	任鸿隽	1938—1941	美国				
	吴学周	1942—1949	美国				

（标*者为以其他身份代理或代兼某所所长。动物所和植物所的前身为1930年正式成立的自然历史博物馆，钱天鹤为主任，1934年7月改名为动植物研究所，王家楫任所长，1944年5月分为动物研究所和植物研究所。）

从各所情况来看，多数学者长期担任所长之职，从开始筹建研究所时，即积极参与，并一直倾注心血，尤其是在战乱时，努力保持科学研究的正常进行。如工学所所长周仁、史语所所长傅斯年、地质所所长李四光等人，担任所长时间长达20年。各位所长在研究所的筹建与发展过程中起着举足轻重的作用。

以成立时间较早的史语所为例，史语所成立后，傅斯年把全部的精力都放在了史语所上。在他任职的二十多年时间里，史语所取得了辉煌的成就，正如胡适所言："傅孟真先生，他以为研究新的历史，一面从全国各地的语言入手，一面研究古代的历史要从地下发掘入手……这个史语所现为世界出名的一个研究所。"① 在傅斯年主持下，史语所聘请了一大批卓越的留学归国专家担任研究员，如陈寅恪、赵元任、董作宾、李济。其中李济、梁思永等人主持了 1928—1937 年对殷墟的考古发掘，这次发掘是中国人自己进行的第一次科学考古发掘。这次发掘由于出土了大量的甲骨和器物，对殷商史的研究有极为重要的贡献，也是 20 世纪世界考古学界的一个重大成就。

气象所是中央研究院最早筹备的研究所之一，竺可桢从 1927 年起便担任所长，1936 年 4 月竺可桢出任浙江大学校长，仍兼任所长职务。所中事务由专任研究员吕炯主持，同年 10 月，中央研究院任命吕炯代理所长职务。1943 年吕炯担任中央气象局局长后，赵九章于 1944 年 5 月代理所长职务。1946 年竺可桢获准辞去所长职务后，赵九章任所长，直到 1949 年。在竺可桢的精心推动下，从 1929 年起到 1941 年年底止，气象研究所自建的各级测候所 9 个，合办的 19 个。其中如泰山、峨眉山和拉萨测候所都是在克服了种种困难以后建立的，为我国现代气象事业发展提供了珍贵的科学资料。在竺可桢的领导和鼓励下，气象研究所的学术氛围非常深厚。为了奖励提高学术水平，研究所制定了《中央研究院气象研究所的论文奖金章程》，以促进气象人员在学术理论和实践上的创新。气象所还无偿为大学和其他人员提供图书资料使用服务，这在国外气象资料匮乏的年代，难能可贵。作为国内最高气象研究机构，气象所自然成为当时中国气象研究的中心，这个中心直接或间接为中国培育了相当数量的人才。作为中国气象科研事业奠基人的竺可桢，苦心经营气象研究所，把中国气象事业引上了正确的道路，开创了中国现代气象事业，并奠定了我国气象科学研究的基础。

第二节　中央研究院的核心研究人员

《国立中央研究院研究所组织通则》（1929 年 1 月 13 日修正）第二章第三条规定："研究所设所长一人，由中央研究院院长聘任之，综理所务并指导研究事宜。"第四条规定："研究所设研究员若干人，分任调查及

① 胡颂平：《胡适之先生晚年谈话录》，中国友谊出版公司 1993 年版。

研究工作，由中央研究院院长聘任之。研究员分为专任研究员、兼任研究员及特约研究员。""专任研究员应常川在研究所从事研究，兼任研究员于特定时间到研究所工作，特约研究员于有特殊调查或研究事项时临时委托到所或在外工作。"

中央研究院"系学术机关，所有任职人员除院长系由国民政府特任外，其余分为研究人员与事务人员两类，均非文官，故皆不经铨叙。且该院组织法中并无员额之规定，故用人一项均随事实之需要与预算之许可而定，此该院人事情形与其他机关所不同之点也。"[①]

一 专任研究人员

中央研究院的各项业务，以研究学术为工作中心，因此研究人员自然是研究工作的主体，其中专任研究人员担任最基本最主要的研究工作。专任研究人员包括研究员、副研究员、助理研究员、助理员等不同职级，同时规定，"各所因业务之需要，得设编纂、技正、技士等"。不同职级的研究人员保持相应的数量，并有严格的晋升制度。专任研究员是各研究所的核心研究力量，出任研究员的一般是已取得一定的科学成就，具有一定声望的学术精英，他们多数是直接受聘为研究员的。当然，其中也有一部分人是长期在中央研究院工作，按部就班，逐级升任到研究员的，如陈宗器，1929—1940 年任物理研究所助理员，1940—1943 年任物理所副研究员，1944—1947 年任物理所研究员兼地磁台主任，1947 年后任气象所研究员。也有短期在中央研究院工作，但成就突出，较快受聘为研究员的，如吴健雄，1934 年吴健雄在中央大学毕业，受聘到浙江大学任助教，1935 年进入中央研究院物理所任练习助理员，1936 年赴美入加利福尼亚大学，1940 年获博士学位，长期在美国工作，1947 年被聘为中央研究院物理所专任研究员。

在自然科学方面，只有地质研究所的研究阵容比较大，研究人员也比较多，其他各研究所的研究人员比较少，尤其心理研究所的研究人员更是寥寥无几，心理所初建时仅有 4 人，经过不断发展，到 1935 年前基本保持在 20 人左右，但抗战胜利后只剩 6 人。这与当时大学比较少，人才的培养比较有限有关。此外，"不少滞留国外的科学家亦因战后又逢国共内

---

① 《国立中央研究院三十一年度工作考察总评报告》，1942 年，第 5 页。

战，国内政治不安定，不敢回国参与中央研究院的科学研究。"①

竺可桢在讲述自己选择专业时讲到："我是清末年被选拔去美国留学的。当时年仅16岁，剪了辫子才准上船。到了美国连英语都听不明白，莫说选课了。校方问我想学什么，我不知道怎样回答才好。沉思了一会，我说，中国以农立国，我要学农科。学了一年农科，觉得没有味道。有人说理科比较新颖。于是，我请求转系。校方问转什么系，我答：想读与农业有关系的理科。那位美国人一面摇头，一面翻阅学校基本情况，说：有了，读气象怎么样？又是理科，又与农业有密切关系。就这样，我学了气象。""我们那一代人，连立个志愿都不知道如何去适合国家的需要。"②

表3-4　　　　　中央研究院各所历年专任研究员人数变化

年份 所别	1929	1932	1933	1934	1935	1947	1948
物理所	3/9	5/23	4/28	5/30	5/34	11/34	8/23
化学所	8/13	4/19	6/25	6/25	6/36	6/34	7/33
工程所	4/6	7/13	7/14	8/19	6/22	3/29	3/25
地质所	8/29	6/26	6/26	7/30	5/33	12/42	16/44
天文所	3/14	3/20	4/20	4/16	3/14	3/19	3/15
气象所	1/18	2/28	2/34	3/40	3/48	5/22	6/28
史语所	8/45	9/55	9/58	11/69	11/75	14/72	13/66
心理所	1/4	2/19	4/20	4/16	3/20	2/6	3/6
社会所	7/30	7/37	6/23	7/64	5/58	5/40	7/37

（说明：表格中数字前者为专任研究员人数，后者为该所当年职员总人数）

二　兼任研究人员

《国立中央研究院研究所组织通则》第四条规定："研究所设研究员若干人，分任调查及研究工作，由中央研究院院长聘任之。研究员分为专任研究员、兼任研究员及特约研究员。""兼任研究员于特定时间到研究所工作，特约研究员于有特殊调查或研究事项时临时委托到所或在外工作。"本书所指的兼任研究人员，包括在中央研究院各所担任兼任研究

① 刘昭民：《中央研究院初期的自然科学研究》，《中华科技史学会学刊》2008年第12期。
② 《一代宗师竺可桢》，《传记文学》2004年第5期。

员、特约研究员、外国通信员、名誉研究员、顾问等职务的人员。

兼任研究员的设置，将更多国内同一学科的重要学术力量纳入中央研究院这一学术研究机关，使其他机构中因各种原因不能出任专任研究员的科学力量能够为国内科学事业的发展贡献力量。如翁文灏、朱家骅长期担任地质研究所的通信研究员，他们因其特殊的身份不可能出任专任研究员，翁文灏主持中央地质调查所工作，又曾担任行政院长职务，朱家骅担任教育部长、交通部长等职。虽然他们并非专任研究员，但对中央研究院的贡献极大。从表3-5中各所兼任研究员的数量可以看出，兼任研究人员在中央研究院的职员中占据较大比重，对中央研究院的科研工作起到重要作用。

表 3 – 5　　　　　　中央研究院各所历年兼任研究员人数变化

年份 所别	1929	1932	1933	1934	1935	1947	1948
物理所	2/9	8/23	10/28	1/30	1/34	2/34	2/23
化学所	0/13	5/19	5/25	4/25	8/36	9/34	10/33
工程所	0/6	0/13	1/14	1/19	1/22	8/29	8/25
地质所	5/29	9/26	8/26	9/30	10/33	9/42	13/44
天文所	5/14	5/20	5/20	5/16	5/14	9/19	9/15
气象所	1/18	3/28	3/34	1/40	1/48	0/22	2/28
史语所	16/45	19/55	19/58	18/69	19/75	15/72	15/66
心理所	1/4	7/19	7/20	5/16	5/20	0/6	1/6
社会所	9/30	14/37	1/23	2/64	2/58	0/40	2/37

注：表格中数字前者为兼任研究员人数，后者为该所当年职员总人数。

在各所中，地质所、天文所、史语所的兼任研究人员的比例一直比较高，究其原因，国内同学科的高层次研究人员数量相对固定，而研究机构则相对较多，因而这些人员比较分散地处于不同的研究机构。而工程所、气象所兼任研究员人数较少，概因国内类似的研究机构较少，不能提供更多的从业选择，而且该学科的总人数要少得多，因而中央研究院能够把这些人才聚集起来。考量兼任研究员的人数与比例，还有一个比较明显的特点，即一般而言，在研究所创立初期，聘任的兼职研究人员数量较多，如

物理所 1933 年总共 28 人中有 10 人为兼任研究员，地质所 1932 年 26 名
职员中有 9 人为兼任研究员，史语所 1932 年 55 人中有 19 人为兼任研究
员，心理所 1932 年 19 人中有 7 人为兼任研究员。当然也有例外，如工程
所创立时并没有兼任研究员，但 1948 年则有近三分之一的人为兼任研究
员，表明国内同类的研究机构增多同时相关专业的人才有所增加。

　　将表 3 - 4 专任研究员的人数与表 3 - 5 中兼任研究员的人数相加，得
到表 3 - 6，从该表中可以更加明晰地看出，在中央研究院各研究所中，
研究员不仅在科学研究中占据核心地位，即使从人数上来看，也占到很大
的比例。1929 年，各研究所研究员人数总和占到各所职员总数的 49%，
将近一半职员是研究员，可见中央研究院以"学术为核心"的建院模式。
同时，也反映了一个问题，即各研究所在组建时，主要是以学术权威为核
心，并未形成完整的学术梯队，多数研究所在建立时，只有研究员和助理
员两个职级的人员。直到 1935 年第一次出现副研究员职级，他们是化学
所的王学海、阮鸿仪，工程所的周行健、丁镇，地质所的俞健章、朱森、
陈旭，天文所的陈遵妫，心理所的徐丰彦，社会所的王士达、杨锡茂。

表 3 - 6　　　　　　　　中央研究院各所历年研究员人数比例

年份 / 所别	1929	1932	1933	1934	1935	1947	1948
物理所	5/9	13/23	14/28	6/30	6/34	13/34	10/23
化学所	8/13	9/19	11/25	10/25	14/36	15/34	17/33
工程所	4/6	7/13	8/14	9/19	7/22	11/29	11/25
地质所	13/29	15/26	14/26	16/30	15/33	21/42	29/44
天文所	8/14	8/20	9/20	9/16	8/14	12/19	12/15
气象所	2/18	5/28	5/34	4/40	4/48	5/22	8/28
史语所	24/45	28/55	28/58	29/69	30/75	29/72	28/66
心理所	2/4	9/19	11/20	9/16	8/20	2/6	4/6
社会所	16/30	21/37	7/23	9/64	7/58	5/40	9/37
总比例	82/168	115/240	107/248	101/309	99/340	113/298	128/277

（说明：表格中数字前者为研究员人数，后者为当年职员总人数）

三　国外研究人员

　　《国立中央研究院组织法》第八条规定："外国科学家在科学上有重

大之发明或贡献，经本院评议员过半数之提议，全体一致之通过，得被选
为本院名誉会员"。外国科学家担任研究员，并没有单独的规定，在《国
立中央研究院组织法》中涉及各研究所研究人员的资格的条款为"关于
各研究所所长及研究人员之资格，由评议会定之"。《国立中央研究院评
议会条例》第四条规定评议会有"促进国内外学术之合作与互助"的职
权。《国立中央研究院研究所组织规程》第四条规定研究员资格的条件有
三：（一）任本院副研究员三年以上在学术上确有重要贡献者；（二）在
本院认可之国内外研究机关从事研究工作，自大学毕业后至少满九年，在
学术上确有重要贡献者；（三）在国立大学或教育部立案之私立大学或独
立学院或本院认可之国外大学或独立学院担任教授并从事研究工作，在学
术上确有重要贡献者。从上述中央研究院的各种法规来看，聘请外国科学
家担任研究员是符合规定的。

　　通过对中央研究院历年职员录的考察，一共有 18 位国外学者担任过
各所的研究员，列表如下。

表 3 - 7　　　担任中央研究院各所研究员职务的外国学者情况

姓　名	国籍	任职研究所	研究员类别	任职时间
葛利普 （Amadeus William Grabau， 1870—1946）	美国	地质研究所	特约研究员	1928—1935
德日进 （P. Terlhard de Chardi， 1881—1955）	法国	地质研究所 历史语言研究所	特约研究员 特约研究员	1929—1935 1932
汉默	瑞士	地质研究所	特约研究员	1932
高腾 （Walther Gothan， 1879—1954）	德国	地质研究所	名誉研究员	1932
史禄国 （Sergei Mikhailovich Shirokogorov， С. М. Широкогорова， 1887—1939）	俄国	历史语言研究所	专任研究员	1928

续表

姓　名	国籍	任职研究所	研究员类别	任职时间
米勒 （F. W. Muller）	德国	历史语言研究所	通信研究员	1928
伯希和 （Paul Pelllliot，1878—1945）	法国	历史语言研究所	通信研究员	1928
高本汉 （Klas Bernhard Johannes Karlgren，1889—1978）	瑞典	历史语言研究所	通信研究员	1928
步达生 （Davidson Black 1884—1934）	加拿大	历史语言研究所	特约研究员	1932—1934
颜复礼 （Fritz Jaeger，1886—1957）	德国	社会科学研究所	特约研究员	1928
钢和泰 （Alexander von Stael - Holstein，1877—1937）	奥地利	历史语言研究所	特约研究员	1932
谈采 （Danze，1886—1954）	德国	社会科学研究所	特约研究员	1932
伊博恩 （B. E. Read，1887—1949）	美国	化学研究所	顾问	1934
海森堡 （Werner Heisenberg，1901—1976）	德国	物理研究所	名誉研究员	1932
史图博 Stubel	德国	社会科学研究所	特约研究员	1931—1932
史若兰 （Nora G. Sproston）	英国	动物研究所	专任研究员	1943—1948
斯波维士顿	英国	动物研究所	专任研究员	1947
李约瑟 （Joseph Needham，1900—1995）	英国	动物研究所	通信研究员	1947

　　这些外国学者大多在中国生活过很长时间，对中国的科学研究与教育起到过重要的作用，并且与中国学者之间有深厚的友谊，聘请他们担任中央研究院的研究员也顺理成章。比如葛利普、德日进、钢和泰后半生几乎一直生活在中国。

　　葛利普 1920 年应聘到中国，任农商部地质调查所古生物室主任，兼任北京大学地质系古生物学教授。1928 年起任中央研究院地质研究所通讯研究员。中国最早一批地层古生物学者大都出自葛利普的门下，赵亚曾、黄汲清、俞建章、王恭睦、乐森璕、田奇瓗、杨钟健、裴文中、斯行健等都是他的学生。1946 年在葛利普的追悼会上，俞建章深情地说："葛先生学识渊博，著作宏富，在来华之前，即已名满世界；来华之后，对于中国尤具深厚之同情，早以终老斯土自许，执教北大二十余年如一日，恺悌慈祥，诲人不倦。""葛先生虽生长美国，而视中国为故乡，视友生如家人，形貌虽殊，精神实与我人相融合。今先生之形骸虽逝，而其伟大精神，犹永铭我人之心目。"

　　德日进 1923—1946 年先后八次来到中国，在中国地层、古生物、区域地质研究中作出过重要贡献。曾与中国政府合作绘制中国地图，参与了对史前文明的研究，参与了周口店著名的"北京人"的发掘工作。德日进在中国一个天主教传教机关工作，这个机关与其说是关心宗教，不如说是关心科学。所以，德日进在中国人心目中不是以一个传教士出名，而是以一位生物学家和考古学家著称。他是国立北京大学地质学教授，同时也是地质调查所古生物学方面的主要领导人。

　　史禄国，俄罗斯人类学奠基者，现代人类学先驱之一，俄罗斯科学院院士。1917 年来到中国，先后任教于北京大学、中山大学。他从 1922 年移居中国，1922—1930 年先后在上海、厦门、广东等地的大学任教和做研究。1939 年逝世于北京，将近 20 年在中国度过，绝大部分著作也在中国出版，为中国民族学和人类学的发展做出了重要贡献。直到 1994 年，费孝通还在深情地怀念这位 1933 年收他为弟子、指导他从事民族学和人类学研究、使他受益终身的恩师，并以未能详细了解其生平甚至连其出生日期都不清楚为憾。

　　钢和泰，汉学家，历任彼得格勒大学助理梵文教授、北京大学梵文与宗教学教授、哈佛大学燕京学社教授并长期担任哈佛—燕京学社驻燕京大学的中印研究所所长。他与当时国内外学术界交往甚广，如著名汉学家高本汉、伯希和、戴密微等，与国内学者，如陈寅恪、胡适、赵元任、王云五、汤用彤、吴宓等人更是交情深厚，在中国近现代学术史上占有重要地位。

李约瑟之盛名无须赘言，此处只提及其与中央研究院的关系。1942年9月，李约瑟和陶德斯（即 E. R. Dodds，牛津大学希腊文教授）受英国文化委员会之命执行援华任务，组成"英国文化科学赴中国使团"（British Cultural and Scientific Mission to China）于1943年2月抵达昆明，3月21日抵达国民政府陪都重庆，4月9日，中央研究院为陶德斯和李约瑟两位教授访华举行了欢迎茶会，朱家骅院长在欢迎词中说："这次陶德斯、尼德汉（即 Needham，李约瑟的另一译名）两位教授来我国访问，并承分别送来英国皇家学会、大英学院、牛津大学、剑桥大学，以及其他英国、印度教育文化机关致本院各函，隆情高谊，不仅中央研究院同人感奋，即我全国学术文化教育界亦莫不欣慰。中国学术研究工作，6年以来虽经日本侵略者的不断摧残，筚路蓝缕，倍加努力，仍能继续发展，对世界科学作涓滴的贡献，此乃吾人应尽的职责，乃蒙来函赞饰，实不敢当。两位先生在英国学术界卓有成就者，今不远万里而来，希多指教。我们相信经过两位先生前来访问以后，两国的学术文化更有密切的联系与合作。再说到中国的文化，其思想的主流，便是王道，便是天下为公，也便是正义和平及反侵略之道。我们希望两位先生此行更能激发反侵略的精神，加强两国的友好。这次承两位先生的不弃，担任本院通信研究员，陶德斯教授为本院历史语言研究所通信研究员、尼德汉教授为本院动植物研究所通信研究员，在此表示欢迎。两位先生并有中英科学合作办法的建议，所列项目甚多，如互相供给研究资料，交换研究意见及文献交换，教授学生等盛意，至为可感。今后吾人更当努力，从事于两国学术文化之沟通，为学术文化增光，为人类谋福利。"在此之前的同年3月6日，北平研究院已授予李约瑟通信研究员称号。因此，当时人们常常可以看到李约瑟的野外夹克衫上总是佩戴着中央研究院和北平研究院的两个徽章。20世纪40年代李约瑟在华工作达3年半，访问了近300个学术研究机构，足迹涉及云南、四川、贵州、山西、甘肃、广东、广西、福建等省，写下工作报告、日记、通讯及为英国《自然》周刊撰写的专稿等，编成《科学前哨》（Science Outpost）一书。其中为《自然》周刊撰写的《战时重庆科学界》一文提到中央研究院动植物研究所王家楫、伍献文、陈世骧、饶钦止、张孝威、刘建康等人正在从事的科学研究工作，并谓参观动植物研究所后"深觉其具有世界上最优良的实验室之研究空气。"①

Dr. Picken 在《中英生物科学的交流》一文中称："在科学家的队伍里，生物学家应与世界上其他国家的同志们取得联系，那是相当重要的，这不但为了交换彼此的意见，并且为了交换研究的资料。生物学家最大的兴趣，就在笃志于分门别类的研究，虽说这个时代已成为过去，但它并没有意味着生物学家可以忽视世界上其他国家里一切生物的种类和分布情形了。就生理学和实验生物学来看，它们在研究上的成功，每每要靠资料的选择，来研究一个特殊的问题。而那最合适的资料，不一定在地理上是最靠近手边的。"②

"在中国或英国，有好些个别的生物学家，都通过我们这个机构（中英科学合作馆），来交换各色各样的研究报告，所有这些，我都还没有提到过。其中有一桩最能令人欢奋的事情，就是：在驻华中英科学合作馆或在伦敦科学社里参加工作的，都知道怎样来搜求研究的报告。首先，由在华的研究机关，用团体名义，向英国的研究机关商请；再进而交换私人的信札和复写的稿本。一个科学家最大的财产，常常是那些复写的稿本。在最初的时候，复写稿本的数量是很少的，它是逐年要求增订的。中国的科学家们，在这次战争中颠沛流离，他们虽都散佚了许多资料，可是，他们对于那些不可多得的稿本，还是很慷慨地提供出来。从重庆，我们曾经寄出了成千的书刊，并且都是作者们自己指定寄交英国的同志们的，从英国的各研究机关和各科学家间，也寄回了大批的稿本。每一个科学家，对于这样的交换方式，都非常赞同。在寄递方面，复写的稿本要比装订成册的书刊，方便得多；同时，我们的许多科学家，都极珍视收藏的稿本，甚至还比任何私人的科学图书馆还要珍视。就我本人来说，像上面所提到的这种交换方式，将会建立科学家私人间的联系，我是觉得最重要的。即使不同的语言，会把我们隔开，可是，鉴识和尊重彼此的科学研究，可以织成一条合作的纽带，因为，科学所讲的，却是一种国际性的语言，也就是公正无私的带有真理的语言！"③

---

① 李约瑟：《战时中国之科学》，徐贤恭、刘建康译，中华书局1947年版。
② Picken，《中英生物科学的交流》，陶大镛译，《民主与科学》1945年第2期。
③ 同上书，第35—36页。

第三节　中央研究院的评议人员

《国立中央研究院组织法》第五条规定："国立中央研究院设评议会，由国民政府聘任之评议员三十人及当然评议员组织之。中央研究院院长及其直辖所所长为当然评议员，院长为评议会议长。"评议会之主要职务，"为联络国内外学术研究机关，谋研究事业之进步。"①《国立中央研究院评议会条例》第二条规定："中央研究院评议会第一届聘任评议员，由中央研究院院长及国立大学校长组织选举会，投票选举三十人，呈请国民政府聘任之。"第三条："具有下列资格之一者，得为评议员之被选举人：一、对于所专习之学术有特殊之著作或发明者；二、对于所专习之学术机关领导或主持在五年以上成绩卓著者。"评议会为最高之学术评议机关，责任重大。评议员之人选，一方面应力从严格，一方面应力求普遍。本院为国立最高学术研究机关，评议会又为最高学术评议机关，其首届评议员之人选，自以先由全国各地最高国立学术机关推举，然后呈请政府聘任为妥善：如是则政府得收集思广益之效，而无躬亲遴选之烦。查现有国立之研究院，除本院之外尚有北平研究院，国立大学分布各省区者共有十二校之多，以十四国立最高学术机关开会推举评议员三十人，当不致有滥竽偏袒之弊。第五条："评议会之职权如下：一、决定中央研究院研究学术之方针；二、促进国内外学术研究之合作互助；三、中央研究院院长辞职或出缺时，推举院长候补人三人，呈请国民政府遴任；四、选举中央研究院之名誉会员；五、受国民政府委托之学术研究事项。"关于评议会之职权，中央研究院组织法仅有选举中央研究院名誉会员之规定。兹按该会既设立于中央研究院，当然应有决定该院研究方针之权，同时该会又为最高学术评议机关，故应为全国学术研究合作互助之枢纽，庶可统筹远大，免除重复，增加效能。又科学研究往往赖于国际之合作，近年来各种国际科学协会日渐增多，吾国亦应有正式机关担任接洽，以评议会主持，似较适当。至于中央研究院院长，照院组织法第三条原为特任，唯本院为最高学

① 国立中央研究院文书处：《缘起》，《国立中央研究院首届评议会第一次报告》，国立中央研究院总办事处1937年版，第23页。

术研究机关，院长又兼任评议会议长，候补人选先由代表全国之学术机关推荐，然后呈请政府遴选特任，尤足以昭公允而服人心。

一　两届评议员分析

朱家骅在《中央研究院评议会之任务与工作》一文中对评议员的重要作用作了说明，他认为"（评议会）系集全国科学家组织而成，任务非常重大，不仅评议院务之兴废，尤须瞩目于全国学术之隆替，作全盘之打算，如何提倡，如何促进，在此院之组织法中，亦有明定之责任，本院各所专致力于各部门科学之研究，而整个学术之发扬昌明，先后缓急，关系全国，以适合迎头赶上西洋文化，从根救起中国民族之国家需要，则在于我评议会同人群策群力。"① 可见，中央研究院的评议会是国家性质的评议机构，评议员则是全国范围内各学科最精英的成员，他们直接决策国家科学研究发展的方向。在 1949 年之前，产生了两届评议会，第一届任期为 1935 年 7 月 3 日至 1940 年 7 月 2 日，第二届任期为 1940 年 7 月 3 日至 1948 年 7 月 2 日，鉴于两届评议员多有重合，此处主要对首届评议员加以分析。

表 3-8　　　　　　　　　　首届当然评议员名录

姓名	职务	姓名	职务
蔡元培	中央研究院院长	竺可桢	气象所所长
丁燮林	物理所所长	傅斯年	史语所所长
庄长恭	化学所所长	汪敬熙	生理所所长
周仁	工程所所长	陶孟和	社会所所长
李四光	地质所所长	王家楫	动植物所所长
余青松	天文所所长		

表 3-9　　　　　　　　　　首届聘任评议员名录

序号	姓名	学科	简历
1	李书华	物理	北平研究院副院长
2	姜立夫	物理	南开大学数学系主任

① 朱家骅：《中央研究院评议会之任务与工作》，《教育通讯周刊》1941 年第 11 期。

续表

序号	姓名	学科	简历
3	叶企孙	物理	清华大学理学院院长
4	吴宪	化学	北平协和医学院生物化学系主任
5	侯德榜	化学	永利制碱厂总工程师
6	赵承嘏	化学	北平研究院药物研究所主任
7	李协	工程	黄河水利委员会委员长
8	凌鸿勋	工程	株韶铁路管理局局长
9	唐炳源	工程	无锡庆丰纱厂总理
10	秉志	动物	中国科学社生物研究所所长
11	林可胜	动物	北平协和医学院生理系主任
12	胡经甫	动物	北平燕京大学生物系主任
13	谢家声	植物	实业部中央农业实验所所长
14	胡先骕	植物	静生生物调查所所长
15	陈焕镛	植物	中山大学农林植物研究所所长
16	丁文江	地质	中央研究院总干事
17	翁文灏	地质	实业部地质调查所所长
18	朱家骅	地质	前任两广地质调查所所长　地质学会会长
19	张云	天文	中山大学天文学教授兼天文台台长
20	张其昀	气象	中央大学地理系教授
21	郭任远	心理	浙江大学校长
22	王世杰	社会科学	前任武汉大学法学院教授兼校长
23	何廉	社会科学	南开大学经济学院院长
24	周鲠生	社会科学	武汉大学法学院教授
25	胡适	历史	北京大学文学院院长
26	陈垣	历史	北平辅仁大学校长
27	陈寅恪	历史	清华大学历史系教授
28	赵元任	语言	中央研究院历史语言研究所语言组主任
29	李济	考古	中央研究院历史语言研究所考古组主任
30	吴定良	人类	中央研究院历史语言研究所人类组主任

　　中央研究院评议会将全国各学科之顶尖学者聚集在一起，汇集了全国一流学术人才，使中央研究院真正具有了全国最高学术评议机构之学术权

威。首届评议会评议员皆为国内各学科成就突出之学者，其学科范围包括了中央研究院所研究的所有科目；全国几乎所有重要的学术研究机构、大学及与学术相关的部门都有学者入选。这样的特点，无疑使中央研究院评议会具有学术上的权威性、学科上的全面性和代表上的广泛性。

表 3 – 10　　　　　　　　　　首届评议员分组情况

组别	主席	评议员		
物理组	李书华	姜立夫	叶企孙	丁燮林
化学组	庄长恭	吴宪	侯德榜	赵承嘏
工程组	周仁	李协	凌鸿勋	唐炳源
动物组	王家楫	秉志	林可胜	胡经甫
植物组	谢家声	胡先骕	陈焕镛	王家楫
地质组	丁文江	翁文灏	朱家骅	李四光
天文气象组	竺可桢	张云	张其昀	余青松
心理组	汪敬熙	林可胜	郭任远	
社会科学组	王世杰	何廉	周鲠生	陶孟和
历史组	胡适	陈垣	陈寅恪	傅斯年
语言考古人类合组	李济	赵元任	吴定良	

（＊丁文江逝世后，由评议会改选叶良辅为地质组评议员，然后又由该组各评议员互推朱家骅为主席）

蔡元培在评价第一届评议会评议员时称："这三十位评议员，代表中央研究院十四种的研究科目，即物理、化学、工程、地质、天文、气象、历史、语言、人类、考古、心理、社会科学、动物、植物。凡国内重要研究机关，如国立北平研究院、北平地质调查所、中央农业实验所，全国经济委员会、中国科学社、静生生物调查所、黄海化学工业研究社，设有研究所的著名大学如北京、清华、协和、燕京、中央、中山、浙江、南开、武汉大学等，以及于科学研究有直接间接关系的教育部、交通部，无不网罗在内，本院和各研究机关因之而得到更进一步的联络，这是本院历史中可以'特笔大书'的一件事，兄弟敢说评议会运用得好，他们就找到了中国学术合作的枢纽。"① 中央研究院评议会将全国优秀学者与全国最高学术研究机构结合在一起，能够有效地发挥对全国学术研究进行指导、联络、奖励之功能。

第二届评议会议长为朱家骅，秘书为翁文灏，当然评议员为朱家骅、叶企孙、萨本栋、丁燮林、吴学周、周仁、李四光、张钰哲、竺可桢、傅斯年、汪敬熙、陶孟和、王家楫、罗宗洛、赵九章，聘任评议员为姜立夫、吴有训、李书华、侯德榜、曾昭抡、庄长恭、凌鸿勋、茅以升、王宠佑、秉志、林可胜、陈桢、戴芳澜、胡先骕、翁文灏、谢家荣、张云、吕炯、唐钺、王世杰、何廉、周鲠生、胡适、陈垣、赵元任、李济、吴定良、陈寅恪、钱崇澍。

对于这两届评议员，吴大猷曾给以评价："第一届和第二届的评议员的名单，约略的代表我国在民国二十及三十年代的学术上资深者。这些学者可以说是我国近代学术发展中的'第一代'。到了民国三十七年选出的第一届院士，则'第一代'之外，已有些可以说是'第二代'的，如数学的许（宝騄）、陈（省身）、华（罗庚）、苏（步青）；物理的赵（忠尧）和笔者（吴大猷）；化学的吴；生物的殷（宏章）、汤（佩松）、冯（德培）等。所谓'两代'者，是指约有十余年之隔，或有师生的关系而言。当然亦有'两代之间'的。"②

二　首届院士分析

1947 年 3 月 13 日修正的《国立中央研究院组织法》共十五条，其中从第五条到第十二条共 8 条涉及院士问题，足见院士制度在中央研究院举足轻重的地位。兹列此 8 条条款如下。

第五条　国立中央研究院置院士若干人，依左列资格之一，就全国学术界成绩卓著之人士选举之。

一、对于所专习之学术，有特殊著作发明或贡献者。

二、对于所专习学术之机关，领导或主持在五年以上，成绩卓著者。

第六条　国立中央研究院院士，第一次由国立中央研究院评议会选举之，其名额为八十人至一百人，嗣后每年由院士选举，其名额至

---

① 蔡元培：《中央研究院与中国科学研究概况》，中国蔡元培研究会：《蔡元培全集》（第 8 卷），浙江教育出版社 1997 年版，第 174 页。

② 吴大猷：《中央研究院的回顾、现况与前瞻》，《传记文学》1986 年第 5 期。

多十五人。

第七条　国立中央研究院院士之选举，应先经各大学各独立学院各著有成绩之专门学会研究机关或院士或评议员各五人以上之提名，由中央研究院评议会审定为候选人，并公告之。

院士选举规程，由中央研究院评议会定之。

第八条　国立中央研究院院士为终身名誉职。

第九条　国立中央研究院院士之职权如左。

一、选举院士及名誉院士。

二、选举评议员。

三、议订国家学术之方针。

四、受政府之委托，办理学术设计调查审查及研究事项。

院士会议规程，由中央研究院评议会定之。

第十条　国立中央研究院院士分为左列三组，每组名额由评议会定之。

一、数理组。

二、生物组。

三、人文组。

第十一条　国立中央研究院设评议会，由院士选举经国民政府聘任之评议员三十人至五十人及当然评议员组织之。

国立中央研究院院长，总干事及直辖各研究所所长为当然评议员。

院长为评议会议长。

国立中央研究院评议会条例另定之。

第十二条　国立中央研究院置名誉院士。

国外学术专家，于学术上有重大贡献，经院士十人以上之提议，全体院士过半数之通过，得被选为名誉院士。

每一名誉院士当选之理由，应公告之。

经过 20 年的学术积累，中国学术界已取得一定的成就，为进一步加强国内学术研究，促进国际合作，完善学术交流和评议机制，中央研究院筹备建立院士制度。1948 年中央研究院院士选举及院士会议的召开，是中国科学发展史上的一座里程碑，它完成了中央研究院作为国家科学院以院士为主体的学院体制建设，标志着"中央研究院主持者为院长，构成之主体为院士，学术评议之责属于评议会，从事研究者为各研究所，国家学术之体制经过 20 年发展，乃告完成"①，在中国现代科学史和学术史上具有重要意义和影响。

当选的 81 名院士，皆名重一时，实至名归。数学方面，苏步青是中国微分几何的开拓者，最年轻的陈省身则是微分几何的奠基人物。华罗庚虽然只上过初中，但是在数论方面却是当时国际公认的权威。化学方面，吴宪在临床生化、气体与电解质的平衡、蛋白质变性、免疫化学、营养学以及氨基酸方面都有重要的贡献。庄长恭为有机化学的微分析奠基人，特别是在与甾体有关的化合物合成及天然有机化合物结构研究方面有卓越的成就。陈克恢以研究麻黄素闻名，是中国药理学研究的创始人。地质方面，李四光、翁文灏、杨钟健对于中国地质学和古生物学都有特别贡献。气象学方面，竺可桢是中国气象学、气候学的创始人，研究台风、季风气候变迁、农业气候、物候及自然区划。侯德榜研究制碱，在民间的研究所工作，是可以和外国比美的头等化学工程师；茅以升主持设计钱塘大桥，是中国最有名的桥梁专家。

在 1948 年中央研究院选出第一届院士之后不久，时任中央研究院史语所副所长的夏鼐及时对首届当选院士的籍贯、学历、年龄、服务机构等作了分析，形成了可靠的史料。在当选院士的 81 人当中，中央研究院有 24 人，占 29.6%，北京大学和清华大学各 9 人，各占 11.1%。除了在研究机关和学校任职者以外，也有在国家卫生机关及医院、国家其他行政机关、社会文化界以及出版社任职者。以籍贯分，这 81 位院士分别来自 15 个省市和 5 个县市，其中又以长江下游的浙江和江苏（包括上海 3 人）两省最多，各有 18 和 16 人；其他则依次为广东 7 人、江西、湖北和湖南各 6 人，福建 5 人，河南和四川各 3 人，山东和河北（包括天津）各 2 人，山西、甘肃、陕西和安徽各 1 人。根据审查表，年龄最大的是人文组的吴稚晖，85 岁，其次是张元济，81 岁。最年轻的则为三位数学家，陈省身 37 岁，华罗庚和许宝騄 38 岁。全体院士的平均年龄是 54.3 岁，生物组 49.5 岁，数理组 50 岁，人文组 63.4 岁。

另外值得注意的是留学生所占的比例极高。81 位院士中有 49 位留学过美国，23 位留学过欧洲，5 位留学过日本。中国的早期留学生以到日本

---

① 周雷鸣：《一九四八年中央研究院院士选举》，《南京社会科学》2006 年第 2 期。

者为多，且学习法政的远比科学的为多，由于高等研究在日本的大学采取学徒制，中国学生有机会取得高等学位的人不多。欧美有高等研究所的大学不少，所以取得高等学位继续做研究的人也比较多。不过在留学欧美的范畴内，有许多院士到欧美国家只是游学，这一点又以文科最明显，傅斯年和陈寅恪都是例子。陈寅恪于国外之时间累计长达十余年，其中大部分是在年轻时代，后半生出国仅一次，即从 1945 年秋到翌年春赴英国治疗眼疾，但以无效而归国。陈寅恪的留学经历如下：1902—1903 年在日本弘文学院，1904 年 10 月—1905 年在日本庆应大学，1910—1911 年秋在德国柏林大学，1911 年秋—1912 年在瑞士苏黎世大学，1912—1914 年在法国巴黎大学，1918—1921 在美国哈佛大学，1921—1925 年在德国柏林大学研究院。陈寅恪之留学以德国两次共计 5 年时间最久，在日本逗留期间的各次均未满一年，皆因患病而归国疗养。正因为陈寅恪留学日本之时间较欧美为短，且其时尚年幼，因而对其人格及学术之影响不若欧美。陈寅恪在国外留学多年，志在求得真才实学，不要任何学位；数理组则只有华罗庚一人，他是自学成名，并取得国外同行的称赞。当时完全没有出国留学经验的只有 6 位，即人文组的董作宾、余嘉锡、张元济、顾颉刚、柳诒徵和陈垣，他们的学问都和传统的史学和经学有关。

院士中留美者最多，占 60% 以上，如果加上留学欧洲的，则高达 85% 以上，而且留学欧美者绝大部分都获得博士学位。从 1900 年开始，去美国留学的人数缓慢而稳定地增长：1906 年，约 300 名；1911 年，增至约 650 人；1915 年，超过了 1000 人；三年后的 1918 年达 1200 人左右；1925—1926 年，估计人数达 1600 人。① 在留美运动中，庚款留学计划是留美项目中最重要的，有学者认为"它是整个 20 世纪中国留学运动中最有影响和最为成功的"②。该项目从 1909—1929 年输送了大约 1300 名学生赴美留学，这些人中涌现出众多近现代中国最优秀的学者和教育家，以及各行各业的杰出人才。留美生在引进传播及建立发展中国现代科研体系的过程中发挥了极为重要的作用，做出了卓越贡献，他们自身也成为中国科学界的主导和中坚力量。

在国内大学没有得到长足发展的情况下，"西洋一等、东洋二等"的

---

① ［美］叶维丽：《为中国寻找现代之路——中国留学生在美国（1900—1927）》，周子平译，北京大学出版社 2012 年版，第 10 页。

② 同上书，第 11 页。

思想促使留学海外多年并学有所成的归国留学生成为院士选举的基本标准，这也是第一届院士中大多数是归国留学生的原因之一。此外，归国留学生的学术成就则成为他们当选的主要原因。从院士当选资格来看，这一院士群体确实是当时中国各门学科的代表人，政治意识形态并没有成为选举的先决条件，学术成就及其对学术发展的影响成为唯一标准。第一届院士是由评议会组成成员选举出来的，而评议会成员大多是归国留学生，他们不仅拥有高学历，而且在其专业方面都取得了一定的学术成就，因而院士选举的学术性保证，与评议会组成成员的学术性密不可分。

第四章 科学文化共同体的地缘、亲缘、学缘、业缘分析

中国现代科学文化共同体具有复杂性与多样性，这些特性主要体现在共同体成员间错综复杂的社会关系上。这些社会关系相互交织、相互作用，形成了复杂的社会关系网络。美国科学社会学家克兰（Crane）认为，如果在一些科学家之间存在着直接联系或间接联系，我们就说他们之间存在一个社会圈子。科学文化共同体成员之间通过正式或非正式的交流网络进行学术交流和传播，从而形成一个具有强大影响力的科学文化共同体，同时，这些复杂的社会关系也为共同体的维系提供了有力的保障。本章对中央研究院的 1131 位职员的社会学属性进行整体的分析，尝试对科学文化共同体这一群体的社会属性进行静态的描述，这些静态的特征包括共同体成员的地缘关系、亲缘关系、学缘关系与业缘关系。

第一节 共同体成员的地缘关系分析

科学文化共同体成员的地缘分析属于文化地理研究的范畴。本节通过对科学文化共同体成员整体籍贯分布情况的分析来讨论科学文化共同体潜在的地域文化区域的差别与特点。

一 籍贯分布特点与原因

籍贯是研究人才地理的主要基础。由于人才的地域迁移，对籍贯可以作四个层次的区分：（1）祖籍；（2）父辈出生地；（3）本人出生地；（4）本人成长地。要将这些层次都研究清楚，事实上不可能。在这四层关系中，以本人的成长地最为重要，如果说前三者更注重的是隐性的文化影响的话，本人的成长地直接决定接受教育的条件与机会，但无论是哪一层含义，籍贯对人才成长都有重大影响。

文化地理学是一门研究人类文化事物和现象的起源、分布、变动及其同自然环境关系的学科。简言之，文化地理学的研究对象就是文化的空间差异以及人地关系。在本书的研究中力图避免空洞，以客观可信的数据与史实来充实研究。主要的做法如下。（1）由科学文化共同体成员籍贯的考定，制作相应的籍贯分布图表，用以显示科学文化共同体成员籍贯的地理分布。（2）由科学家籍贯的地理分布，认定个别时期个别地区科学文化发展程度及其彼此间的差异。衡量一个地区科学文化的总体水平是发达、一般还是落后，隶籍该地区的科学家数量的多少，是最重要的指标之一；科学自觉与独立的民国时期，更是如此：大凡出科学家多且空间分布密集的地区，可称为科学文化发达的区域；相对而言，那些出人不多、空间分布零散或稀疏的地区，则科学文化不发达以至落后。科学文化在某种意义上反映的是该地区的科学基础或科学传统，其功能在于产生、输出科学家。因此，现代中国科学家籍贯的地理分布，是可以认定该时期各地区科学文化发展程度的。

表 4 – 1　　　　　　　　　　科学文化共同体成员籍贯

序号	省份	人数	百分比	序号	省份	人数	百分比
1	江苏	249	26.75	14	上海	21	2.17
2	浙江	169	17.48	15	天津	14	1.45
3	湖南	76	7.86	16	广西	10	1.03
4	广东	68	7.03	17	甘肃	7	0.72
5	四川	48	4.96	18	贵州	6	0.62
6	河北	48	4.96	19	陕西	6	0.62
7	安徽	45	4.65	20	辽宁	6	0.62
8	福建	45	4.65	21	云南	4	0.41
9	湖北	33	3.41	22	山西	2	0.21
10	江西	31	3.21	23	黑龙江	1	0.1
11	山东	28	2.9	24	青海	1	0.1
12	北京	24	2.48	25	吉林	1	0.1
13	河南	23	2.38	26	察哈尔	1	0.1

本文所统计的科学文化共同体 1131 人中，籍贯可考的有 967 人，这

些人分布于当时全国的 26 个省级行政区域。1931 年中华民国的一级行政区共有 38 个，分为 28 个省：江苏、浙江、安徽、江西、湖北、湖南、四川、西康、福建、广东、广西、云南、贵州、河北、山东、河南、山西、陕西、甘肃、宁夏、青海、绥远、察哈尔、热河、辽宁、吉林、黑龙江、新疆；6 个直辖市：南京、上海、北平、青岛、天津、汉口；2 个行政区：威海卫行政区、东省特别行政区；2 个地方：西藏地方、蒙古地方。

从表 4-1 中可以看出，籍贯分布主要集中在苏、浙两省，这两省的人数占到总人数的 44%，远远高于其他的省份。除苏、浙两省外，湖南、广东、四川、河北、安徽、福建次之，有 10 个省份的人数都是个位数。这种人员的分布情况与当时国内人才分布基本吻合，只是在个别省份的排序上有所差别，但并不影响总体格局。笔者以 1931 年出版的《当代中国名人录》（樊荫南编，上海良友图书印刷公司）收录名人的籍贯统计为参照来说明这一情况。该书共收录 3320 人，是当时收录最丰的人物辞典，所收人物涵盖政治、军事、教育、科技、工商及新闻等各个领域。

表 4-2　　　《当代中国名人录》（1931）所收人物籍贯统计

名次	籍贯	人数	百分比	名次	籍贯	人数	百分比
1	江苏	600	18.07	14	山西	51	1.53
2	浙江	529	15.93	15	云南	48	1.44
3	广东	404	12.16	16	广西	42	1.26
4	河北	236	7.10	17	贵州	414	1.25
5	福建	212	6.38	18	陕西	34	1.02
6	湖南	209	6.27	19	吉林	29	0.87
7	安徽	180	5.42	20	甘肃	16	0.48
8	湖北	159	4.79	21	黑龙江	8	0.24
9	江西	126	3.79	22	热河	4	0.12
10	四川	124	3.73	23	西藏	4	0.12
11	辽宁	109	3.28	24	新疆	3	0.09
12	山东	95	2.86	25	察哈尔	2	0.06
13	河南	53	1.59	26	绥远	2	0.06

从表 4-2 可见，中国现代人物的籍贯以江苏、浙江、广东三省为最

多。河北、福建、湖南、安徽、湖北、江西、四川等省次之。江苏、浙江、广东三省合计占到总人数的 46.16%，将近一半。从地域来看，东南沿海地区（江苏、浙江、广东、福建）人物最为密集，长江中上游地区（湖南、安徽、湖北、江西、四川）次之，东北、西南和西北地区最少。明显地呈现出沿海、沿江、内陆和边远几个不同的地理层次，其格局与近代以来西风东渐的区域进程相吻合，也与中国现代的区域进程相一致。

比较表 4-1 与表 4-2，它们的内容相差不多。可以反映出近现代中国人才的地理分布，这种结果的原因大致如下：近代中国被迫开放以后，西学被引入，而苏浙两省地处沿海，又有上海这个西学东渐的窗口，领风气之先，加上原有的社会文化基础，苏、浙两省文人学者率先完成了由旧到新的蜕变，成为近现代中国科学文化中心，仍不失为中国文人学者的最大源地。据叶忠海 1988 年所做统计，现代科技人才最大源地是以上海为中心的苏浙地区，在他的统计结果中，发现 40% 以上的科学家，51.3% 的数理化学部委员，51.5% 的生物学家，58.6% 的农学家，30% 的心理学家等均出自苏浙两省。从历史源流来看，浙江是中国古代文化的发源地之一，历史悠久，尊师重教，代有贤人，为文献名邦。就教育事业而论，浙江古代的书院教育兴旺发达，量多面广，长盛不衰。就近代而言，兴办新学也比较早，许多有志青年，迫切钻研西方有用的科学文化知识，以谋求改变中国的落后面貌。进入民国之后，江淮地区仍为学术重心所在。日本东方文化事业总会的桥川时雄所编《中国文化界人物总鉴》，收录 1912—1940 年在世、从事文化教育、学术研究和文学艺术有名于时的人物共4600 人，其中从事中国研究者多半仍产于江淮。[①]

苏浙两省产生的学者，不仅数量最多，素质最高，且对全国的文化学术等倾向产生支配性影响。1948 年 81 名院士中，浙江籍的有 19 人，占23%，江苏籍的有 17 人，占 21%，两省共占 44%，远高于其他省份。陈省身在回忆文章中称，"1948 年中研院的大事，当是第一届院士选举。共选出 81 人，遍及各学科。鸡鸣寺前，前辈风范、回首当年，不禁神往。院士中年龄最大者为张元济先生，最幼者为我。两人都是嘉兴（张先生

---

① 1940 年"长春满洲行政学会株式会社"出版。傅增湘所写序言称："统吾国二十八省之地域，五六十年来之人物，综萃品伦，登诸簿录，试披览而寻绎之，而近世人材之消长，风气之变迁，学术之源流，政教之演进，一展卷而得其大凡。"

籍海盐，曾属嘉兴府），可称巧合。"①

二　地缘关系对共同体的维系

中国传统上是一个十分注重乡土观念的国度，这一特征并不会随着社会的变迁而受到根本的改变，即使在中央研究院这样一个现代的科学研究机构中，职员之间也存在着明显的地缘关系。表4－3以中央研究院1929年职员的籍贯来进行分析，从中可以看到一些科学文化表现在地域方面的特征。

对某一年份的职员籍贯情况的分析与整体的分析是吻合的。仍是江苏、浙江的人数占优。9个研究所所长的籍贯分别为浙江3人，江苏2人，湖北2人，福建2人，山东1人。某一机构领导人的籍贯一定程度上会影响该机构人员来自何地，如中央研究院院长蔡元培为浙江籍，各所所长中浙江人数占优，当然，最重要的原因还在于江浙地区人才数量最多。以籍贯人数来衡量，各所籍贯人数最多的分别为，物理所（浙江），化学所（江苏），工程所（江苏），地质所（浙江），天文所（福建），气象所（江苏），史语所（广东），社会所（湖南、江苏）。综合来看，仍是江苏、浙江占多数。

表4－3　　　　　　　　1929年中央研究院各所职员籍贯分布

	总办事处	物理所	化学所	工程所	地质所	天文所	气象所	史语所	心理所	社会所
浙江	9	3	3		7	1	6	7		1
江苏	11	2	6	3	2	3	7	4		6
江西	1	1			1			1		1
安徽	1			1	2		2	5		
北平	1							1		
四川		1	2					2		4
河南		1						2		
广东		1			1	1		8		2
湖北			1	1	4			2		3
上海			1	1						
湖南					4		1	2		6

---

① 陈省身：《中央研究院三年》，《传记文学》1988年第6期。

续表

	总办事处	物理所	化学所	工程所	地质所	天文所	气象所	史语所	心理所	社会所
陕西					1			1		
山东					1			2	1	
河北					3	1		1	1	2
福建						7		1		2
云南						1		1		
甘肃							2			
山西								1		
广西									1	1

但是，对科学文化共同体成员的籍贯细加分析仍可找出一些值得研究的特殊内容，例如，为何天文所的人员中福建籍人数占到一半，而且在8名研究员当中有5人为福建籍，与其认为是所长余青松是福建人而形成这一局面，毋宁说福建多出天文学家，余青松、陈遵妫、蒋丙然、张钰哲、高鲁这些民国时期最为著名的天文学家均为福建人，已不能用偶然来解释了。作为一个文化地理学上的问题，值得深入探讨。因而可以推定地域文化对科学文化的形成，对科学人才的成长具有重要的影响作用。在中国古代，福建就出现过一些著名的天文学家，如宋代的苏颂、郑樵、游艺等。是否有天文学的传统，需要做进一步的研究。民国时期，天文学界的领导人都是福建人，如中央观象台台长，紫金山天文台第一、二任台长，昆明凤凰山天文台台长，中央研究院第一、二、三任所长，任事者无不是福建人。除领导人之外，还有不少的福建籍人士活跃在天文学界。史实证明，中国天文事业的发展和福建人有着密切的关系，他们为天文事业的发展做出了重要的贡献。在中国天文学界的学者群中，何以福建人数量较多并具有较大的影响，就此问题展开研究，应该不无意义。

同一地区何以出现人才集中的现象，是文化地理学上值得深入研究的问题。对科学文化共同体中籍贯人数最多的江苏省的成员做进一步的细分，可以看出即使在同一省份，也存在明显的区域差别，在249名江苏籍的成员中有239人可以查到更细一级的行政级别，将这239人的籍贯统计如表4-4。其中武进、吴县、无锡、南京、宜兴5个地区的人数最多。

表 4 - 4　　　　　　科学文化共同体中江苏籍人员籍贯情况

序号	籍贯	人数	序号	籍贯	人数	序号	籍贯	人数
1	武进	30	18	吴江	4	35	宝山	1
2	吴县	26	19	奉贤	3	36	常州	1
3	无锡	25	20	苏州	3	37	丹徒	1
4	南京	20	21	睢宁	3	38	东海	1
5	宜兴	11	22	太仓	3	39	句荣	1
6	江宁	9	23	东台	2	40	溧阳	1
7	江阴	9	24	阜宁	2	41	启东	1
8	南通	8	25	高邮	2	42	青浦	1
9	泰兴	8	26	海门	2	43	茸城	1
10	镇江	7	27	淮安	2	44	如东	1
11	金山	6	28	靖江	2	45	如皋	1
12	崇明	5	29	昆山	2	46	太湖	1
13	仪征	5	30	六合	2	47	泰州	1
14	常熟	4	31	松江	2	48	兴化	1
15	嘉定	4	32	盐城	2	49	徐州	1
16	江都	4	33	扬州	2			
17	金坛	4	34	安东	1			

第二节　共同体成员的亲缘关系分析

本书所统计的科学文化共同体的成员多达 1131 人，由于人数及篇幅的限制，不便对整体成员中的亲缘关系进行分析，特选取这一共同体中的核心成员——中央研究院院士进行分析，即对学术精英的亲缘关系进行考察。

何谓"精英"？一般指"由于某种原因在社会中处于较重要的地位，具有较大影响力的人物。"[1] 意大利社会学家帕雷托（Vilfredo Pareto，1848—1923）认为"人们在文化和社会生活的每个部门所表现出来的能

---

[1] 马国泉：《社会科学大词典》，中国国际广播出版社 1989 年版，第 336—337 页。

力和成就上的差别，造就了社会上明显的等级制度，在每种等级制度中的高层人物可以恰当地称之为'精英'。"① 而所谓学术精英，是指"那些在学术领域取得卓越成就，并处于学术系统顶层的少数学者。他们不仅代表一个国家在不同领域的学术水准，而且在一国学术发展中扮演着关键的角色。"② 中央研究院 1948 年选举出的首届 81 名院士，代表了当时中国学术的最高水平，是名副其实的学术精英。对这一精英群体进行社会学研究是当前学界在该领域的主要研究进路，但仅有少数研究涉及个别学术精英的家世，很不系统。毫无疑问，任何学术精英都不是横空出世的，他们都经历了一个从接受启蒙教育，到学术职业入门，到引人关注，再到广泛声誉获得的过程。在这一过程中，学术精英的早期成长环境起着重要的作用，各自的家世决定着他们的教育程度、生活状况、文化影响，虽然家世并不能直接导致学术精英的产生，但其作用之重要，毋庸置疑。本文尝试通过探讨中央研究院院士的家世寻求他们日后成长为学术精英的缘由。

一　科学文化精英家世的基本情况

笔者通过对中央研究院首届 81 名院士的传记资料进行考察，基本整理出他们的家世情况，其中以"父亲的职业"为标准，统计结果如表 4 - 5 所示。

通过表中所列数据，可以看出，中央研究院院士的家世主要是教师、官员家庭，其他如社会名流、商人、医生等家庭都能给后代提供较好的教育环境，虽有少数家庭如农民家庭等比较贫困，但仍尽力提供教育机会。这里的教师多数指的是塾师，塾师阶层作为清末民初中国传统教师队伍的主体，在社会生活中扮演着重要角色。他们或因生活无着，为养家糊口而谋生路；或以推广教化、携掖后学为乐事；或洁身自好，不图仕进，以耕读为业；或传授学术思想，以延绵道统为己任。无独有偶，朱克曼在对诺贝尔奖获得者进行分析时，也得出了相似的结果。她认为：在这个倾向于根据成就而不是根据出身来奖励被发现的人才的制度里，超级精英仍然大部分出身于中等和中上等阶层。无论对这一事实的最终解释是什么——遗传和社会的因素在这一过程中的相互作用如何，远远没有查明——这个

---

① ［美］朱克曼：《科学界的精英——美国的诺贝尔奖金获得者》，周叶谦、冯世则译，商务印书馆 1979 年版，第6—7 页。

② 阎光才：《学术系统的分化结构与学术精英的生成机制》，《高等教育研究》2010 年第 3 期。

事实本身的一个方面是很明显的：诺贝尔奖金获得者的社会出身仍然高度集中于那些能给其子女提供良好开端以便获得为制度所承认的机会的家庭里。①

表 4 – 5　　　　　　　　　　　中央研究院院士的家庭出身

父亲的职业	数量	比例
教师	25	31%
官员	17	21%
农民	11	14%
商人	10	12%
社会名流	7	9%
医生	5	6%
职员	2	2%
其他	3	4%

考察家世问题，也就是研究家庭功能，即指家庭在人们生活和发展方面所能起到的作用。家庭具有教育和社会化功能，一个人从出生之日起就因为家庭的种族、阶级、宗教、地域等特征而具有一种先赋性的角色设定，这将对其以后的社会化和社会生活产生重要影响。19世纪的西方学者利希霍芬认为，了解中国文化和中国国民性的关键在于了解中国的家庭，他说："在中国人的社会组合中，家庭是最强韧的纽带，家庭和祖先一样是至高无上的，每个人都想为此做出毫不迟疑的牺牲。……对难以理解的中国人国民性进行哲学的考察，必须从研究其作为基础的家庭开始。"② 家世在学术精英成长过程中一般具有经济功能、教育功能、文化传承功能、初始社会化功能等。

二　家世对科学文化精英的影响

家世对科学文化精英的影响主要体现在如下几个方面：家庭经济的影响、父母及亲属的影响、家族文化的影响。

① ［美］朱克曼：《科学界的精英——美国的诺贝尔奖获得者》，周叶谦、冯世则译，商务印书馆1979年版，第97页。

② 转引自沙莲香《中国民族性》，中国人民大学出版社1989年版，第18—19页。

(一) 家庭经济的影响

家庭社会经济地位对后代教育获得起着重要作用，家庭经济资源在一定程度上可转化为子女教育机会的优势。家庭背景对子女教育水平存在着多种传承性的影响：其一，较高文化教育背景的父母，其子女在教育机会上享有优势。一方面，一般而言，父母教育程度较高的家庭，会更重视子女的教育，也愿意为此付出更多的代价，对子女的学习会更多地鼓励和督促。子女往往会受到潜移默化的影响，自我的教育期望和学习热情也较高。另一方面，教育程度较高的家长有能力对其孩子的学习进行辅导。家庭文化优势会转化成子女个人的学习动力，进而转化为教育机会。其二，家庭还会将其社会经济资源转化为子女教育机会的优势。家庭社会经济地位对后代教育获得起着重要作用。家庭社会经济资源主要指父辈的经济能力、政治特权和社会网络资源等。如曾昭抡院士，幼年随父官至江南，庭训之余，兼得师传，与其兄昭承共学于家，十三经读无遗，二十四史检阅一过，其他如通考、通典等书，又涉猎而有得。曾君所学数年之间，总计千数百卷，均浏览一过。不特吾辈同学中绝无仅有，即求之于此时远近学人，亦戛戛乎难得矣。① 这些都赖于曾家良好的经济条件和文化背景，当然教育环境发挥着更重要的作用。

虽然家庭经济条件起着重要的作用，但"最起作用的是教育环境而不是富裕家庭"。② 不少学术精英的家庭条件比较差，比如，李先闻院士认为"家境好好坏坏，对我似乎没有多大关系。还是四叔力主我投考清华，到外面去念书，才使我由一个农家子变成了洋学生。这关系我一生的命运极大。"③ 柳诒徵院士幼年的生活更为困顿，小时候谈不到营养，餐时经常只有一块红酱豆腐，母亲姐弟三人赖以下饭。④ 陈垣在 20 世纪 40 年代为湘潭宁氏题词时写道："两世论交话有因，湘潭烟树记前闻。寒宗也是农家子，书屋而今号励耘。"自注："吾先人在湘潭办茶。先父名田，号励耘。"他的父亲是个很开明的生意人，为了让他读书，大力提供经

---

① 北京市政协委员会文史资料研究委员会编：《文史资料选编》（第 36 辑），1989 年，第 147 页。

② ［美］朱克曼：《科学界的精英——美国的诺贝尔奖金获得者》，周叶谦、冯世则译，商务印书馆 1979 年版，第 93 页。

③ 李先闻：《李先闻自述》，湖南教育出版社 2009 年版，第 4 页。

④ 孙永如：《柳诒徵评传》，百花洲文艺出版社 1993 年版，第 5 页。

费，为他创造好环境。陈家并没有多少真正读书的人。陈垣说："余家自植卿四伯始读书，然只习时文，不得云学。至余始稍稍寻求读书门径。幸先君子放任，尽力供给书籍。今得一知半解，皆赖先君子之卓识有以启之也。"① 1926 年，华罗庚因家贫无法支付伙食费，辍学回乡，一面为"乾生泰"记账，一面自学数学。"那时候，我只有一本大代数，一本解析几何，还有一本很薄的五十页的微积分，我就啃这么几本书。我就这样开始钻研学问了。""我别无选择。干别的工作要到处跑，或者要设备条件。我选中数学，是因为它只需一支笔、一张纸——道具简单！"1930 年，华罗庚在《科学》上发表了一篇题为"苏家驹之代数的五次方程式解法不能成立之理由"的论文，引起清华算学系主任熊庆来的注意，熊庆来视之为数学天才，决定邀请华罗庚到清华来。任数学系助理员，为系主任整理图书、资料、抄写文件、卡片。在校时一面工作，一面在职进修，自学、旁听，并自修英、法、德文，一年后破格升为助教。

（二）父母及亲属的影响

父母亲受教育程度的高低，或者说父母亲教育资本的多少，在任何时代和制度约束下，都显著而直接影响着子女的受教育资本。较高文化教育背景的父母，其子女在教育机会上享有优势。梁启超十分注意引导子女们对知识的兴趣，又十分尊重他们的个性和志愿。"关于思成学业，我有点意见。思成所学太专门了，我愿你趁毕业后一两年，分出点光阴多学些常识，尤其是文学或人文科学中之某部门，稍微多用点工夫。我怕你因所学太专门之故，把生活也弄成过于单调"。② 萧公权的父亲告诫他，"我望你好好做人，好好读书。你如愿意经商也好。无论读书经商，总要脚踏实地，专心努力去做。此外我望你将来成家立业，要看重家庭，看重事业。"③ 茅以升的父母对男孩女孩一样看待，与当时一般家庭重男轻女不同，最重要的是让他们一同上学读书，以至受高等教育，而且眼光比较远大，不让他们株守家门。④ 李济的父亲对于教育上的进步思想，影响所及，范围是相当宽广，李济认为其父的行为与思想为他不断地开辟新境界，例如：（1）远在科举时代他就教我朗诵诗歌，教我听高尚的七弦琴

---

① 陈智超：《致约之函》，《陈垣来往书信集》，上海古籍出版社 1990 年版，第 706 页。

② 林洙：《困惑的大匠·梁思成》，山东画报出版社 1997 年版，第 20—21 页。

③ 萧公权：《问学谏往录》，传记文学出版社 1972 年版，第 7—8 页。

④ 茅于美：《桥影依稀话至亲》，西南交通大学出版社 1993 年版，第 3 页。

音乐。（2）县立小学成立的初期，即将我送人，使我有机会学"格致""体操""东文"这些新玩意儿。（3）在宣统末年即毅然地让我考清华。现在讲这些事，似乎只是每个作父亲为儿女必须尽的责任，但在光宣之交中国的政治与社会，这些教育子弟的方法都需要具有进步思想的父兄，方肯如此地做。与我童年所交的朋友相比，我只记得我并不算什么特别聪明的小孩子；但是我的这些幼年朋友们，大半都像洪涛中的沙砾一样，沉淀到海底去了。我却幸运地被包工的运送到建筑场所，构成了三合混凝土的一分子，附属在一个大建筑的小角落上。这不能不谢谢一群先进的教育家——像蓝图设计人、工程师和包工的这一群人们一样，把我当作一种有用的材料使用了。① 竺可桢的父亲开着两间屋面的米行，生活并不富裕，但也不算很苦。为了满足竺可桢的求知欲望，他的父母经过多次商量之后，决计不惜一切代价，腾出一间小屋作为竺可桢的书屋，并用米行三分之一的收入聘请名师来家执教。据说，竺可桢把古诗当作研究古代物候学的科学文献，追根溯源，是在"毓菁学堂"读小学五年级时候开始的。一次，他偶然读到白居易名作"离离原上草，一岁一枯荣。野火烧不尽，春风吹又生。"这20个字不是指出了植物随气候的变化而变化的吗？

在家庭中，发生影响最大的是父亲，祖父、兄长等男性直系亲属的影响也很重要。同时，来自母亲、妻子的影响因素也不可忽视，她们同家庭中的男性成员一起，既担负了家庭教育的重要使命，也承担了辅助、督导的不可替代的责任。比如，俞大维、俞大绂、俞大彩（傅斯年夫人）、俞大细（曾昭抡夫人）等兄妹的成长，与他们的母亲曾广珊有很大的关系。俞大维这样回忆母亲曾广珊："我母亲是曾文正公的孙女，自幼浸润于书香经泽之中，养成了她淹贯文史、博闻强记的才学。在我的记忆里，她几乎是手不释卷的，无论经、史，子、集哪一类书，均能深髓而得其味。尤其，母亲更有惊人的记忆力，对于历史、诗、词及古今中外的说部小说，亦能精确地诵出它们的来龙去脉。"可见曾广珊虽是女流，但出自名门，受过良好的教育，并喜爱读书，这对儿女日后的成长成才极为有利。在抗战时期，"后方靡有不知俞老太太者，因其以高龄而领导妇女，慰劳伤兵，参加救护工作，伤兵都颂其为慈母，如斯从事抗战工作，不减须眉，

---

① 李济：《李济文集》（第五卷），上海人民出版社2006年版，第187—188页。

诚巾帼豪杰。"① 丁文江兄弟的教养之责也多由母亲代劳，其母亲单太夫人，是一位大家闺秀。丁文江在家乡接受了严格的私塾教育，除研习四书五经等塾中功课外，他还熟读《资治通鉴》《纲鉴易知录》等书。十余年的私塾教育为丁文江打下了扎实的传统文化功底，但这种教育最讲究的是"规行矩步"，也导致他"16 岁以前没有步行到三里以上"。

陈克恢是 20 世纪国际药理学界的一代宗师，现代中药药理学研究的创始人。他的学术思想，对合成药物的研究和中草药等天然药物的研究都是有指导意义的。他的职业道路受身为中医的舅父周寿南极大影响，陈克恢幼年丧父，5 岁时由舅父教他读书写字，学习四书五经，10 岁时进入公立学校。1916 年中学毕业后，考入清华学堂，两年后毕业，赴美国威斯康辛大学插班于药学系三年级，1920 年毕业。因他的舅父是中医，他幼年时常在中药房里读书玩耍，因而对中药感兴趣，去美国时即立志想用科学方法研究中药。陈克恢最著名的研究工作是对麻黄碱的研究，这项研究是从天然产物中寻找先导化合物，进行优化，开发新药的一个典范，也为研究和开发中药宝库指明了道路。

（三）家族文化的影响

家族文化是中国传统文化的重要组成部分，作为民族文化传统，它仍有着一定的生命力。正如黑格尔所说："传统并不仅仅是一个管家婆，只是把它所接受过来的忠实地保存着，然后毫不改变地保持着并传给后代。它也不像自然的过程那样，在它的形态和形式的无限变化与活动里，仍然永远保持其原始的规律，没有进步。……而是生命洋溢的，有如一道洪流，离开它的源头愈远，它就膨胀得愈大。"② 家族文化作为我国传统文化的重要组成部分，对中国人的思想、行为、性格、精神和心理都产生了深远的影响，其内涵极为丰富和复杂，且随着社会的发展不断地深化、发展和完善。书香门第、簪缨世家的内部环境形成了一种有利于人才生成的文化传统优势。家庭成员组成了一个具有互感凝聚功能、互惠师承功能、互激共振功能的文化小团体，优越的家庭文化环境会造就家庭成员的文化天才。

中国文化发展的历史呈现出这样一个现象，正如陈寅恪所指出的，"文化需要多代积累，真正有深厚文化教养的人才，往往出现在富有积累

①　李莲青：《俞大维的家世》，《大地周报》1947 年第 93 期。
②　［德］黑格尔：《哲学史讲演录》（第 1 卷），商务印书馆 1981 年版，第 8 页。

的世家子弟中。"① 在这方面，中国封建大家庭尤其是具有一定文化积累的书香门第对一个人的成长有着潜移默化的影响，家学渊源对他们成年后的性格品行和学术精神起了经久不灭的影响和制约。中央研究院首届院士早年大多有私塾教育的经历，这些私塾多是由家族所设，目的是为了家族子弟的文化启蒙，塾师授课的主要内容多是"三字经""四书五经"等儒家经典，他们在接受儒家伦理规范的同时，也受到了中国传统文化的正规训练，这使得他们一般都具有比较深厚的传统文化修养，加之后来接受的系统的西方文明教育，这种学贯中西的广博宏识是其成为学术精英的得天独厚的条件。笔者对中央研究院首届院士祖辈、父辈考取科举功名情况进行了统计，结果如表4-6所示。

表4-6　　　　　　中央研究院院士祖辈、父辈科举功名情况

	进士（人）	举人（人）	生员（人）	总计
祖辈	4	6	2	12
父辈	7	15	6	28

在传统文化社会，私塾教育与社会的政治、经济、文化等处于一种协同状态，承担着文化传承、知识普及和士阶层再生产的重大历史责任。中央研究院首届院士幼年在私塾接受的传统文化知识对他们的影响十分深远，如汤佩松院士幼年"先在私塾启蒙，七岁后，因父亲从事官场，随父母行踪不定，以'游击'方式在上海、北京和日本度过了忽断忽续的最易感受环境影响的童年学习时期。因此我的童年教育只停留在'人之初、性本善、性相近、习相远'，'学而时习之，不亦乐乎'和'知之为知之，不知为不知'上。即使如此，对我后来的生活也造成了深刻影响"②。但同时，由于处于新旧交替西学传入的时代，私塾教育的内容也发生着改变，一些新学进入了私塾教育范围。钱端升院士回忆私塾教育时提到，"1908年，即我八岁前，只勉强能背诵《四书》《史鉴节要》《诗经》《左传》和《唐诗三百首》部分篇章"，后来家族里聘请了一位接受

---

① 严家炎：《五四新文化运动与中国的家族制度》，《鲁迅研究月刊》1999年第10期。
② 汤佩松：《童年和大学时代——朦胧与启迪》，卢嘉锡、李真真编：《另一种人生——当代中国科学家随感（上）》，东方出版中心1998年版，第1页。

过西方先进教育的圣约翰大学毕业的先生当塾师，同时教授国文、数学、英文、史地等科目，而这些与传统的教育范围完全不同的科目，"使我耳目一新，进步颇大"①。

杨钟健在回忆录中称，"祖父因家道日贫，同治年间荒乱时中落，家产荡然。他于幼年时避乱山西，乱后回家，目睹家庭残破，要从瓦砾中再建家庭，所以自己痛感失学之苦，对于教育子孙具有很大的决心，曾有十年读书之训。子孙无论资质如何，必令读十年书。如可造就，便再令续学；如不成，即改业他途。"② 凌鸿勋的父亲一生教书，生活清苦，曾经穷困到无隔宿之粮的地步。"我还记得小时候，午餐不举火是常有的事。……五岁时，家母开始教我念书。五岁以后，照理应该外出读书，但家境穷困，无力供给我读书的费用。幸好我的几位叔父皆秀才出身，亦在广州设馆授徒，我就在叔父的馆中念书，修金就可以减免了，要不然读书都成问题。"③ 胡先骕，字步曾，号忏庵。"步曾"是其父希望其步曾祖父胡家玉之后，能做朝廷大臣，建功立业，光耀门楣。他们在回忆早年的私塾教育时，流露出明显的情感，即使有死记硬背古书的痛苦，但也并非纯属徒劳，传统文化中有益的养分在不知不觉中渗透进他们心灵之中。

三 共同体成员之间亲缘关系的个案分析

在科学文化共同体成员中，有一种特殊的关系，即亲缘关系对维系共同体起着异乎寻常的作用，此外所讲亲缘关系包括亲属关系与姻亲关系。限于科学文化共同体人员关系众多，本小节主要以傅斯年、陈寅恪、俞大缍、曾昭抡四位中央研究院院士之间的复杂亲缘关系来说明这种关系对一个共同体维系的特殊作用，并举证赵元任与杨时逢二人的亲属关系来说明共同体核心成员的影响力与纽带作用。

俞大维在《怀念陈寅恪先生》一文中称："我与陈寅恪先生，在美国哈佛大学、德国柏林大学连续同学七年。寅恪先生的母亲是我唯一嫡亲的姑母；寅恪先生的胞妹是我的内人。他的父亲陈三立（散原）先生是晚清有名的诗人；他的祖父陈宝箴（右铭）先生是戊戌维新时期湖南的巡

---

① 钱端升：《我的自述》，《钱端升学术著作自选集》，北京师范学院出版社1991年版，第695页。

② 杨钟健：《杨钟健回忆录》，地质出版社1983年版，第2页。

③ 凌鸿勋口述，沈云龙访问：《凌鸿勋口述自传》，湖南教育出版社2011年版，第2—3页。

抚。右铭先生有才气，有文名，在江西修水佐其父办团练时，即为曾国藩先生所器重，数次邀请加入他的幕府，并送右铭先生一副对联，以表仰慕。上联寅恪先生不复记忆，下联为：'半杯旨酒待君温'，其推重右铭先生如此。曾文正公又有与陈宝箴太守论文书，此文收入王先谦的续古文辞类纂中。我的母亲是文正公的孙女，我的伯父俞明震（恪士）先生、舅父曾广钧（重伯）先生（均是前清翰林），与陈氏父子祖孙皆是好友。本人与寅恪先生可说是两代姻亲，三代世交，七年同学。"

俞大维在他的自述中曾经这样说道："这段期间（指德国留学期间），与我的表哥陈寅恪先生同窗共处，我与他除了是两代姻亲、三代世交外，更是七年的同学，两人说诗谈词兼论经史，亦师亦友。他的国学底子非常丰厚扎实，时有精辟之论，我得他的润泽特多。"陈寅恪在美国学习了两年半，1921 年秋，离美赴德，入柏林大学研究院，研究梵文及东方古文字学，在德国待了 4 年。俞大维差不多也在同时，获得奖学金，前往柏林大学留学，继续攻读哲学及数理逻辑。两人再次同学，学的专业虽然不同，但关系密切，情同手足，课余时间，两人经常在一起，也有许多共同的朋友。俞大维的说法是，自己得陈寅恪的润泽特多。其实，俞大维也非常出色。后来成为国学大师的毛子水，于 1923 年 2 月到柏林，那年夏天，傅斯年也从英国到了柏林，两人见面时，傅孟真便告诉毛子水："在柏林有两位中国留学生是最有希望的读书种子，一是陈寅恪，一是俞大维。"傅斯年也是国宝级人物，他能说出这样的话来，可见陈寅恪和俞大维两人是多么出色！曾昭抡被俞大维称为小表弟，那是因为曾昭抡是曾国藩的嫡曾孙，而俞大维则是曾国藩的曾外孙；而且，曾昭抡的夫人俞大纲又是俞大维之妹。

赵元任夫人杨步伟在《杂记赵家》中提道，"她的生母病危时专门交代赵元任两件事……第二，我的长孙（杨时逢）是我带大的，盼望将来跟你学和做事……这两样事元任几十年来都做到了……时逢多年来不贪不争的屈在人下也不在乎，只怪自己不长进而已，并且有宗教的信仰，解除了一切的烦恼，耐贫守拙的在中央研究院元任名下几十年了"。① 论亲属关系，杨时逢是赵元任的妻侄。他的职业轨迹受到赵元任很大的影响，以他的职业经历来看，他 1926 年从金陵大学毕业后，短暂在清华大学担任

---

① 杨步伟：《一个女人的自传·杂记赵家》，岳麓书社 1987 年版，第 273 页。

过助教之职，而那时正是赵元任作为清华国学院著名的"四大导师"之一的时期，从 1929 年起，杨时逢一直供职于中央研究院史语所，同期，赵元任一直是史语所的研究员。可以说，作为杨时逢长辈的赵元任，直接影响了杨时逢的学术生涯。

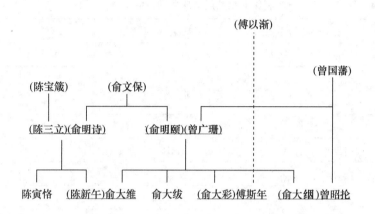

图 4 - 1　陈寅恪、俞大绂、傅斯年、曾昭抡家族关系示意

现代科学文化精英的家世在其成长的早期发挥着重要作用，家世在他们的成长中具有经济功能、教育功能、文化传承功能、初始社会化功能。尤其是教育功能和文化传承功能的发挥，为他们日后的学术能力奠定了良好的基础。中央研究院院士作为处于从传统到现代转型的一代知识分子，较之前代传统文人，他们遇到了接受西学的历史契机；较之后代学人，他们有深厚的古典文化修养，历史的机遇让他们以其得天独厚的优势创造了一个学术的辉煌时代。

第三节　共同体成员的学缘关系分析

作为全国最高的学术研究机关，中央研究院的职员一般具有较高的学历，其核心成员——研究员、评议员、院士——更多数是具有博士学历。其他的职员一般也具有符合相应职位的学历。因此，共同体成员之间的学缘是一种重要的联系纽带，对共同体的维系具有重要作用。

一　学缘结构特点与原因

笔者对科学文化共同体成员的学缘关系进行考察，总体看来，他们求学的地区分布如表4-7所示。

表4-7　　　　　　　　　　科学文化共同体成员国内教育背景

序号	地区	学校数量	人数	序号	地区	学校数量	人数
1	南京	27	148	12	辽宁	2	5
2	北京	23	147	13	河北	3	4
3	上海	29	83	14	香港	2	3
4	浙江	2	26	15	河南	2	3
5	昆明	1	18	16	陕西	2	3
6	天津	5	17	17	江西	3	3
7	湖北	5	17	18	广西	1	2
8	广东	3	15	19	山东	2	2
9	福建	4	13	20	山西	1	1
10	湖南	4	13	21	贵州	1	1
11	四川	6	10	22	安徽	1	1

从表4-7可以看出，中央研究院职员中毕业于南京、北京、上海三地学校的人数最多，其原因在本文论述中多次提到，即这三个地区是自古以来，特别是近代以来的文化中心，三地有深厚的文化积淀，学术氛围深厚，拥有众多的教育机关、科研机关、文化事业，人才汇聚，形成了一些学术精英群体。这些地区是众多著名高等院校的所在地，培养了大批科学人才。即使以科学文化共同体的精英成员来看，虽然他们大多获得了国外大学的博士学位，但早期在国内所受的教育仍不容忽视，以留美的精英群体来看，他们在出国之前，一般都在国内接受了高等教育。研究者在考察科学精英的学历时一般只考察他们的最高学历，往往忽略他们在国内的教育经历，事实上，对他们出国前所受的教育的考察，对于理解他们何以成为学术精英，何以取得突出成就，是有重要意义的，至少国内的教育为他们出国留学奠定了必要的基础。

从表4-8可以看出，为现代中国培养人才最多的仍是北京大学、中央大学、清华大学等为代表的著名学府。这些大学是中国建立较早的大学，起点较高，名师聚集，因而能够培养出众多的优秀人才，形成良性循环。

表4－8　　　　　　　　科学文化共同体成员就学学校情况

序号	学校	人数	序号	学校	人数
1	北京大学	96	8	南开大学	12
2	中央大学	87	9	武汉大学	12
3	清华大学	78	10	辅仁大学	8
4	燕京大学	29	11	厦门大学	7
5	浙江大学	25	12	岭南大学	7
6	金陵大学	15	13	中山大学	7
7	复旦大学	12			

从科学文化共同体的学历级次上来看，能查到具体信息的有627人，本节以他们获得的最高学历为标准进行计量，其中有227人获得博士学位，98人的最高学历是硕士，262人取得学士学位（取得博士学位的一般都取得学士、硕士学位，此处不重复统计），毕业于专科学校的有40人，其他或是接受旧式教育、或是无法查到详细求学情况有504人。总体来看，接受正规现代教育的人数至少已达到55%。

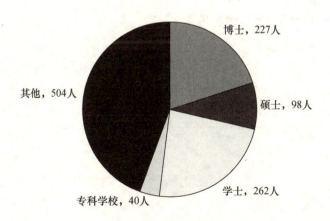

图4－2　共同体成员最高学历统计情况

作为民国时期科学文化的精英群体，出国留学是他们学缘关系中重要的一部分，据笔者所做统计，共同体成员中共有 526 人次在美、英、德、日、法等 12 个国家的 131 所大学进行过学习。详情如表 4 - 9 所示。在这些国家中，留学美国的人数最多，超过了到其他国家留学人数的总和。缘于 20 世纪上半叶的美国已成为世界科学的中心，同时该国也有众多的著名大学，而且美国与中国的关系也相对良好，因而使得赴美留学的学生不断增加，质量也远远高于其他各国。

表 4 - 9　　　　　　　　　　科学文化共同体成员国外求学情况

序号	国别	大学数量	人数	序号	国别	大学数量	人数
1	美国	51	313	7	比利时	5	6
2	英国	15	69	8	加拿大	3	5
3	德国	18	47	9	奥地利	1	3
4	日本	16	39	10	菲律宾	1	3
5	法国	13	30	11	瑞典	1	1
6	瑞士	6	9	12	苏联	1	1

若以共同体成员留学学校来计，仍是美国的学校人数为多。如哈佛大学 38 人，哥伦比亚大学、芝加哥大学各 33 人，康乃尔大学 27 人，麻省理工学院 22 人；其他国家人数较多的有英国伦敦大学 24 人，法国巴黎大学 17 人，德国柏林大学 14 人。

二　学缘关系对共同体的维系

学缘关系是指社会成员在教育和科学研究过程中由于共同的学习经历而产生的社会关系，是以师生、同学等关系为纽带而组建的利益共同体。学缘关系对学术职业发展的影响十分重要，学缘关系越丰富，取得更大学术职业发展的可能性越大。笔者所提出的科学文化共同体中，共同体成员通过各种复杂的学缘关系联系在一起，共同推动了科学文化的塑造、科学事业的发展。本小节以 1929 年中央研究院工程研究所与中央大学工学院合办的陶瓷试验场的成员为例来说明学缘关系对共同体的维系。在陶瓷试验场的 16 名职员中，有 7 人毕业于湖南醴陵瓷业学校，可以十分明显地看出学缘对一个共同体的维系作用。一方面说明该校在当时国内是比较好的专科学校，但细究其原因，可以发现更为详细的缘由，陶瓷试验场的主任由工程所所长周仁兼任，该机构唯一的专任研究员刘兼曾担任湖南醴陵瓷业公司工程师，前述 7 人均在该公司任过职，而陶瓷试验场的 16 名职员中有 11 人曾在醴陵瓷业公司任过职。以籍贯来看，16 人中有 12 人为湖南人，仅醴陵籍的就有 9 人。对陶瓷试验场人员情况的考察可以看出，乡缘、学缘、业缘之间存在着密切的联系，这几种关系共同发挥作用，对一个共同体的形成与维系起着十分重要的作用。

　　以 1948 年当选的中央研究院院士来看，他们之间也有着多样的学缘关系。如秉志与他的学生王家楫、伍献文同时当选为院士，一时传为佳话。罗家伦在《元气淋漓的傅孟真》一文中写道："（傅斯年）到了德国，因为一方面受柏林大学里当时两种学术空气的影响（一种是近代的物理学如爱因斯坦的相对论，勃朗克的量子论，都是震动一时的学说；一种是德国历来以此著名的语言文字比较考据学），一方面受在柏林的朋友们如陈寅恪、俞大维等的影响，所以他在柏林大学听相对论，又听比较语言学。他有了许多科学的方法和理论，又回头发现了他自己曾经储藏下的很丰富的中国历史语文的知识，在此中可以另辟天地。所以他不但配谈研究科学，而且具备了一般科学理解的通才，并且更配做中央研究院历史语言所的所长了。这是孟真忽而研究中国文学，忽而研究实验心理学，忽而研究物理、数学，忽而又成为历史语言学的权威的过程。还有一种这群人的学术的心理的背景，若是明白了，可以帮助了解当时那种旁征侧击，以求先博后专的风气。因为当时大家除了有很强的求知欲而外，还有想在学术里求创获的野心。不甘坐享其成，要想在浩瀚的学海之中，另有会心，'成一家之言'。这种主张里，不无天真幼稚的成分，可是其勇气雄心亦不无可嘉之处。"[1] 傅斯年、陈寅恪、俞大维的同学之谊对他们日后的学术研究、对科学事业的发展都起着重要的维系作用。

第四节　共同体成员的业缘关系分析

　　业缘关系是人们由职业或行业的活动需要而结成的人际关系。与血缘关系和地缘关系不同，业缘关系不是人类社会与生俱来的，而是在血缘和

---

[1]　卞僧慧：《陈寅恪先生年谱长编》，中华书局 2010 年版，第 82—83 页。

地缘关系的基础之上由人们广泛的社会分工形成的复杂的社会关系。业缘关系对于维系科学文化共同体具有更为重要的作用。

一　职业分布特点与原因

因为本文所作分析的 1131 人是以是否具有中央研究院的任职经历确定的，所以他们在中央研究院的任职经历在此不再单独论述。本小节只考察他们在中央研究院之外一些与科学相关的主要从业经历，主要考察他们在其他科研机构、教育机构、文化机构的任职情况。笔者对共同体成员的从业情况进行统计，制成表 4 – 10。

表 4 – 10　　　　　科学文化共同体成员的从业地区分布

序号	地区	机构数量	人次	序号	地区	机构数量	人次
1	北京	17	228	13	山东	2	14
2	南京	24	140	14	广西	2	13
3	上海	20	81	15	河南	5	11
4	广东	8	44	16	河北	4	8
5	浙江	7	40	17	台湾	1	6
6	云南	3	36	18	贵州	2	4
7	四川	11	34	19	安徽	2	2
8	福建	6	27	20	甘肃	1	2
9	湖北	5	25	21	香港	1	1
10	天津	4	18	22	海南	1	1
11	陕西	4	17	23	江西	1	1
12	湖南	7	16	24	山西	1	1

从表 4 – 10 可以看出，在北京任职的人数最多，有 228 人；南京稍次，有 140 人；再次依序为上海、广东、浙江、云南、四川等地。北京、南京、上海人数最多，缘于这些地区自古就是文化、政治中心，尤其是近代以来，上海作为接受西方文化的前沿之地，具备了浓厚的科学氛围。这三个地区的科研机构与教育机构的数量也远多于其他地区，仅就大学来说，北京就有北京大学、清华大学、协和医学院、燕京大学、辅仁大学等著名大学，上海有暨南大学、复旦大学、交通大学、同济大学等，南京有东南大学、金陵大学等。众多的教育机构给科学文化精英提供了从业的机

会，汇聚了人才，从而使共同体成员间建立更为密切的联系。同时，民国时期人员的流动相对自由，共同体成员在不同科研机构与教育机构中频繁流动，使成员之间的关系更为多样与复杂，他们之间的关系更为紧密，对共同体的维系更为有利。

除在国内有从业经历外，共同体成员还有一些国外任职经历，详情见表 4 - 11。他们多数有留学经历，在获得学位后一般会在所在国的科研机构做一段时间的研究工作。在这些成员中，以在美国任职的人员最多，相应地美国的科研机构数量也比其他国家多。以任职人数的多少来看，在哈佛大学从事研究的人数最多，其次有麻省理工学院、宾西法尼亚大学、霍普金斯大学、耶鲁大学、芝加哥大学、哥伦比亚大学、普林斯顿大学等。能在这些著名的大学从事科学研究，接受顶级科学家的指导，可见共同体成员已站在世界科学的最前沿，具备极高的科研能力与科学素养，这对他们回国后开展科学研究与科学教育意义重大。

表 4 - 11　　　　科学文化共同体成员国外工作情况

序号	国别	机构数量	人次
1	美国	28	64
2	英国	8	19
3	德国	11	15
4	法国	3	4
5	新加坡	1	2
6	瑞士	1	2
7	丹麦	1	1
8	加拿大	1	1
9	菲律宾	1	1
10	奥地利	1	1
11	苏联	1	1

二　业缘关系对共同体的维系

科学文化共同体成员多数有在高校任教的经历，尤其是共同体的核心成员，基本上都有在大学担任教授的经历，足见科学研究与科学教育密不可分的关系，在第九章专门论述科学文化共同体与高等教育的发展，本小节主要考察共同体整体一些静态的社会特征。

从表 4 – 12 中可以看出，1131 名科学文化共同体成员中约有一半的人有高校任职的履历，其中以在中央大学任职的人数最多。中央大学的前身是建于 1914 年的南京高等师范学校，1921 年南高的教育、农、工、商四科析出归于另建的东南大学，1923 年南高正式并入东南大学，1927 年更名为国立第四中山大学，1928 年 2 月短暂易名为江苏大学，同年 5 月定名为国立中央大学。由于中央大学渊源复杂，而且自南京高等专科学校时起即已是国内最具综合性的高等学府，加之地处首都，聚集了众多的科学文化精英。在东南大学时期即与北大齐名，作为中国科学社的大本营、"学衡派"的雅集地，中央大学在中国教育、学术与文化上均具有重要和深远影响。

表 4 –12　　　　　　　科学文化共同体成员在大学任职情况

序号	学校	人次	序号	学校	人次
1	中央大学	103	14	金陵大学	14
2	北京大学	82	15	复旦大学	13
3	清华大学	59	16	广西大学	12
4	中山大学	33	17	四川大学	10
5	浙江大学	33	18	山东大学	10
6	西南联合大学	23	19	东北大学	10
7	厦门大学	21	20	辅仁大学	9
8	武汉大学	20	21	西北大学	9
9	暨南大学	19	22	交通大学	8
10	北京师范大学	18	23	同济大学	7
11	燕京大学	15	24	台湾大学	6
12	重庆大学	15	25	岭南大学	5
13	南开大学	14		总计	568

1954 年 5 月 20 日，时任西北地质局副局长的王恭睦写过一篇《自传》，提及他求学、工作时与一些老师、同事的关系及影响，兹摘录如下。

1917—1923 年在北京大学先后毕业于预科及地质系。校长为蔡元培先生。他是老国民党员。他发动新思想，提倡思想自由，并厌恶旧官场，提倡不做官，不做议员，也引起我对旧官僚的厌恨，但也使我只求研究科学不问政治。"五四"运动中，激于爱国参加活动，曾被北洋军阀逮捕，入狱月余。我在北大地质系的同班同学只七人，有杨钟健、侯德封、田奇瑪、赵亚曾、张席提，蔡堡因体弱转业，另一同学则早已去世。我在北大毕业后与杨钟健、张席提同在德国求学。

1929 年王恭睦开始在中央研究院地质研究所工作，1930 年李四光先生介绍至武汉大学教书，1932 年到编译馆任编译工作，1936 年到西北农林专科学校任教务长……1942 年兼任西北大学教授。……在中央研究院地质研究所时关系较好的是叶良辅及孟宪民，但亦仅在研究科学上关系较密，私人关系则亦平常。在编译馆时，与辛树帜关系较好。[1]

1948 年 3 月，中央研究院评议会评选出中国历史上首批院士 81 人，其中自然科学家 53 名，人文学者 28 名。这些院士的空间分布主要在南京、上海、北平三地。南京拥有 28 名院士，占院士总数的 34.6%，主要分布在中央研究院、政府部门所属的地质调查所、资源委员会、中央卫生实验院以及中央大学等科研教育机构；北平拥有 23 名院士，占总数的 28%，院士的就职单位主要在北平研究院、北大、清华大学等机构；上海的 13 名院士几乎全部都在中央研究院所属的研究所工作；另外，浙江大学、台湾大学、山东大学等东部地区高校亦有院士分布。东部地区共有 71 名院士，占全国的 87.7%；中西部地区仅有湘雅医学院（长沙）、武汉大学拥有 3 名院士。另有数名院士在异国他乡工作。

---

① 政协黄岩委员会文史资料征集研究委员会：《黄岩文史资料》（第 15 期），1992 年，第 133—134 页。

第五章　科学文化共同体社会学分析的比较研究

　　国家学术研究机构与学术评议机制的建立，是一个国家学术建制化成熟的重要标志。1928 年中央研究院的成立和 1929 年北平研究院的成立标志着中国现代国家科研体制化的开端，"为中国的学术研究工作树立了一个标准"①。经过 20 年的学术积累，中国学术界已取得一定的成就，为进一步加强国内学术研究，促进国际合作，完善学术交流和评议机制，中央研究院和北平研究院分别筹备建立院士制度和会员制度，以在"院士制度"方面与国际接轨。1948 年 4 月中央研究院选举出 81 位第一届院士，该事件被公认为中国现代学术史上里程碑性的标志。同年 8 月，北平研究院也选出了 90 位"会员"，与中央研究院的"院士"遥相呼应。"两院此次所选出的院士与会员，自然都是国内绩学之士，在学术上或文化事业上有光辉灿烂的成就，为各科的权威。"② 中央研究院院士会议与北平研究院学术会议的召开，标志着"院士制度"在中国的正式确立，是中国学术研究组织化和职业化建设的标志性成就，是中国学术研究向国际学术标准靠拢的关键一步。"院士制度"的出现，"标志着接受西方科学教育训练的新一代知识分子群体再次登上国家最高学术殿堂，接受国家荣誉的认证"③。"院士制度"作为一种文化载体，推动着中国学术研究制度化和专业化的进程。

　　民国时期全国性的最高学术研究机关除国立中央研究院外，在成就和影响上能与之媲美的唯有国立北平研究院，二者一南一北，遥相呼应，有学者把这两个国立研究院并称为民国时期全国最高的两所学术机关。北平

---

　　① 　向达：《祝南北两学术会议》，《中建》1948 年第 1 期。

　　② 　同上。

　　③ 　陈时伟：《中央研究院 1948 年院士选举述论》，《一九四〇年代的中国》（下卷），社会科学文献出版社 2007 年版，第 1026 页。

研究院创建初期定位为国立的地方性综合科学研究机构，以促进北方的学术发展，但在短短的 20 年间，不论是在科学探索方面，还是在技术改进方面，都取得了突出的成绩，结下了累累硕果，为中国现代科学事业的发展做出了卓越的贡献，实已成长为仅次于中央研究院并与之并驾齐驱的全国性学术机构。① 近些年来，学术界对中国现代科学建制化的研究日渐重视，其中尤以对中央研究院的研究为重，研究的内容与范围不断扩展深入，已经从一般性的研究发展到中央研究院对学术制度及科学文化的贡献。相比之下，对北平研究院的研究则比较薄弱，举一个例子，研究者对中央研究院的"院士"耳熟能详，而对北平研究院的"会员"却知之甚少。1948 年，在中央研究院选出首届院士后，夏鼐即对 81 名当选院士的情况进行了分析，北平研究院"会员"的选出晚于中央研究院"院士"四个多月，而且在选出会员之后不久，北平即和平解放，北平研究院的学术活动随即停止，未能及时对其会员情况进行详细考察。本章对北平研究院 90 位会员的产生、年龄、籍贯、留学、任职、去向等情况进行逐一分析，并与中央研究院院士进行比较，对现代中国学术精英的整体情况作微观的社会学考察。中央研究院与北平研究院之所以在 1948 年相继选出院士与会员，也是中国科学家数十年科学理想的具体实践，他们试图通过确定院士制度，为科学、民主争得地位和荣誉，并为后世开出一条关乎国家民族命运的光明道路。有鉴于此，对涉及院士制度的问题的探讨对于理解中国现代学术评议体系的建立与完善具有重要意义，同时，考察会员与院士的产生过程及个体的社会属性也可体察到社会使命、学术自由在科学研究中弥足珍贵的价值。"院士"和"会员"是科学文化共同体的核心成员，对其进行社会学的比较研究，可以看出二者在组成与维系上的共同点与差异。

第一节　"院士"与"会员"之比较

　　"院士"与"会员"，二者的称谓虽不相同，但其文化内涵则大体一致，约同于英国皇家学会的会员，一旦当选即意味着该学者的学术成就为学术界所承认，享有崇高的学术地位。从学科分组来看，中央研究院院士共分

---

① 董光璧：《中国近现代科学技术史》，湖南教育出版社 1997 年版，第 559 页。

数理、生物、人文三组，其中数理组包括数学、物理学、化学、地质学、气象学、工程学，生物组包括动物学、植物学、人类学、生理学、医学、药物学、农学，人文组包括哲学、史学、考古学、语言学、经济学、法律学、政治学、社会学，共涉及 21 个学科；北平研究院会员分天算、理化、生物、地学、农学、工学、医药、史学、文艺、社会科学 10 组，分组虽比较细致，但涵盖面并不比中央研究院宽，表明二者在学科设置方面存在差异。

在当选资格方面，两个研究院都主要依照学术成果及对科学事业的贡献进行评选。北平研究院学术会议的会员分为两种，一是当然会员，包括本院历任正副院长与现任各研究所所长；二是选任会员，选任会员的资格如下：（1）国内外有重要发明或著作之学术专家；（2）国内主持学术机关满十年以上者；（3）对于有关学术事业有重大贡献者。① 相较而言，中央研究院的院士选举筹备的时间更长，程序更规范，标准更严格，院士完全通过公开选举进行，且中央研究院并未保留"当然院士"的资格。按中央研究院组织法，院士从全国学术界成绩卓著的人士中选出，其资格有二：一是"对于所专习之学术，有特殊著作、发明或贡献者"；二是"对于所专习学术之机关，领导或主持在五年以上，成绩卓著者"②。由于设立"当然会员"，北平研究院的正副院长与时任各研究所所长——李石曾、李书华、严济慈、周发岐、朱洗、张玺、刘慎谔、赵承嘏、徐炳昶 9 人自然出任会员。与之相较，自 1940 年 9 月 18 日起即代理中央研究院院长的朱家骅经过严格选举之后方才当选为院士，但其当选一事仍久久为人诟病。③

李书华在晚年的回忆录中提到 1948 年北平研究院学术会议会员的产

① 刘晓：《北平研究院的学术会议及会员制度》，《中国科技史杂志》2010 年第 1 期。

② 《国立中央研究院组织法》（1947 年 3 月 13 日修正），见《国立中央研究院概况》，国立中央研究院 1948 年版，第 10 页。

③ 杨钟健在回忆录中专门提及此事："地质方面候选人有十二名，被选中六人，即朱家骅、翁文灏、李四光、谢家荣、黄汲清和我。此六人中，独朱对于地质方面的实际工作太少。然因别的原因（推进工作有功）而当选。此事为许多人所不满。"（杨钟健：《杨钟健回忆录》，地质出版社 1983 年版，第 167 页。）汤佩松在数十年后的回忆录中还说"至今我仍未得到一个问题的答案：个别院士是怎样被'遴'进来的？并且又如何'当选'为院长的？"（汤佩松：《为接朝霞顾夕阳——一个生理学科学家的回忆录》，科学出版社 1988 年版，第 123 页。）但是客观地来讲，朱家骅对中央研究院贡献颇多，自中央研究院创办时起，他便参与筹备工作；1936 年出任总干事后，更是积极赞襄院务；1940 年起主持院务，于抗战的颠沛流离中仍极力设法继续发展，完成了中央研究院的体制，并增设研究所，使学术事业得以扩展。因而，无论从朱家骅对学术工作的推进作用来看，还是从中央研究院组织法规定来看，朱家骅当选院士都是合情合理的。

生："先是民三十七年一月成立北平研究院学术会议第二次大会筹备委员会，由委员十三人组织之。在平沪开会数次，通过学术会议暂行规程，决议由北平研究院院务会议推举学术会议会员，由院长聘任；以后增加的会员即由学术会议自行选举。"① 北平研究院的首届会员由院务会议推举，院务会议由正副院长、总干事、各研究所所长组成，1948 年担任上述职务的分别是李石曾、李书华、杨光弼、严济慈、周发岐、赵承嘏、朱洗、张玺、刘慎谔、徐炳昶，其中除杨光弼留学美国，赵承嘏留学英国、瑞士外，其余的人均留学法国。1948 年 8 月 13 日北平研究院召开院务会议推举首届会员，此次会议确定 88 人名单，后又增加张元济与沈尹默 2 人，共 90 人，该名单经过 8 月 21 日学术会议筹备会讨论，全部通过。从院士和会员的产生方式上看，中央研究院院士是"选举"，而北平研究院会员是"推举"。由院务会议"推举"，不可避免地会掺杂诸如故交、学术派别等因素。虽然会员的选举不必拘泥于举贤而避亲，但裙带关系势必会在一定程度上影响公信力。从时间上来看，中央研究院院士的选举从 1947 年 5 月 12 日开始在全国范围内征集候选人，到 1948 年 4 月 1 日正式公布当选院士名单，前后长达近 11 个月，从 510 人的候选人名单中层层筛选，最终选举出 81 名院士，选举过程严格按照《国立中央研究院院士选举规程》进行。而北平研究院会员名单的出炉前后不到 10 天时间，难怪有研究者批评，北平研究院会员的选举直接由院务会议拟定名单的做法显得简单化了。②

尽管北平研究院学术会议会员的产生显得有些仓促，但若把这一活动放回到历史的情境中来看，此举仍难能可贵。1948 年的后半年，平津之地已处于战云密布之中，通货膨胀，交通不畅。北平研究院的学术会议就在这样艰难的环境中举行，推举的 90 名会员，"除平、津、张三地会员四十余人，及四川大学周太玄教授赶来参加外，余皆因经费所限，未能支给旅费，不克参加。"③ 严济慈在学术会议上的致辞中也指出科学研究的困窘，"今日从事学术研究者，比十年前多了三四十倍，而设备越来越少了。"④

对于时局的动荡与学术环境的恶劣，同时当选为中央研究院院士与北

---

① 李书华：《李书华自述》，湖南教育出版社 2009 年版，第 132 页。

② 刘晓：《北平研究院的学术会议及会员制度》，《中国科技史杂志》2010 年第 1 期。

③ 《国立北平研究院学术会议今开幕》，《申报》1948 年 9 月 9 日第 7 版。

④ 严济慈：《北平研究院学术会议　胡适李书华等致词》，《申报》1948 年 9 月 9 日第 7 版。

平研究院会员的张元济痛陈其害。他在 9 月 23 日中央研究院第一次院士会议上的致辞痛斥内战给学术、教育与社会带来的厄运，"战端一开，完全是意气用事，非拼个你死我活不可，这是多么痛心的事情！打的时候，并没有多久，已经闹到所谓四海困穷，人民有些受不住了。报纸所载，关外山西河南流亡的学生，成千上万的到了平津武汉和南京，吃没有好好的吃，住没有好好的住，哪里还说什么入校求学呢？这边不受战祸的地方，应该可以安全些了；其实不然，到处征兵征粮，也弄到鸡犬不宁，民不聊生，即以学校而论，教师所得的薪水，几乎不够生活。"① 即使在如此艰难的环境中，中央研究院与北平研究院仍能尽力追求学术制度的建立与完善，足以证明自近代以来的科学救国理想逐渐通过学术精英的努力而趋于实现。

由表 5 - 1 比较中央研究院院士与北平研究院会员名单，发现同时荣膺"院士"和"会员"称号的共有 36 位，他们分别是陈省身、吴有训、李书华、叶企孙、严济慈、饶毓泰、吴宪、吴学周、庄长恭、曾昭抡、李四光、翁文灏、杨钟健、竺可桢、侯德榜、秉志、陈桢、童第周、胡先骕、张景钺、戴芳澜、李宗恩、陈克恢、林可胜、汤佩松、俞大绂、吴敬恒、汤用彤、胡适、张元济、陈垣、陈寅恪、顾颉刚、董作宾、王宠惠、陶孟和，40% 的重合率显示两个研究机构在学术评定标准上基本一致，证明这些学者的学术成就得到了不同学术机关普遍的认同。

表 5 - 1　　　　　　　　中央研究院院士与北平研究院会员名录

中央研究院院士				北平研究院会员				
				天算组 (6 人)	熊庆来　江泽涵　陈省身　赵进义 李　珩　张　云			
数理组 (28 人)	姜立夫　许宝騄　陈省身　华罗庚 苏步青　吴大猷　吴有训　李书华 叶企孙　赵忠尧　严济慈　饶毓泰 吴　宪　吴学周　庄长恭　曾昭抡 朱家骅　李四光　翁文灏　黄汲清 杨钟健　谢家荣　竺可桢　周　仁 侯德榜　茅以升　凌鸿勋　萨本栋			理化组 (14 人)	李书华　严济慈　周发岐　吴有训 叶企孙　饶毓泰　马士修　庄长恭 吴　宪　曾昭抡　杨石先　黄子卿 吴学周　林世谨			
				地学组 (11 人)	翁文灏　李四光　杨钟健　袁复礼 孙云铸　尹赞勋　裴文中　李士林 竺可桢　黄国璋　张印堂			
				工学组 (7 人)	刘仙洲　魏寿昆　李书田　朱物华 侯德榜　张克忠　顾毓珍			

---

① 张元济：《刍荛之言》，《科学》1948 年第 11 期。

续表

中央研究院院士					北平研究院会员				
生物组 (25人)	王家楫 伍献文 贝时璋 秉 志 陈 桢 童第周 胡先骕 殷宏章 张景钺 钱崇澍 戴芳澜 罗宗洛 李宗恩 袁贻瑾 张孝骞 陈克恢 吴定良 汪敬熙 林可胜 汤佩松 冯德培 蔡 翘 李先闻 俞大绂 邓叔群				生物组 (12人)	李石曾 朱 洗 张 玺 刘慎谔 陈 桢 秉 志 胡先骕 戴芳澜 张景钺 周太玄 童第周 胡经甫			
					农学组 (5人)	刘大悲 戴松恩 冯泽芳 汤佩松 俞大绂			
					医药组 (8人)	赵承嘏 林可胜 陈克恢 汤飞凡 朱恒璧 戚寿南 李宗恩 朱广相			
人文组 (28人)	吴敬恒 金岳霖 汤用彤 冯友兰 余嘉锡 胡 适 张元济 杨树达 柳诒徵 陈 垣 陈寅恪 傅斯年 顾颉刚 李方桂 赵元任 李 济 梁思永 郭沫若 董作宾 梁思成 王世杰 王宠惠 周鲠生 钱端升 萧公权 马寅初 陈 达 陶孟和				史学组 (9人)	徐炳昶 陈 垣 陈寅恪 顾颉刚 姚从吾 张星烺 董作宾 汤用彤 李 俨			
					文艺组 (8人)	吴敬恒 张元济 胡 适 沈尹默 谢寿康 陆志韦 朱光潜 魏建功			
					社科组 (10人)	王宠惠 顾孟余 陶孟和 何基鸿 杨端六 陈序经 崔敬伯 费孝通 吴克刚 罗喜闻			

第二节 "院士"与"会员"的年龄分析

以北平研究院会员选举的 1948 年为限,1889 年出生的会员到 1948 年恰好 60 岁,1888 年之前出生的会员设为一区间;最年长的会员生于 1865 年,以此为上限;最年轻的会员生于 1911 年,以此为下限;其余的以 5 年为一区间,由此形成表 5–2。

表 5–2 　　　　　　　　　北平研究院会员年龄分段表 　　　　单位:(人数)

年龄段 ＼ 组别	天算	理化	生物	地学	农学	工学	医药	史学	文艺	社科	合计
1865—1888	0	0	2	0	0	0	1	2	3	6	14
1889—1893	1	3	1	3	0	2	2	5	1	0	18

续表

组别 年龄段	天算	理化	生物	地学	农学	工学	医药	史学	文艺	社科	合计
1894—1898	2	4	7	4	1	0	4	2	3	1	28
1899—1903	2	6	2	3	3	3	1	0	1	2	23
1904—1908	0	0	0	1	1	2	0	0	0	0	4
1909—1911	1	0	0	0	0	0	0	0	0	1	2

注：林世谨的生平资料难于获得，其年龄、籍贯信息暂付之阙如。

年纪最长的两位是文艺组生于 1865 年的吴敬恒和生于 1867 年的张元济，最年轻的两位，一位是天算组生于 1911 年的陈省身，一位是社科组生于 1910 年的费孝通。最年长者与最年轻者相差 46 岁。有趣的是，北平研究院的会员与中央研究院的院士中最年长者和最年轻者是一致的，他们都是最年长的吴敬恒和最年轻的陈省身，这种巧合恰恰说明两个研究院在评选标准上的一致。46—60 岁这一年龄段的会员人数最为集中，占总人数的 77%，其中 50—54 岁这个年龄段的人最多，达到 31%，这与中央研究院院士的年龄段相似。45 岁以下的会员只有 6 人，占总数的 7%，是所有年龄段中比例最少的。

关于年轻会员人数较少，学者向达在选举当年就发表了自己的看法："当选者差不多都是 20 或 15 年前就已蜚声于学术界的前辈，十余年后纵横学术界的还是这一班前辈，似乎十余年间中国学术界就没有出过什么新进有为之士。"[1] 1948 年天津《大公报》发表题为《为学术界的青年请命》的社评，批评院士候选人"大半是学术机关五年十年以上的领导人物"，"对于青年新进之士，似犹嫌包罗太少"[2]。虽然向达等人流露出对中国年轻学者在学术上的认同与期望，但不能否认的是，在艰难的八年抗战之中，中国的学者为躲避战火随着科研机关颠沛流离，学术资源及实验设备极度缺乏，取得的科研成果十分有限，使本来已经跟上国际先进科学水平的中国科学因战火仍停留在战前的水平，在以"学术成就"为主要标准的选举条件下，选出的只能是在 1937 年已经在学术领域占据一席之

① 向达：《祝南北两学术会议》，《中建》1948 年第 6 期。
② 社评：《为学术界的青年请命》，《大公报》（天津）1948 年 1 月 26 日第 2 版。

地的前辈。

　　从分组来看，天算、理化、地学、农学、工学等组的会员年纪较轻，60 岁以上的会员主要集中在社科、文艺、史学几组，社科组尤多，该组 60% 的会员是 60 岁以上，如王宠惠 68 岁，顾孟余 61 岁，陶孟和 62 岁，何基鸿 61 岁，杨端六 64 岁，罗喜闻 61 岁。各组会员在年龄上的差别，反映出不同学科的特点，自然科学家的成名作通常是在 45 岁之前取得，而人文社会科学家则通常需要长久的学识积累才能产生精深的研究成就，且学术研究的自主性与本土性较为突出，对西方学术的依赖性也相对较弱。

第三节　"院士"与"会员"的籍贯分析

　　中国幅员辽阔，不同地域的文化发展极不均衡，与之相应，中国人才的地理分布也呈现出参差不齐的格局。1923 年丁文江在《历史人物与地理之关系》一文中首次系统地分析了中国历史人物与地理的关系，通过考察汉代至明朝名人的地理分布，认为"地方上越富庶，教育越振兴，人物也自然越增多。"[1] 宋代以后，经济文化重心南移，江南省份逐渐成为全国人才的渊薮。降至近代，在历史大转型中，江南人才在全国独占鳌头的地位不仅没有削弱，反而增强了。[2] 1944 年郝景盛在《关于大学教授》一文中对当时教育部审定的 1023 名教授的籍贯做了统计，苏、浙两省的人数占到 34%，其余依次为广东、安徽、湖南、福建、湖北、江西等南方省份，北方省份排名最靠前的河南（40 人）、河北（39 人）分别位列第 10、11 位。[3] 北平研究院 90 位会员的籍贯情况如表 5-3 所示。

　　从北平研究院会员的籍贯来看，与近代以来对学术精英的统计基本一致，都是以江南一带人士居多。夏鼐分析中央研究院院士的籍贯时，也认为："除江浙占首位外，其余当推江南沿海各省及长江流域各省，这是在大家意料之中。"[4] 唯一有所不同的是，北平研究院会员中有 14 位是河北

---

① 丁文江：《历史人物与地理之关系》，《史地学报》1923 年第 4 期。
② 王奇生：《中国近代人物的地理分布》，《近代史研究》1996 年第 2 期。
③ 郝景盛：《关于大学教授》，《时与潮副刊》1944 年第 2 期。
④ 夏鼐：《中央研究院第一届院士的分析》，《观察》1948 年第 14 期。

籍的，高居第二位，而在中央研究院院士中，河北籍的仅有 2 人。究其原因，首先，与中央研究院相比，北平研究院创建之初的设想使它更偏重位于北方的高校和科研机构，长期位于北平的北平研究院，和当地学术机构关系较为密切，因而当选会员的北方地区人数较中央研究院要多；其次，河北作为明清两代及民国初年的京畿之地，精英汇集，为新式人才的产生准备了社会、文化土壤。据统计，近代中国科学家籍贯为河北者有 94 人，仅次江苏、浙江两省位于第 3 位。[1] 对中国近代化学留学生籍贯的统计结果显示，北方省份中河北人数也居第一。[2] 除上述三省之外，其余仍是长江流域和沿海地区的人士较多。这种结果与各地经济发展不平衡息息相关，同时，这些地区凭借地理优势在近代以来率先接受西方文化的侵袭，具备了较为深厚的人文和科技基础，新式的教育发展较为充分，这些因素为上述地区产生优秀的人才作了准备。会员籍贯分布的巨大差异，显示了中国地区经济、文化、教育等因素对人才的影响与制约，也是民国时期中国学术发展不平衡的缩影。

表 5 - 3　　　　　　　　　北平研究院会员籍贯分布表　　　　　　　单位：（人）

省份\组别	江苏	河北	浙江	江西	广东	福建	湖南	安徽	四川	河南	湖北	天津	山东	上海	甘肃	云南	陕西	绥远
天算组	0	1	1	0	1	0	0	1	1	0	0	0	0	0	0	1	0	0
理化组	0	3	2	3	1	2	1	0	0	0	0	0	0	1	0	1	0	0
生物组	1	2	2	2	1	0	0	0	1	1	1	0	1	0	0	0	0	0
地学组	1	3	2	0	0	0	1	0	0	0	0	0	0	0	0	0	1	1
农学组	2	0	1	0	0	0	0	0	0	1	0	1	0	0	0	0	0	0
工学组	2	2	0	0	0	0	0	0	0	0	0	0	0	0	0	0	0	0
医药组	4	0	1	0	0	1	1	0	0	0	0	0	0	0	0	0	0	0
史学组	2	0	0	1	0	0	0	0	2	0	0	0	0	0	0	0	0	0
文艺组	2	0	3	1	0	0	0	0	2	0	0	0	0	0	0	0	0	0
社科组	1	3	0	0	2	0	2	0	1	0	0	0	0	0	0	0	0	0
合　计	15	14	12	7	6	5	5	4	4	4	3	3	2	1	1	1	1	1

---

[1]　王奇生：《中国近代人物的地理分布》，《近代史研究》1996 年第 2 期。

[2]　张培富：《海归学子演绎化学之路：中国近代化学体制化史考》，科学出版社 2009 年版，第 10 页。

第四节 "院士"与"会员"的留学情况分析

在北平研究院90名会员中，84名有留学经历，如表5-4所示，其中获得博士学位的63人，硕士学位的6人，2人获得学士学位，其余13人有国外求学经历，但并未以获取学位为留学目的。

总体来看，除史学组和文艺组研究对象是以中国传统学术为主外，其余组别的学科基本都是从西方学习引进。事实上，没有留学经历的6名会员是来自史学组的陈垣、李俨、顾颉刚；董作宾和文艺组的张元济、魏建功。他们或是受中国传统教育，或是由国内大学培养：张元济是清末进士，因长期领导商务印书馆对中国近代文化有突出贡献而当选中央研究院院士；陈垣在学术上靠自学闯出一条广深的治学途径，终成一代史学大师；李俨就学于交通大学，是中国数学史学科建设的重要奠基人；董作宾获北京大学史学硕士学位，以研究甲骨文成就卓著而闻名于世；顾颉刚与魏建功均毕业于北京大学，分别在历史学与语言学方面取得突出成就。可见这6位没有留学经历的会员均是中国学术界大师级人物。

表5-4　　　　　　　　北平研究院会员留学情况　　　　　单位：人

国家＼组别	天算	理化	生物	地学	农学	工学	医药	史学	文艺	社科	合计
美国	1	9	6	3	4	5	4	2	2	2	38
法国	4	5	5	3	1	0	1	1	1	2	23
英国	0	0	0	2	0	1	2	0	0	4	9
德国	1	0	0	2	0	1	0	2	0	1	7
比利时	0	0	1	1	0	0	0	0	1	0	3
日本	0	0	0	0	0	0	0	0	2	1	3
瑞士	0	0	0	0	0	0	1	0	0	0	1
留学人数比例	6/6	14/14	12/12	11/11	5/5	7/7	8/8	5/9	6/8	10/10	84

从留学国别来看，北平研究院的会员中留学美国的最多，占42%；其次是法国，占26%；其余为英国10%；德国8%。除3人留学日本外，

全部留学欧美。若以分组情况来看，留学日本的 3 人全部是史学与文艺两组，这也反映出当时日本的自然科学技术水平与欧美还有相当的差距。据夏鼐对中央研究院第一届院士留学国别所做统计，除了有人文组 6 位未曾到过外国接受西式的教育外，其余均有留学经历，其中留学美国的 49 人，占 60%；英国 9 人，占 11%；德国 6 人（2 人留学他国后又在德国研究），占 7%；法国 5 人，占 6%；日本 5 人，占 6%；比利时 2 人，占 2%；瑞士 1 人，占 1%。同北平研究院一样，留学日本的 5 人皆是人文组的院士。留美的院士与会员人数均居首位，是因为 20 世纪上半叶美国科学技术突飞猛进，又加上庚款的资助，使得美国成为中国留学生赴海外求学的第一选择，而留法会员人数居第二则不合乎常规，常规人数排位是美、德、英、日、法。① 虽然北平研究院推举出来的会员也以留美背景为最多，但较之中央研究院 60% 的比例已低得不少，同时，留法背景会员的比例明显高于留法背景的院士，留法与留英二者形成了互为增减的比例关系。这一现象反映出北平研究院由留法学者主导领导权的倾向，可见北平研究院的会员带有较强的学术派系色彩。

第五节　"院士"与"会员"的任职情况分析

在北平研究院 90 名会员当中，任职于大学的教授最多，共有 49 人之多，占到了 54%，如表 5 - 5 所示。其中北大和清华各有 11 位，并驾齐驱；燕京、南开、中央、中法、辅仁、北洋 6 所大学各有 2 人，浙江、中山、山东、交通、武汉、西北、四川、台湾、云南、岭南、河南、华西、震旦等 15 所大学各有 1 人。与中央研究院院士中 38 人来自高校，占 47% 的比例相比，北平研究院更倾向于从任职于高校的教授中选举会员，而且这 49 名会员分别来自 23 所高校，而中央研究院 38 位来自高校的院士则出自 12 所高校，与之相比，北平研究院的人员分布更分散，代表了全国更广泛的教育与学术机构，或许北平研究院有借此来表明自身的"全国性"之意。北平研究院院长李石曾在 1946 年召开的北平研究院学术会议

---

① 张培富：《海归学子演绎化学之路：中国近代化学体制化史考》，科学出版社 2009 年版，第 161—162 页。

第一次大会的致词中称："本院原有地方性。最初吾人主张我国设立中央研究院及地方研究院。中央者总其大成，地方者求其普遍。……政府所承认而辅助成立之地方研究院只有本院。本院研究范围，原限于北平、河北，以至华北。但战前已分设机关于上海。抗战时期，在云南展开工作，四川、贵州亦均涉及。事实的演进，已非地方性的了。"①

北平研究院会员与中央研究院院士分别或同时任职于这两个机构的人员情况的比较也颇有意味。北平研究院会员中有 5 人任职于中央研究院，而中央研究院院士中仅有 2 人任职于北平研究院。中央研究院院士中有 21 人为本院职员，比例高达 26%，与之相较，尽管北平研究院明确规定本院的历任正副院长及现任各所所长为"当然会员"，但会员中也只有 12 人是本院职员，占 13%。分析其原因，一方面，说明北平研究院会员的推选还是面向全国而非地方的学术性程序和活动；另一方面，还体现出中央研究院的"全国性"和北平研究院的"地方性"差别，作为"全国最高的学术机关"的中央研究院，比北平研究院有更多机会聘请到国内各学科最高科研水平的学者来任职。

表5－5　　　　　　　　北平研究院会员任职情况　　　　　　单位：人

任职机构＼组别	天算	理化	生物	地学	农学	工学	医药	史学	文艺	社科	合计
北平研究院	0	4	4	0	0	0	1	2	1	0	12
中央研究院	1	1	0	1	0	0	0	1	0	1	5
北京大学	1	2	1	1	1	0	0	1	3	1	11
清华大学	0	3	2	2	1	1	0	1	0	1	11
燕京大学	0	0	0	0	0	0	0	0	1	0	2
南开大学	0	1	0	0	0	1	0	0	0	0	2
中央大学	0	0	1	0	0	0	0	0	0	0	2
中法大学	0	1	0	0	0	0	1	0	0	0	2
辅仁大学	0	0	0	0	0	0	0	0	0	0	2
北洋大学	0	0	0	0	0	2	0	0	0	0	2
其他15校	4	1	2	2	0	1	1	1	0	3	15

① 刘晓：《北平研究院的学术会议及会员制度》，《中国科技史杂志》2010 年第 1 期。

续表

任职机构 ＼ 组别	天算	理化	生物	地学	农学	工学	医药	史学	文艺	社科	合计
技术机关	0	1	1	4	3	1	3	1	0	0	14
文化机关	0	0	0	0	0	0	0	0	1	1	2
行政官员	0	0	0	1	0	0	0	0	0	2	3
工商业	0	0	0	0	0	1	0	0	0	0	1
国外	0	0	0	0	0	0	0	1	0	1	2
其他	0	0	0	0	0	0	0	0	1	1	2

注：表5－5"任职机构"的分类参照夏鼐对中央研究院院士的分析，并根据北平研究院具体情况酌情设置。

表5－5中的"技术机关"涉及的学科和单位较多，包括中央防疫处、中央卫生实验院、中央地质调查所、察绥矿产调查所、静生生物调查所，以及政府各部所属与技术相关的机构，如国防部军医署、经济部北平工业试验所、农林部河北垦业农场和棉产改进处等。"文化机关"所指的2人，一是文化名人张元济；另一为时任湖南省南县私立湖西中学校长的罗喜闻。照常理，中学校长不具备"会员"的资格，但罗喜闻1942年在中法大学担任过文学院院长，1946年正式出任湖西中学校长。从学术派系上讲，罗喜闻是李石曾所倚重的人，因而得以以"曾任中法大学文学院院长和浙江经济调查所所长"的身份而不是"湖西中学校长"的身份当选为"会员"。

表5－5中"行政官员"包括1位司法院长、1位行政院长和1位立法委员。民国时期，不少学术精英担任过政府的行政职务，他们以从政作为科学服务的路径之一，而这3人均因在学术上的贡献当选为会员而非行政职位的缘故。

表5－5中"工商业"领域的会员1人指的是侯德榜。中国的工商业比较落后，但领导永利化工公司的侯德榜凭借制碱方面的突出成就，成为该领域的突出代表，他也同时获得"院士"和"会员"两种殊荣。

表5－5中的"国外"2人指长期在国外工作的谢寿康和陈克恢，谢寿康自1938年起一直代表中国政府在欧洲各国从事文化活动，1946年当选为比利时王家文学研究院院士。陈克恢长期在美国学习和工作，但因他

在药理学上突出的贡献，先当选中央研究院院士，又当选北平研究院会员。

表 5-5 中的"其他"类，指会员在 1948 年的任职情况不稳定，无法统计到某一特定的单位。如沈尹默在抗战胜利之后即寓居上海，以鬻字为生。顾孟余曾担任政府要职，也曾担任中央大学校长，抗战胜利后拒不就任行政院副院长之职，赋闲在家。

第六节 "院士"与"会员"的去向

作为中国现代史上最重要的两个国立的综合性科研机构，北平研究院和中央研究院选举出的"会员"和"院士"代表了当时中国学术界的最高荣誉，所选出的会员和院士基本能反映中国学术界的最高成就，体现了中国科学几十年的发展。① 这两个学术精英群体，既有重合，又有差别，在一些社会特性上具有共同点，但考虑到学科设置、科学成就、学术派别等因素，两个机构选出的"会员"和"院士"仍有所区别。在选出"会员"之后不久，北平即和平解放，北平研究院的学术活动自然终止。1949 年年底，以中央研究院和北平研究院为主体的一些科研机构合并组建为中国科学院，两院的院士和会员大部分选择留在大陆，在 1955 年设立学部时，两院的院士和会员又分别有一批人当选为学部委员。

中央研究院 81 名院士在 1949 年之后的去向，已有学者进行了详细的考察，对一些院士未能当选中国科学院学部委员的原因也做了分析，② 笔者在此着重对北平研究院 90 名会员的去向进行考察。1949 年有 68 名会

---

① 关于 1948 年学术界与社会舆论对北平研究院学术会议与中央研究院院士会议的关注，可参见向达《祝南北两学术会议》，《中建》1948 年第 1 卷第 6 期。在该文中，向达写道："近两年来，北起白山黑水，南至五岭海南，几乎大半个中国都布满了令人窒息的火药气味。金风送爽，一叶知秋，耳听着连天的炮声，眼看着物价的混乱，更增加人肃杀之感。而国立北平研究院以及国立中央研究院却于九月一月之内，一在北平一在南京，先后举行学术会议和第一届院士会议。揖让进退，弦歌不辍，这在从事教育文化工作，尤其是埋头于研究工作的人看来，真无异于空谷足音，长夜曙光。举世中风狂走之时，竟有人众醉独醒，致意于继往开来百年树人的大计，这真是一九四八年的中国值得兴奋的一件大事。"《大公报》《申报》等也对北平研究院的学术会议密切关注，及时报道，如《北平研究院决定召开全国学术会议》《北平研究院学术会议开幕》《胡适李书华在北平研究院学术会议上的致词》等。

② 成骥：《中央研究院第一届院士的去向》，《自然辩证法通讯》2011 年第 2 期。

员选择留在大陆，21 名会员选择留居海外，陈省身、李书华、吴宪、胡适、张印堂、李书田、林可胜、陈克恢、戚寿南等留居美国，熊庆来留居法国（1957 年回国），翁文灏旅居欧洲（1951 年从法国归国），李石曾先在瑞士，后去乌拉圭（1956 年定居台北），林世瑾定居乌拉圭；直接赴台的有董作宾、吴敬恒、王宠惠、姚从吾、刘大悲（1983 年从台湾回大陆）5 人；张云、谢寿康、顾孟余 3 人定居香港；何其鸿去向不可考。选择留在大陆的院士与会员的比例差不多，分别为 73% 和 76%，选择去台湾的院士有 9 人，占 11%，而选择去台湾的会员只有 5 人，仅占 6%，这一数据表明学术精英对国民党政权的腐败统治深恶痛绝，极度失望，因而绝大多数人选择留在大陆，即使对新政权有所观望，宁可选择移居海外，也不愿跟随国民党政权偏安台湾。

　　1955 年中国科学院选出 233 名学部委员，北平研究院会员江泽涵、吴有训、吴学周、庄长恭、曾昭抡、黄子卿、杨石先、叶企孙、赵承嘏、严济慈、饶毓泰、尹赞勋、朱洗、李四光、秉志、竺可桢、俞大绂、胡经甫、孙云铸、张景钺、陈桢、汤佩松、童第周、冯泽芳、杨钟健、裴文中、戴芳澜、戴松恩、朱物华、侯德榜、刘仙洲、李俨、陈垣、陈寅恪、陶孟和、汤用彤、魏建功 37 人当选学部委员，1957 年增选的 21 名学部委员中有汤飞凡、陆志韦 2 人入选。若以学科和组别来看，天算、理化、地学、工学等数理学科当选的人数为 19 人，占留在大陆会员的 66%；生物、农学、医药等生物学科当选学部委员 13 人，占 52%；史学、文艺、社科等人文学科当选学部委员 7 人，占 35%。人文学科当选率最低，与意识形态密切相关，1949 年之后，法学、社会学、政治学等学科被视为资产阶级学科，或被削减或被取消，自然不必设立学部委员。在确定学部委员的名单时，"要从学术、政治及工作需要三方面结合考虑"[①]，在此指导原则下，哲学社会科学学部的 61 名学部委员中，有一半是中共党员，大量党员学者入选反映了中华人民共和国成立初期党和政府从巩固新政权的角度，试图通过党员学者加强对哲学社会科学的领导，反映出学术政治化倾向。

　　北平研究院是民国时期学术地位仅次于中央研究院的综合性科研机

---

　　①　薛攀皋、季楚卿：《中国科学院史料汇编（1957 年）》，中国科学院院史文物征集委员会办公室，1998 年版，第 80 页。

构，在其 20 年的历程中，组织机构逐步发展、完善，为科学的研究与探索提供了重要的组织保证。北平研究院的"会员制度"是"院士制度"的重要组成部分，"会员"称号不仅是学术精英的个人荣誉，更是那一代科学家数十年致力于学术体制建设的结晶。北平研究院的文化影响力不如中央研究院那样大，一方面确实是其学术地位逊于中央研究院，另一方面与对它的研究不足有关。我们通过对其学术会议会员的情况所作的全面分析以及与中央研究院院士的比较，可以看出，两所研究机构的核心成员的差距并不是想象中那样大，足以证明北平研究院具有重要的研究价值。特别是对 1949 年之后北平研究院会员去向问题的探讨，表明他们与中央研究院院士共同构成了中华人民共和国科研力量的重要力量。1949 年后他们以新的身份开始自己的学术使命，从这个意义上讲，北平研究院会员和中央研究院院士百川奔海，殊途同归，共同汇入科学发展的主流。

第六章 科学文化共同体社会
学分析的两个案例

在第四章对科学文化共同体成员的情况进行了整体的社会学分析，反映了这一群体的概貌，是一个静态的描述。本章尝试选取典型人物为案例，对科学文化共同体的维系与活动进行微观的和动态的考察。分别从以下两个专题进行研究：通过考察竺可桢在民国时期所担任的社会职务，考察科学文化共同体成员的科学文化实践轨迹与社会使命；通过考察胡适与中央研究院院士、评议员的同学、师生、同事关系以及书信来往，考察科学文化共同体成员之间复杂的社会关系。

第一节 竺可桢的科学文化实践轨迹与社会使命

科学文化观，主要指以科学为事实主体视角来审视科学中的文化性，把对科学的认识和研究转化为对科学文化的认识和研究，将科学等同于一种人类的文化现象，是一个包含自然界、历史、人类社会等诸多因素的文化过程。美国当代著名科学哲学家约瑟夫·劳斯（Joseph Rouse）提出一种新的科学文化观——科学文化实践观，它把科学活动看成人类文化和社会实践的一种特有形式，并试图对科学文化实践的结构和变化的主要特征做普遍性研究。① 本文尝试以科学文化实践观为认知前提，对中国现代科学史进行科学家个案研究。具体设想为：以科学家科学文化实践的历程为研究对象，试图通过科学家在社会中担任的社会职务来考察其在科学进程及科学文化建构过程中的特殊作用。竺可桢是中国现代著名的气象学家，一生致力于中国的科学文化事业，担任过各种与科学相关的社会职务，大

---

① 梁金美、吴永忠：《劳斯的科学文化实践观探析》，《哲学动态》2011 年第 9 期。

力提倡科学方法与科学精神，积极从事科学研究，在气象学、地理学领域做出了开创性的工作，为组织和推动现代中国科学文化事业的发展做出过重要贡献。竺可桢担任的社会职务主要分为科研机构、科学社团、教育文化事业、政府部门等四大类。本节以竺可桢在 1912—1949 年间担任的各种类型的社会职务为线索，详细考察他的科学文化实践轨迹，通过分析他在社会各个领域的活动，展现那一代科学家的科学精神和社会使命。

一　在科研机构中的科学文化实践

1910—1918 年竺可桢在美国求学，长期的留学生活使他切身体会到国外浓厚的科学研究气氛，充分认识到科学研究对于国家的重要性。他认为：科学研究需具备两个要素，即经济与人才。"有充分之设备，及适当之人才，科学研究始有进步。"同时，他特别强调学术氛围的重要性，"须造成科学研究之空气，使有志少年，均思努力研究，不求仕进，不谋尊荣，而用尽毕生之力，报苦攻之决心以发明真理。惟如是，则中国科学研究前途，庶有希望乎"。[①] 1918 年竺可桢回国时有两条职业道路可供选择，一是到中央观象台工作，二是到大学教书。但是当时的中央观象台规模很小，并未开展气象研究工作，因此决定到大学教书。针对中国科学研究落后的现实，竺可桢曾指出，"中国现有研究事业，如地质调查所，中国科学社，静生生物调查所，及北京大学研究教席，皆仰给于美国退回之庚子赔款，即中华教育文化基金委员会所管理者，遂使美国赔款，成为中国科学研究事业经费之重要来源。……可见国人之奖励科学，不及外人之热心也。"[②]

直到中央研究院成立，竺可桢才有机会真正投身科学研究事业当中。作为现代中国第一个全国最高学术研究机构，中央研究院在中国现代科学事业发展史上具有重要的地位和作用，它的成立标志着中国现代有系统的科学研究事业的开端。在中央研究院从 1928 年正式成立到 1949 年这 20 余年间，以竺可桢等人为代表的归国留学生做了大量工作。从最初的筹备到成立后的初期运行发展，再到抗战时西迁，直至抗战结束后的院士选举工作，无论是在筹建、管理工作还是在学术科研上，他们都起着举足轻重的作用。从 1928 年起，竺可桢长期担任中央研究院气象所的所长，这成

---

① 竺可桢：《从战争讲到科学的研究》，《时代公论》1932 年第 7 期。
② 同上。

为竺可桢在民国时期担任的最重要的科学研究职务。

中央研究院是一个侧重于研究工作的机关，行政部门的组织较为简单，科学研究的管理采取分权制，院长蔡元培只是善选各所所长人选，对各所的发展和研究方向不加干涉。既以研究为其中坚，各研究所又是研究部门的主体，因而各研究所主持者的选任极其重要。竺可桢从气象所成立时即担任所长之职，主持气象所时间长达近 20 年。1936 年 4 月竺可桢接任浙江大学校长后，适逢抗战爆发，浙大辗转迁徙至西南，苦心经营勉力维持，不能兼顾中央研究院气象所工作，致使气象所工作停滞。1940 年竺可桢在北碚主持气象所全体人员谈话会，对气象所现状予以严肃批评，指出离所四年半以来，所中朝气变为暮气，所有工作，如高空、测候、日照、广播、地震均已停顿，重要人员星散，非重整旗鼓不可。缺点在于人自为谋，不能合作，希望以后能和衷共济，渡此难关。[1] 1946 年竺可桢因实在不能兼顾浙江大学与气象所，数次请辞后获准，推荐赵九章继任所长。

中央研究院气象所在竺可桢的精心领导下，在全国建立了 40 多个气象台和 100 多个雨量站，开展了高空探测、天气预报、无线电气象广播、气象资料的整理和研究，为我国气象事业奠定了基础。竺可桢在中央研究院还担任过基金保管委员会委员（1928）、总理物质建设计划研究委员会委员（1929）、筹设动物园建筑委员（1930）、职员薪俸标准及加薪办法起草人（1930）、海洋研究所筹备委员会委员（1930）等职务。长期担任中央研究院评议会评议员，1948 年相继当选为中央研究院首届院士和北平研究院首届会员，这两个重要的学术荣誉也是学术界对竺可桢数十年科学实践的肯定。

尽管学术自由是民国时期科学家的普遍追求，但在内外交困、民族危亡的形势中，他们都表现出强烈的科学救国的意愿。竺可桢认为"研究科学之目的，固在探求真理，并非专重应用，但应用科学方法，利用厚生，致国家于富强之境，固亦不可忽视，况值此国家存亡系于一发之际，每一国民实应尽其全力为国效命，不宜好高骛远，视民族之存亡于个人事业漠不相关也。"[2] 以竺可桢为代表的科学家们特别强调国家危亡之际科

---

① 李玉海：《竺可桢年谱简编》，气象出版社 2010 年版，第 55 页。
② 竺可桢：《抗战建国与地理》，《地理》1941 年第 4 期。

学研究的现实意义，认为科学研究应对于国家及社会实际急需之问题特为关注。"须知有许多科学，俱以实际应用的需要而发展，古代之几何及天文学，皆为测地及测时而起。近代之化学及物理学，亦颇受工业需要之促进，故实用结果，究为科学家所不可全忘。而况当特殊时势，亦应酌取特殊方针。"① "至战争时期，科学研究之功效，更得以明显。"② 在抗战期间社会各界都提出救国的策略，这些策略基本都需借助科学的力量得以实现，比如"飞机救国"。竺可桢认为"我们要讲飞机救国，就得迎头赶上，要迎头赶上就非去研究大气力学和建筑风管不可。而且要制造飞机必须有适当的原料，要谋飞机的行动安全，非有敏捷精确的天气报告不可，这又要靠地质学家、化学家、冶金学家和气象学家的研究。所以飞机救国，必须从研究科学着手。"③

二　在科学社团中的科学文化实践

科学社团是科学共同体的一种形式，是科学发展到一定程度的组织形态。进入民国之后，中国科学家逐渐成熟，为建立科学家的组织奠定了基础。这些科学家具有较高的科学素养和强烈的救国热情，在他们的积极倡导和活动之下，一批科学社团在极端困难的情况下应运而生。这些科学社团成立之后，有效地组织起国内科学界的同人，为发展科学研究与教育事业，开展了一系列卓有成效的活动，为中国科学社团的成长迈开了坚实的步伐。

在与科学社团的关系中，竺可桢与中国科学社的关系最为密切和长久。从 1915 年中国科学社在美国康奈乃大学成立到 1950 年科学社终止，竺可桢始终是中国科学社的重要骨干，为其发展出谋划策，不遗余力。中国科学社的事业包括出版物、图书馆、生物研究所、年会、讲演、展览、奖金、参加国内教育活动、参加国际科学会议、设立科学图书仪器公司等 10 项，竺可桢多参与其事。以他在中国科学社担任过的职务来看，包括编辑员（1916）、董事（1916）、副会计（1918）、永久社员（1919）、图书馆委员会委员（1920）、讲演股委员（1921）、司选委员（1922）、理事（1922）、演讲委员会主任（1922）、南京社所委员会委员（1923）、书记

① 国立中央研究院文书处：《国立中央研究院首届评议会第一次报告》，国立中央研究院总办事处，1937 年，第 115 页。
② 竺可桢：《从战争讲到科学的研究》，《时代公论》1932 年第 7 期。
③ 竺可桢：《航空救国和科学研究》，《国风半月刊》1933 年第 12 期。

（1923）、建设服务委员会委员（1926）、社长（1927—1930）等职。竺可桢在中国科学社内还担任过一些临时性的职务，如办理与日本对华文化事业局接洽事宜委员、筹划采集中等学校用动植矿标本事宜委员、筹划测量江苏省雨量事宜委员（1924）等。竺可桢担任的这些职务多数连选连任，从上述各种职务来看，既有负责科学社总体发展的领导职务，也有一些是做具体工作的职务，可见竺可桢对中国科学社的工作事无巨细，亲力亲为，一直为中国科学社的发展奉献力量。

科学期刊是进行学术交流、传播科学文化的重要工具和阵地，它们以其独特的方式承担着科学传播的责任。《科学》杂志是中国科学社的一项重要科学事业，竺可桢长期担任《科学》的编辑员，对刊物的编辑发行做出不懈努力，显示了在这方面的巨大能量。竺可桢还担任过"科学丛书"委员会委员（1923）、《科学画报》的特约编辑等职。《科学画报》是中国科学社于1933年创办发行的科普性质的杂志，内容深入浅出，图文并茂，旨在向民众普及科学知识。作为该刊特约编辑的竺可桢撰写了一些文章，为普及科学知识、推进科学教育做出了积极的贡献。

"讲演"也是中国科学社一项重要的事业，科学社经常采用演讲的方法鼓吹科学，传播科学新知及其应用。竺可桢是演讲活动的积极参与者和组织者，在他的科学文化实践中，进行科学演讲是重要的组成部分。笔者据相关史料整理出竺可桢进行演讲的情况，详情如表6-1所示。

表6-1　　　　　　　　　　竺可桢讲演情况表

时间	地点	演讲内容
1921.1	中国科学社	"南京地质"
1921		"彗星"
1921		"欧洲战后之新形势"
1922.5.6	南京中国科学社	"地理对于人生之影响"
1923.12		"青岛接收之情形"
1922.8.24	南通商会	"说飓风"
1925.4.25	中国科学社	"日中黑子与世界气候"
1925.9.26		"科学的精神"

续表

时间	地点	演讲内容
1929.10.4	南京中央党部广播无线电台	"航空与天气"
1930.9.4	南京中央党部广播无线电台	"科学对于物质文明的三大贡献"
1930.10.17	中央政治学校	"近代科学与发明"
1932.3.21	金陵大学	"从战争讲到科学研究"
1935.6.18	中央广播电台	"解决中国民生问题的几条路径"
1935.10.27	中央广播电台	"中国实验科学不发达的原因"
1936.3.5	南京扶轮社	"南京的天气"
1936.6.22	航校	"气象与航空之关系"
1936.9.6	教育部教育播音	"气候与人生及其他生物之关系"
1936.11.3	基督教协会	"杭州的气候"
1937.6	中央广播电台	"气象浅说"
1939.2.20	浙江大学	"求是精神"
1941.3.3	北碚江苏医学院	"医药卫生与抗战建国"
1947.8.30	中央研究院上海办事处礼堂	"科学与世界和平"
1947.12.28	杭州教育会	"阳历与阴历"
1948.5.7	浙江省教育会	"观测日食的重要性"
1949.8.18	大连"工人之家"	"说台风"
1949.9.3	北平新华广播电台	"参观东北后我个人的感想"

　　学会的发起和成立，往往是科学领袖倡导和组织的结果，对科学权威的推崇、信仰和追随，以图学术上的进步，是聚合科学同行的重要原因。除中国科学社之外，竺可桢还担任了一些学会的职务。1924 年，高鲁、竺可桢、蒋丙然等人发起成立中国气象学会，蒋丙然任会长，竺可桢任副会长，1928 年会所改在南京，自此竺可桢一直担任会长。1924 年，翁文灏、竺可桢、张其昀发起中国地理学会，推举翁文灏为会长，竺可桢任理事。1931 年 1 月，中华地学会成立，竺可桢等 9 人为名誉会员。1945 年 7月 1 日，中国科学工作者协会在重庆成立，竺可桢担任第一任理事长，该会的宗旨为"联络中国科学工作者致力科学建国工作；促进科学技术之

合理运用；争取科学工作条件之改善及科学工作者生活之保障"①，中国科协的成立使当时散漫而又沉寂的科学界，顿时活跃起来。除国内科学社团的职务外，竺可桢还担任一些国外社团的职务，如美国地理学会会员（1917），国际科联理事会科学与社会关系委员会委员（1947），哈佛大学联合俱乐部远东组会长（1947）等。

三　在教育文化事业中的科学文化实践

竺可桢与教育文化事业有很深的渊源，他回国后的第一份职业即是受聘到武昌高等师范学校任教。竺可桢数十年的教育生涯中先后在武昌高等师范学校、南京高等师范学校、江苏省第一女子师范学校、东南大学、南开大学、中央政治学校、中央大学、浙江大学任教，其中最为称道的是1936—1949年担任浙江大学校长期间的贡献。竺可桢到浙大一年后，抗日战争爆发，随着战火的蔓延，他于1937年11月率领全校师生，开始漫长的远征。短短两年间，四易校址，经历五省，跋涉五千里。在他的苦心经营下，浙大不但在抗战中尽力维持，而且还取得一定的发展，由一所地区性大学很快崛起为国内有影响的综合性大学，李约瑟在浙大参观后称赞浙大可与剑桥媲美。1945年浙大在杭州复校开学典礼上，教育部部长朱家骅赞扬浙大复校之迅速，为自后方迁至前方复校之第一位，而迁徙次数之多，亦为全国各大学中之最艰苦者。"八年以来，浙大不仅在数量上大为扩充，即在质的方面，亦能维持战前水准，此应归功竺校长之擘划领导。"②

竺可桢在教育过程中倡导"求是"精神，"所谓求是，不仅限于埋头读书或是实验室做实验。求是路径，中庸说的最好，就是博学之、审问之、慎思之、明辨之、笃行之。单是博学审问还不够，必须慎思熟虑，自出心裁，独著只眼来研辨是非得失，既能把是非得失了然于心，然后尽吾力以行之。"③他提出将"求是"作为浙大的校训，聘请有真才实学的教授来校任教，主张踏踏实实地研究科学。即使在抗战的艰苦环境下依然保持严谨的科学学风，治学一丝不苟。正是这种"求是"精神使浙大培养了大批人才，也使浙大蜚声中外。竺可桢强调科学研究在大学中的重要作

---

① 《中国科学工作者协会总章》，何志平等：《中国科学技术团体》，上海科学普及出版社1990年版，第208页。

② 《东南日报》1945年11月9日第3版。

③ 竺可桢：《求是精神》，《科学画报》1939年第21—22期。

用，认为"作科学研究者以大学教授为多，故于大学中设立研究所，最为相宜"①。并举英、美、法、日等国的成功经验为例，极力主张在大学中设立科学研究所。

竺可桢强调大学生服务社会的责任，认为，"一个大学最重要的使命就是在于能使每个毕业生孕育着一种潜力，可令其离开校门以后，在他的学问技能品行事业各方面发扬光大"②。要承担服务社会和改良社会的目的，有两个途径：一是让经过专业训练、具有知识和头脑的大学生走向社会，服务社会，从而达到改良社会的目的；二是利用大学师生所拥有的科学技术、文化优势，直接为社会及民众的生活提供服务。基于此种理念，竺可桢就任浙大校长后，尽力要求师生为地方建设做贡献，真正做到为社会服务。比如，在浙大迁移遵义的七年间，竺可桢就明确指出："浙大之使命，抗战时期在贵州更有特殊使命。"根据这一指导思想，浙大各院系、各研究所都能结合当地实际开展教学和科研活动。以农学院为例，他们的科学活动对当地社会起到积极的作用。首先，为贵州培育了大批的农业专业人才，浙大迁入贵州给贵州青年提供了良好的学习机会，这一时期，是贵州学子进入浙大的高峰期；其次，坚持理论与实践相结合，由于农业生产具有地域性，许多外地的先进经验，都有一定的局限性，有鉴于此，浙大增设相关研究部门，开展农业科学研究工作。与当地实践相结合的试验研究，既有利于教学质量的提高，也促进了科学技术水平的提高；最后，广泛开展学术交流活动，普及推广农业科学技术。③总之，浙大师生的努力对遵义地区政治、经济、文化、教育的贡献和影响至为深远。

除在大学中担任教职外，竺可桢还担任其他文化教育事业的一些职务，担任教育部的职务有：中小学课程标准起草委员会委员（1928）、地理课程标准审查委员会委员（1932）、天文名词编译委员会委员（1932）、教育部学术审议委员会委员（1943）、教育部编审处名誉编审、译名委员会委员（1929）、大学课程标准委员会委员（1946）等；担任文化机构的职务有：中华教育文化基金会编辑委员会委员、《教育大辞书》特约编辑（1930）、商务印书馆"大学丛书"委员会委员（1932）、文澜阁《四库

① 竺可桢：《从战争讲到科学的研究》，《时代公论》1932年第7期。
② 竺可桢：《大学生与抗战建国》，《国立浙江大学校刊》1941年第100期。
③ 陈玉伦：《浙大西迁与贵州农业》，贵州遵义地方志编委会：《浙江大学在遵义》，浙江大学出版社1990年版，第212—215页。

全书》保管委员会委员（1945），1925—1926 年，竺可桢在商务印书馆史地部任职时，主持翻译《大英百科全书》、主编《百科小丛书》。其他如，西陲学术考察团理事（1931），国际文化合作协会理事（1946），联合国文教组织中国委员会执行委员（1947），自然科学专门委员会委员（1947）；竺可桢还担任过豫章中学（1944）、苏州振华学校（1948）、斐章女校（1948）三所学校的校董。

四　在政府部门中的科学文化实践

在推崇经世致用、官学一体的传统社会中，学术长期受到政治因素的干涉与影响，二者的界限混淆不清。尽管中国现代的科研机构与政府有着千丝万缕的联系，但科研机构的主持者仍竭力追求学术的自由与独立。有学者认为，"在有组织有统治的国家，科学的研究当然不能和政府脱离关系，可是政治工作和科学工作不得不有个清楚的界限"①。但是从现实的情形来看，政府对学术研究的介入又发挥着极其重要的作用，同时，也显现出科学研究在现代中国的尴尬境地，科学本来是追求真理，其特征是要求独立，但在特殊的时代背景下，科学研究承担着富国、强国的重任，没有政府的强力支持，科学研究的进展也无从谈起。竺可桢就认为在特定的历史时期，科学研究应由政府统筹安排。他盛赞苏联的科研模式，认为"由政府之力量，主办研究事业，世界各国要算苏俄最普遍，最伟大。各项研究事业，由政府主持，可免重复竞争，而不经济之弊。如昔年我国政府管辖下之交通部与建设委员会，同时设立无线电台，即不应有之事也。在苏俄则政府、科学、工业、教育，已合而为一"②。"我国科学方在萌芽之际，科学工作人员，为数本极寥寥，亟应与政府取得密切联络，而科学人员可做之工作，政府应善为支配。"③

在追求学术自由与独立的同时，还应看到现代知识分子学术研究与政治立场的二元性，新型知识分子自然也承载着多方面的职责，扮演着多重社会角色。在多重身份的交互影响下，尽管他们在主观选择上都倾向政学分离、学术独立，并力图在学术上树立自律、独立、自由的精神品质，但实践中仍难免游离于学术与政治之间，尝试以介入国家政治和公共事务的途径，充当社会的良心。竺可桢曾受聘担任过政府的一些职务，如国民政

---

① 《中国科学社第二十一次年会报告》，中国科学社 1936 年版，第 17 页。
② 竺可桢：《从战争讲到科学的研究》，《时代公论》1932 年第 7 期。
③ 竺可桢：《抗战建国与地理》，《地理》1941 年第 4 期。

府主计处统计局专门顾问（1932），国防设计委员会边疆研究专门委员会委员（1935），航空气象委员会主席（1935），国防科学技术策进会理事（1941），防空技术策进会委员（1944），中央气象局顾问（1948）等。这些职务基本属于技术性职务，以国防设计委员会为例，该会直隶国民政府参谋本部，下设军事、农业经济、国防化工、矿冶等专门委员会，所聘请的委员，大多来自知识界和实业界，有良好的教育背景，丰富的实践经验，是各界的精英，包括一些著名的学者，如边疆研究专门委员会的委员还有丁文江、张其昀、谢家荣等人。该会成立后对全国各地的矿产资源尤其是西部地区的煤、铁、钨、锡、石油等矿产进行了详细的勘探调查，拟订了开采计划，对全国工业状况也进行了调查，以为工业发展及战时工业统制作参考。

通过对竺可桢在民国时期担任社会职务的轨迹的整体考察，可以发现其科学文化实践的一些特点。第一，从科学文化实践的行业与内容来看，主要集中于科研机构、科学社团、教育事业、文化事业以及与其专业相关的政府部门，内容以科学研究、社会活动、教书育人、科学传播与普及等为主；第二，从科学文化实践的时空来看，往往随时局而变动，由回国之初的武昌，到南京、上海、天津、杭州、建德、吉安、泰和、宜山、遵义、重庆等地，其中在南京常驻最久，概因他供职时间较长的机构如中央研究院、中国科学社、东南大学等集中于此，西南等地则是因避战乱，科研、教育机构迁徙至此所致；第三，从职务的性质来看，除中央研究院气象所所长、各大学的教职、商务印书馆史地部部长等职务为实职外，大多数为兼任性质的委员、会员等职务，在不同时间或同时担任各种不同类型的兼职也证明了科学家强烈的社会责任感；第四，从其在某一机构担任的职务来看，他所承担的责任既宏大又具体，如在中央研究院、中国科学社，担任的职务既多且杂，充分表明他对这些机构的发展起着实质性推动作用。总体看来，竺可桢的科学文化实践多数都是基于其自身的科学研究之上，他不仅以自身的学术活动直接推进了中国现代科学的发展，而且还以他对科学文化的倡导唤起了社会各界对科学事业的重视。竺可桢提倡科学教育中的"求是"精神，主张科学研究应关注现实问题，号召科学家和青年学子要承担服务社会、改良社会的任务，他的科学文化实践展现出中国第一代科学家群体所特有的科学精神与社会使命。

第二节　胡适与科学文化共同体
社会网络的个案研究

　　每个人都生活在一定的人际网络中，他既是自己网络的中心，又是别人网络上的一点。因此研究历史人物与相关人士交往的时间、交流的内容以及相互间的互动，是深入了解人物的重要途径。胡适一生有许多朋友，在社会上编织了一个相当广泛的关系网，从他的人际关系的演变中可以看到中国现代思想史、文化史的轨迹，也可以看出科学文化共同体的形成与维系。胡适的人际关系网络以文化教育学术界为中心，旁及政界，这也是他所处的那个时代知识分子相互关系的缩影。

　　由于在一个具有共同性和构成性的共同体中，人们之间的关系呈现为一个"可以相互影响的网络——这种相互影响关系往往彼此交织，互相增强"，因此一个行为者与其他成员具有共同利益，这会使之更加注重自己的利益增减对整个共同体的扰动作用。同时，由于一个行为者同其他成员具有共同的价值取向，因此他更有可能培养和实践一种尊重和帮助他人的行为倾向。

一　胡适与共同体成员的同学关系

　　1905 年胡适在上海澄衷学堂读书，同班同学有竺可桢等。"澄衷的学科比较完全多了，国文、英文、算学之外，还有物理、化学、博物、图画诸科。"[①] 1906 年，胡适考入中国公学。1907 年，任鸿隽入中国公学。1908 年夏秋间，中国公学为修改校章事引起的风潮而分裂，10 月，罢课学生筹办"中国新公学"，学生有一百六七十人，胡适担任英语教员。同年，杨铨、饶毓泰、张奚若入学，因而胡适在辈分上是他们的老师。

　　1910 年 7 月，胡适参加清华学堂庚子赔款留学美国考试，同榜考中的有 70 人，其中包括赵元任（第 2 名）、竺可桢（第 28 名）、胡明复（第 57 名）、周仁、过探先等。胡适赴美后入康乃尔大学农科，后弃农科入文学院，与赵元任、胡明复同学。1912 年 12 月，任鸿隽、杨铨来美游学，胡适到车站迎接，当夜即宿于胡寓。在康乃尔大学期间，胡适与任鸿

---

　　① 胡适：《四十自述》，岳麓书社 1998 年版，第 39 页。

隽、杨铨诗词唱和、交往密切。与任鸿隽当时的女友陈衡哲（后为任鸿隽夫人，新文化运动中最早的女学者、作家、诗人，中国第一位女教授，有"一代才女"之称）之间也有着真诚的朋友关系。1914 年 6 月，赵元任、周仁、胡达、秉志、过探先、杨铨、任鸿隽等人发起成立中国科学社，筹办《科学》月刊，以"提倡科学，鼓吹实业，审定名词，传播知识为宗旨"，胡适参与赞助。1915 年，胡适赴波士顿演说，与同学竺可桢、张子高等聚谈发展祖国教育文化问题。1916 年，在康乃尔大学与任鸿隽、杨铨、唐钺等人畅谈文学革命问题。

成之隅在《无边风景属伊人——赵元任其人其学》一文中说，赵元任"有很多的朋友，许多中外学术界的有名人物都相与相契，如刘半农、张奚若、金岳霖、陈寅恪，如杨杏佛、傅斯年、梅贻琦、胡适。"[1] 以赵元任与胡适的关系来看，二人交谊时间最长，关系最密切，相互之间最了解。胡适与赵元任都是 1910 年 7 月参加庚子赔款第二批公费赴美留学考试而被录取的学子；同年 8 月中旬，他们一道从上海坐船赴美。据胡适在《追想胡明复》一文中说："那年我们同时放洋的共有 71 人……船上十多天，大家都熟了。但在那时已可看出许多人的性情嗜好。我是一个爱玩的人……我又常同严约冲、张彭春、王鸿卓打纸牌。明复从不同我们玩。他和赵元任、周仁总是同胡敦复在一块谈天；我们偶然听见他们谈话，知道他们谈的是算学问题，我们或听不懂，或是感觉没有兴趣，只好走开，心里都恭敬这一小群的学者。"由于性格与爱好各不相同，他们并没有成为好友，而仅是相识而已。9 月他们一起进康乃尔大学，胡适读的是农学，赵元任读的数学，在事业上可说并没有共同语言。事有凑巧，"由于当时康乃尔大学数学系规定的必修课程不多，元任的学习兴趣却日益广泛，不但学习很多物理学课程，还开始学习哲学以及语言学课程"[2]。而这时，"到了 1912 年以后，我（胡适）改入文科，方才和明复、元任同在克雷登先生的哲学班上。我们三个人同坐一排，从此我们便很相熟了"[3]。自此以后，他们之间的交往与日俱增，日益频繁，揭开了友谊的篇章。[4]

---

[1]　曾煜：《名人轶事录》，吉林人民出版社 1996 年版，第 361 页。
[2]　赵新那：《赵元任年谱》，商务印书馆 1998 年版，第 68 页。
[3]　《胡适作品集》，远流出版公司 1986 年版，第 272 页。
[4]　关于胡适与赵元任的交谊，黄艾仁在《终生不渝不解缘——胡适与赵元任的交谊》一文中有详尽的论述。载《传记文学》第 82 卷第 5 期。

二　胡适与共同体成员的师生关系

从 1917 年 9 月起，胡适就任北京大学教授，因而他有机会成为众多科学文化精英的老师。1931 年胡适担任北大文学院院长，在 1933—1934 年度为全校各系一年级学生开设"科学概论"的新课，胡适亲自讲授"引论"和"结论"，其他专科知识分别由相关的专家上课，如江泽涵等讲"数学方法论"、萨本栋等讲"物理学方法论"、曾昭抡讲"化学方法论"、丁文江讲"地质学方法论"、林可胜讲"生物与生理方法论"等，通过这一创举，有效地提高了北大学生的科学文化素养。

1919 年北大学生傅斯年、汪敬熙、罗家伦等创办《新潮》杂志，新潮社的成员在思想上主要受胡适的影响，成为新文化运动的一支重要力量。傅斯年终生视胡适为师，并终生与胡适为友。傅斯年对胡适非常敬重，一直以"先生"呼之，在和胡适谈话时总是"端坐"而言，毕恭毕敬。1940 年，中央研究院院长蔡元培逝世后，傅斯年曾极力主张由胡适继任院长。"我辈友人，以为蔡先生之继承者，当然是我公，又以为从学院身份上说，举先生最适宜，无非表示学界之正气、理想、不屈等义。"①

1945 年 9 月 3 日，胡适致电朱家骅商定出席国际教育会议代表人选之事，电文论及虽是公事，但亦可窥见他与傅斯年的关系之亲密。

> 教育部朱部长骝先兄鉴：
>
> 　电敬悉。盛意至感。惟弟去国八年，对国内教育学术完全隔膜，且已允两处母校讲学，不便废辍，拟一月底讲完即归国，故不能担任教育会议代表，务请鉴原。傅孟真兄久未出国，何不请他出席，并可诊病。此时吾国学者在英者有缉斋、通伯、本栋，在美者有孟和、元任、树人，或可供选择。但此次新组织切不可再任李石曾一流妄人把持辱国。狂言乞恕。②

胡适在此电文中表现出了异乎寻常的情感色彩，尤其是对傅斯年的赏识与爱惜，与此相对，是对李石曾的反感。此条材料足以看出民国时期的学术界留英美派与留法派之间的确存在着隔阂。

---

①　岳南：《从蔡元培到胡适》，中华书局 2011 年版，第 20—21 页。

②　胡适：《胡适全集》（第 25 卷），安徽教育出版社 2003 年版，第 161 页。

顾颉刚 1913 年考入北京大学预科，1916 年升入北京大学本科哲学门，是胡适的得意门生之一。对于顾颉刚的治学态度，胡适肯定其两点：一方面是虚心好学，一方面是刻意求精。顾颉刚在"古史辨"方面的成就也源于胡适请他点读《古今伪书考》。作为胡适的学生，顾颉刚对老师很关心。1925 年他在报上看到"反清大同盟"欲将胡适驱逐出北京，就马上给在上海的胡适写信，恳劝老师"不必与任何方面合作，要说话就单独说话，不要说话就尽守沉默"。

1931 年胡适为推荐吴春晗专门致信时任北京大学代理校长的翁文灏与化学系教授张子高。兹录原文如下。

咏霓、子高两兄：

清华今年取了的转学之中，有一个吴春晗，是中国公学转来的，他是一个很有成绩的学生，中国旧文史的根柢很好。他有几种研究，都很可观，今年他在燕大图书馆做工，自己编成《胡应麟年谱》一部，功力判断都不弱，此人家境甚贫，本想半工半读，但他在清华无熟人，恐难急切得工作的机会。所以我写这信恳求两兄特别留意此人，给他一个工读的机会，他若没有工作的机会，就不能入学了。我劝他决定入学，并许他代求两兄帮忙。

此事倘蒙两兄大力相助，我真感激不尽。附上他的《胡应麟年谱》一册，或可觇他的学力。稿请便中仍赐还。匆匆奉求，即乞便中示复为感。①

弟　胡适

由此信可以看出胡适对学生的爱护与惜才之情。

吴健雄认为一生中影响她最大的两个人，一个是父亲，另一个就是胡适先生。吴健雄于 1923 年考入苏州第二女子师范学校，期间胡适与杜威曾一道应邀来学校讲学。胡适的演讲令吴健雄眼界大开，"思绪潮湃，激动不已"。在 1943 年 2 月吴健雄致胡适的信中写道："你的讲演最动人，最有力量。……我听到了你那次在苏州女中的演讲，受到的影响很深。后

---

① 胡适：《胡适全集》（第 24 卷），安徽教育出版社 2003 年版，第 109 页。

来的升学和出洋，都是从那一点出发的。虽然我是一个毫无成就的人，至少你给我的鼓励，使我满足我自己的求知欲，得到人生的真正快乐。"1936年8月，胡适到美国出席"太平洋国际学会"，并在哈佛大学发表讲演，彼时吴健雄正在加利福尼亚大学攻读博士学位，与胡适见面叙谈。胡适在回国之前给吴健雄写的信中勉励她："凡第一流的科学家，都是极渊博的人，取精而用弘，由博而反约，故能有大成功。国内科学界的几个老的领袖，如丁在君、翁咏霓，都是博览的人，故他们的领袖地位不限于地质学一门。后起的科学家都往往不能有此渊博，恐只能守成规，而不能创业拓地。"

胡适在生前最后一次讲话中还提到了他与饶毓泰、吴健雄等人的师生之谊。1962年2月24日，"中央研究院"第五次院士会议在"蔡元培纪念馆"举行，胡适在致词中讲了一个"真实"的故事："我常向人说，我是一个对物理学一窍不通的人，但我却有两个学生是物理学家：一个是北京大学物理系主任饶毓泰，一个是曾与李政道、杨振宁合作证验'对等律不可靠性'的吴健雄女士。而吴大猷却是饶毓泰的学生，杨振宁、李政道又是吴大猷的学生。排行起来，饶毓泰、吴健雄是第二代，吴大猷是第三代，杨振宁、李政道是第四代了。这一件事，我认为生平最得意，也是最值得自豪的。"

三　胡适与共同体成员的同事关系

胡适从1917年起长期担任北京大学教授职务，抗战期间任驻美大使，抗战胜利后任北大校长。期间兼任过中央研究院研究员、中基会董事、中国公学校长等职务。

以北京大学来看，胡适先后与蔡元培、傅斯年、顾颉刚、蒋梦麟、饶毓泰、吴大猷、江泽涵、李四光、曾昭抡、萨本栋、罗常培、魏建功、罗尔纲、王世杰、汤用彤、陶孟和、刘半农等人共事过。又以其他方式与科学界、教育界、文化界著名人士如丁文江、陈垣、陈寅恪、冯友兰、周鲠生、林语堂、陈源等人有密切的交往。通过共事关系形成了一张极具话语权的共同体网络，对科学文化产生重要影响。

1931年胡适就任北大文学院院长，举措之一是设立"研究教授"职位，待遇比一般教授高出四分之一，授课时间也比一般教授少。所聘者均为国内一流的专家学者，首批入选的"研究教授"有15位，丁文江为其中之一，从1931年起，丁文江担任北京大学地质学教授三年时间。1934年丁文江接任中央研究院总干事，仅仅一年半时间，就为中央研究院的体制化做了许多工作，胡适评价他"把这个全国最大的科学研究机关重新建立在一个合理而持久的基础之上。"

饶毓泰与胡适兼有师生、同事之谊。在美留学期间，饶毓泰读到胡适的《中国哲学史大纲》，称赞道："时人著书多无精密之思，即稍能用思，又无胆量说出来，其能用思而兼有胆量者，尚有足下。"他用科学的眼光来观察，一直认为中国科学落后乃至无科学的原因在于狭义的功用主义深入中国人的脑髓，缺乏那种"为学而治学"的精神，几乎找不到舍身求真之人。这种观点，同胡适在书中所说的中国哲学中绝故的一大原因在于狭义的功用主义如出一辙。1946 年 8 月胡适从美国回国后就任北大校长，以校长名义聘请饶毓泰担任理学院院长。当时中国一流的科学人才多在国外，尤以在美国居多，胡适委托饶毓泰想方设法搜罗人才为北大所用。饶毓泰利用同这些科学家联系较多的便利，动员他们回国到北大任职，"自适之先生长北大命令发表后，士气为之一振，今方作深远之计划，我愿凡关心中国大学教育前途者多来帮助适之先生。"

江泽涵是中国著名数学家，长期担任北京大学教授，其成长道路与胡适息息相关。江泽涵系胡适夫人江冬秀的堂弟，小学毕业后即由胡适带到北京，胡适请专人给他补习英语、数学。出于胡适的安排，江泽涵考取南开大学，师从姜立夫专攻数学。1930 年在哈佛获得博士学位，次年回国担任北京大学教授，直至退休。江泽涵在"回忆胡适的几件事"中提到，"他自己除了在家中会见朋友和北大讲课外，常常在书房里辛勤地编写讲义、写文章和日记。写成的稿子总放在他的书桌上。当他不在书房中时，任凭他的侄子和我翻阅。他的为人如此，而且他的文章论点又新颖易懂，使我思想上深受他的影响。"[①]

四　胡适与共同体成员的书信来往

思想史和生活史有交会点吗？如果有，如何描绘出来？透过来往书信，其实已大致可以将当时中国活跃的知识分子的各种网络勾勒出一个大概。不同网络之间有的重叠交叉，但有许多完全没有任何"重叠共识"。当然，这也取决于文献保存和占有的原因。在没有重叠共识的知识圈之间，互相的仇恨和猜忌相当严重。

---

① 江泽涵：《回忆胡适的几件事》，颜振吾：《胡适研究丛录》，生活·读书·新知三联书店 1989 年版，第 7 页。

王汎森在考察傅斯年的档案时认为，"我们当然可以计算出傅氏个人生活网络的边缘所在及它的消长与变化，并将此变化与傅氏思想或政治观的变化互相比勘。我们也可以观察傅氏的政治关系网络如何逐步扩大，也可以看出傅氏的政治交往圈中，大致局限在倾向自由主义的国民政府技术官僚。人既是悬挂在意义之网上的动物，同时也是悬挂在生活网络上的动物"①

表6-2　　　　　胡适与中央研究院评议员、院士通信情况统计

通信人	通信数量	起止时间	通信人	通信数量	起止时间	通信人	通信数量	起止时间
傅斯年	31	1926—1948	陈垣	5	1924—1948	郭沫若	1	1923
顾颉刚	26	1920—1935	王宠惠	4	1929—1941	董作宾	1	1924
张元济	22	1926—1947	丁文江	3	1921—1935	冯友兰	1	1930
王世杰	21	1933—1947	吴敬恒	3	1927—1928	李济	1	1933
蔡元培	18	1919—1935	陈寅恪	3	1929—1931	钱端升	1	1942
翁文灏	16	1931—1943	萨本栋	3	1947	周鲠生	1	1948
朱家骅	14	1945—1948	陶孟和	2	1918—1923	吴大猷	1	1949
赵元任	12	1927—1949	李书华	2	1924—1935	—		—
任鸿隽	11	1916—1948	汤用彤	2	1928—1942	—		—

个人信函因其原始性、即时性成为研究人际网络最好的资料之一。以胡适与中央研究院院士、评议员的书信来往来考察科学文化共同体网络的形成是一个可靠的印证。胡适早享大名，交游极广，故与之书信来往的各界人士甚多，胡适因此亦得"书信作家"之名。以胡适在现代学术界的地位看，书信在学术史方面的价值毋庸置疑。可惜因人事变更、社会动荡、政局变迁，胡适的许多书信遭到毁弃。② 安徽教育出版社于2003年

① 王汎森：《思想史与生活史有交集吗？——读傅斯年"档案"》，载《中国近代思想与学术的系谱》，河北教育出版社2001年版，第311—343页。

② 胡适生前未出版过书信集，仅在《胡适文存》《胡适留学日记》中留有少量信函。胡适去世后，1966年6月台北文星书店出版《胡适选集》（13册），内有书信一册。1970年6月台北萌芽出版社出版了《胡适给赵元任的信》。1966年2月至1970年6月出版了《胡适手稿》内收胡适致顾廷龙、陈垣等人书信手稿。大陆方面，1979年5月至1980年8月北京中华书局出版了《胡适来往书信选》，1998年8月河北人民出版社出版了《胡适论学来往书信选》，1994年黄山出版社出版了由耿云志等人根据中国社会科学院近代史所藏的"胡适档案"整理汇集而成的《胡适遗稿及秘藏书信》，其中收有胡适书信手稿约600通。1996年北京大学出版社出版了耿云志、欧阳哲生整理、编辑的《胡适书信集》，收集胡适信函1644通。

出版的由季羡林主编的《胡适全集》第23—26卷由耿志云、欧阳哲生整理的"书信"卷，该卷收集胡适书信、函电、明信片2300余通，起于1907年，止于1962年。笔者以1949年前胡适与中央研究院第一、二届评议员、1948年当选的院士①之间的通信为考察对象考察胡适与其他科学文化精英之间的私人交往。对胡适书信的考察结果如表6-2所示，胡适在这一学术圈内的通信以与傅斯年的居于首位。傅斯年与胡适亦师亦友，二人维持着长久的友谊。与其他科学文化精英的书信交往多数也是基于同学、同事、师生等关系而建立起的人际关系网络。

在与胡适保持通信的人物当中，多数是胡适极为欣赏与推崇的人物，如吴敬恒。1922年胡适在《努力周报》第29期发表了《谁是中国今日的十二个大人物》一文，拟了一份名单，其中对吴敬恒用墨最多："吴先生是最有世界眼光的；他一生最大的成绩在于提倡留学。他先劝无锡人留学，劝常州人留学，劝江苏人留学，现在还在那里劝中国人留学。无锡在人才上，在实业上，所以成为中国的第一个县份，追溯回去，不能不算他为首功。东西洋留学生今日能有点成绩和声望的，内中有许多人都受过他的影响或帮助。他至今日，还是一个穷书生；他在法国办勤工俭学的事，很受许多人（包括我在内）的责怪。但我们试问，今日可有第二个人敢去或肯去干这件'捎末梢'的事？吴稚晖的成绩是看不见的，是无名的，但是终久存在的。"②

共同的求学经历使胡适与他的同学之间保持经常的联系，如胡适与赵元任、任鸿隽因留学美国的同学之谊，使他们之间保持着长久的良好关系，这一关系可以从他们之间的通信得到印证。胡适一向极为重视留学，早在1914年就在《留美学生年报》上发表《非留学篇》，痛陈留学之利弊，指出留学只是一时权宜之计，是为中国再造文明的手段，而非目的。"留学当以不留学为目的"是他当时的总结。留学生必须痛改轻文史，而重实业的功利短视的态度。对当时中国留学生浅尝速成的心理不以为然。他沉痛的指出："呜呼！使留学之结果，仅造得此种未窥专门学问堂奥之四年毕业生，则吾国高等教育之前途，终无幸耳"。他希望造成的留学生

① 中央研究院成立于1928年，第一届评议员于1935年选出，第一届院士于1948年选出，本文采取追溯的方式将他们在获得评议员与院士身份前与胡适的书信交往也纳入研究范围。

② 胡适：《谁是中国今日的十二个大人物》，《胡适全集》（第21册），安徽教育出版社2003年版，第308—329页。

是"高深之学者，至用之人才，与夫传播文明之教师"。而不仅仅是一个工程师，一个匠人。① 早期的留学生活，让他们亲眼目睹了国外良好的科学研究氛围和成熟的科学研究体制，为他们日后回国投身于科学教育、科学研究以及科学文化事业建设等方面的工作奠定了思想基础及行动指南。共同的留学生活使他们逐步建立起共同的志向并形成一致的科学文化价值观，也使他们建立了良好的个人关系，这些都成为科学文化共同体能够形成与维系的重要保证。

---

① 胡适：《非留学篇》，周质平：《胡适丛论》，台北三民书局 1992 年版，第 253—282 页。

第三部分

中国现代科学文化共同体
对科学事业发展的贡献

第七章 科学文化共同体与其他科研机构的发展

从科学文化共同体的成员来看，他们除担任国立的综合性的科研机构如中央研究院和北平研究院的职务外，还在政府各部门创办的专门科研机构、民间社团或个人捐助成立的私立科研机构、大学设立的研究所等科研机构任职，对这些科研机构的发展起着重要的作用。

第一节 与政府部门科研机构的发展

在政府科研机构方面，除中央研究院、北平研究院这两个具有重要影响的综合科研机构外，还有一些隶属于政府部委的专门性科研机构，表7-1罗列了民国时期一些重要的科研机构，这些机构的主要主持者大多为科学文化共同体的重要成员。

表7-1 　　政府部门主办的一些重要的科研机构情况

机构名称	类别	成立时间	隶属部门	主要主持者（留学国别）
地质调查所	地质	1916	经济部	章鸿钊（日）丁文江（英）翁文灏（比利时）
中央工业试验所	工业	1930	实业部	徐善祥（美）吴承洛（美）欧阳仑（美）顾毓瑔（美）
资源委员会矿产测勘处	工业	1940	资源委员会	谢家荣（美）
中央农业实验所	农业	1931	实业部	穆藕初（美）钱天鹤（美）邹秉文（美）
中央棉产改进所	农业	1934	全国经济委员会	邹秉文（美）孙恩麐（美）冯泽芳（美）

续表

机构名称	类别	成立时间	隶属部门	主要主持者（留学国别）
全国稻麦改进所	农业	1935	全国经济委员会	谢家声（美）钱天鹤（美）
中央林业实验所	农业	1941	农林部	韩　安（美）邓叔群（美） 朱惠方（德国 奥地利）

　　在这些政府部门主办的科研机构中，以中央地质调查所的成绩最为突出。蔡元培认为该所是"中国第一个名副其实的科研机构"，黄汲清也表示，"中国官办的科学事业，最早的而且具有国际水平的，地质调查所无疑是独一无二的。"地质调查所的科学成果，不仅在国内赢得了极高的赞誉，而且也受到国际学术界，特别是国际地质学界的瞩目和好评。如"地质调查所在国际学术界有其应有的地位。它的学者是知名的，它的杂志被人们广泛阅读，它的研究对发展地球的博物史知识做出了真正的贡献。西方人士把地质调查所称为民国时期最出色的科学研究机构"①。

表 7 - 2　　　　　　　　　　地质调查所研究人员留学情况表

姓　名	留学国别	姓　名	留学国别	姓　名	留学国别
章鸿钊	日本	乐森璕	德国	周昌芸	德国
丁文江	日本 英国	俞建章	英国	程裕淇	英国
翁文灏	比利时	王恒升	瑞士	陈恩凤	德国
叶良辅	美国	李学清	美国	朱熙人	美国
王竹泉	美国	王庆昌	英国	徐克勤	美国
谢家荣	美国	孙健初	美国	李庆远	美国
周赞衡	瑞典	曾世英	美国	阮维周	美国
杨钟健	德国	李善邦	日本 美国 德国	侯学煜	美国
李春昱	德国	方　俊	德国	萧之谦	美国
黄汲清	瑞士	潘钟祥	美国	张鸣韶	美国

---

　　①　C. H. Peaka：《关于把现代科学介绍到中国去的某些方面》，ISIS 第 22 卷第 63 号，转引自《中国地质调查所史》"前言"，石油工业出版社 1996 年版。

续表

姓　名	留学国别	姓　名	留学国别	姓　名	留学国别
裴文中	法国	熊　毅	美国	彭琪瑞	美国
谭锡畴	美国	李庆逵	美国	席承藩	美国
朱庭祜	美国	李连捷	美国	李承三	德国

（说明：此表据张九辰《地质学与民国社会：1916—1950》，山东教育出版社 2005 年版，附录 2"地质调查所人名录"相关内容编制而成）

地质调查所在中国地质学界，乃至中国学术界的声望，使它汇集了中国半数以上的精英人才，堪称中国地质学界高层次的科研机构和人才培养的重要基地。据不完全的统计，中国地质学界有半数以上的学者集中在地质调查所，而曾经在该所工作过的学者则至少占三分之二以上。[1] 地质调查所不仅聚集了当时中国地质学界最杰出专家的绝大部分，还不断地培养造就出一批又一批优秀人才。中国地质学四大奠基人中，除李四光外，其余三人均是地质调查所的创办者。在 1948 年中央研究院首届院士中，地质学领域有 6 人，其中 4 位——翁文灏、谢家荣、黄汲清、杨钟健出自地质调查所。1949 年后，曾在地质调查所工作过的百余位科学家中，就有 47 位先后当选中国科学院和中国工程院院士（学部委员）。[2] 其中 1955 年中国科学院首届学部委员中，地学部 24 名委员有 17 位来自前地质调查所，占总数的 70%以上，这些数据都反映出地质调查所在中国现代科研机构中无法比拟的地位。

地质调查所之所以能取得如此成就，除地质学本身具有先天优势外，最主要的原因在于该所集中了一大批留学归国的研究人员，详情见下表。在三十余年间，先后由丁文江、翁文灏、黄汲清、尹赞勋、李春昱等人担任所长，他们为地质调查所确定的研究方向也对该所取得的成就十分重要，其中，章鸿钊、丁文江、翁文灏三位创始者的贡献最大，他们不仅共同创办了这样一个科研机构，而更在于他们在中国现代科学界，至少是在地质学界，树立了一种风气，一种传统，一种精神。他们认为在地质调查所的基本发展方向、基本作风方面，眼光立意是否高远，个人的学术素养

---

[1]　张九辰：《地质学与民国社会：1916—1950》，山东教育出版社 2005 年版，第 156 页。

[2]　程裕祺、陈梦熊：《前地质调查所的历史回顾：历史评述与主要贡献》，地质出版社 1996 年版，第 25 页。

乃至道德水准，都对事业的发展有着至关重要的影响。

工业技术科研机构方面，1930 年 7 月，隶属实业部的中央工业试验所在南京成立，首任所长徐善祥（1882—1969），曾留学美国，获哥伦比亚大学博士学位。继任所长分别为吴承洛、欧阳仑、顾毓琇，以上三人都是留美生。试验所成立之初设立化学组和机械组。抗战期间，为适应战时对工业产品的需求，中央工业试验所的规模逐渐扩大，以"就地取材，就地研究，就地推广，以增加生产力"为宗旨，提供工艺技术，设计或制造机械设备，协助建设了一些制糖、纺织、机械制造方面的工厂，成为"工厂工业顾问工程师"和"手工业的指导者"，为发展后方工业技术做出了一定贡献。

第二节　与私立科研机构的发展

在私立性质的研究机构中，以静生生物调查所的成绩最为突出。静生生物调查所之创建与发展与留学生紧密相关。静生所之名"静生"意在纪念范源濂，范源濂数度担任教育总长，曾任北京师范大学校长，中基会董事长。早年留学日本，专攻生物学，他认为中国生物资源丰富，应该有一科研单位进行调查收集与系统研究，决心创办一个生物调查所，但其志愿尚未实现就因病于 1927 年逝世。尚志学会为了完成范氏遗愿，捐出一笔基金，又与中基会联合集资，合作成立了生物调查所，并冠以范源濂的字"静生"二字，以示纪念。静生生物调查所的发展除受到中基会的资助外，范氏家人也捐助不少。范源濂之弟范旭东（1883—1945），为中国近代著名实业家，早年留学日本京都帝国大学，专攻化学，回国后开办久大盐业公司，后又创办永利制碱公司。范旭东对静生所的支持不遗余力，出资甚多，在创办之初，即将住宅一所捐给调查所做所址，此后还不断向调查所捐款，设立奖励基金，奖掖后学。有学者认为："确切地讲，静生生物调查所是由中基会、尚志学会和范静生的家人共同创办。"①

静生生物调查所的学术取向旨在"继地质调查所之后，为全国动植物种类之清查"。"静生生物调查所成立之时，即以调查我国动植物资源

---

① 胡宗刚：《静生生物调查所史稿》，山东教育出版社 2005 年版，第 21 页。

为职志，同时对所采集到的标本主要予以分类学的研究。此项事业在其20 年的历史中……始终未曾放弃。"① 植物分类学在植物各分支学科的发展中起着先导作用，它是其他植物学科发展的基础，"分类学为研索生物科学之基础，品种不明，其他皆无所建立"②。大概由于学科性质及中国植物非常丰富的缘故，近代植物分类学在中国近代植物学初期发展就得到了优先发展，并较长时间保持着优势。20 世纪前半叶，是中国近代植物分类学发展的高峰期。据统计，在 1949 年以前发表的植物学论文中，分类学的占 72%。③ 当时国内重要的植物研究机构均以植物分类学作为工作重点。陈寅恪在 20 世纪 30 年代曾对当时中国自然科学的状态有所评论，他说，"凡近年新发明之学理，新出版之图籍，吾国学人能知其概要，举其名目，已复不易。虽地质生物气象等学，可称有相当贡献，实乃地域材料关系所使然。"④

　　静生所不仅聚集了当时国内的许多杰出生物学家，而且不断培育了一批又一批优秀人才。它的两个创办者——秉志和胡先骕，为中国近代生物学的开山鼻祖。秦仁昌、张肇骞、寿振黄、张春霖、杨惟义、喻兆琦、陈封怀、沈嘉瑞、俞德浚、唐进、李良庆、唐耀、何琦等这些中国生物学界的翘楚都曾在该所或其所属机构工作过⑤。这些杰出人才大多是在静生所工作期间成长起来并取得显著成绩的，他们的成长加速了生物学尤其是分类学在中国的植根，并持续发展、繁荣。在当时科学人才极其匮乏的社会环境下，一个民间机构能涌现如此之多的人才，说明它在造就、培养人才方面是很成功的，这与留学归国的科学家秉志、胡先骕等人的领导和学术示范有不可分割的关系。

　　私立科研机构中，1930 年成立于重庆北碚的中国西部科学院也别具特色。该院由著名实业家卢作孚创立，卢作孚是四川地区科学与民主最为热忱的鼓吹者之一，他认为社会的进步、落后与科学是否发达关联极大⑥。因此，他在积极推行其社会改革试验的同时，也想方设法发展当地

---

① 胡宗刚：《静生生物调查所史稿》，山东教育出版社 2005 年版，第 62 页。
② 张孟闻：《中国生物分类学史述论》，《中国科技史料》1987 年第 6 期。
③ 中国植物学会编：《中国植物学史》，科学出版社 1994 年版，第 167 页。
④ 陈寅恪：《金明馆丛稿二编》，上海古籍出版社 1984 年版，第 317 页。
⑤ 姜玉平：《静生生物调查所成功的经验及启示》，《科学学研究》2005 年第 6 期。
⑥ 高孟先：《卢作孚与北碚建设》，《北碚志资料》1984 年第 3—4 期。

的科学事业。卢作孚建立科学研究机构的直接动因是"期在各校学生，到此从容留住半月、匝月，在较学校为充实的科学环境中，作科学之研究，于各学校为助必多。"① 1930 年 3 月至 8 月，卢作孚亲率考察团前往东北、北平、青岛、南京、上海等地进行了为期半年的考察，与中央研究院、中国科学社等科研机构进行标本交换，拜访了蔡元培、李石曾、丁文江、任鸿隽、翁文灏等人，得到了他们对于建立中国西部科学院的支持。1930 年秋，中国西部科学院正式成立，卢作孚亲任院长，以"研究实用科学，促进生产文化事业为宗旨"。1930 年 10 月成立理化研究所，聘王以章为主任，继任者李乐元；1931 年 4 月，相继建立了农林研究所和地质研究所，分别聘请刘雨若和常隆庆主持所务；1931 年夏成立生物研究所，分设植物、昆虫两部，聘请俞季川主持植物研究，德国人傅德利主持昆虫研究，1933 年增设动物部，由施白南任部主任。理化研究所从事川康矿业及工业原料成品的化验与原料研究；农林研究所着重垦荒育林及农作物的改良推广；地质研究所主要从事地质矿产的调查研究；生物研究所主要进行生物标本的采集与研究。

作为一所私立的科研机构，在经费保障和社会声望上不能与国立中央研究院、北平研究院等机构相提并论，因而并不能如它们一样聘请到众多留学欧美的专家，它聘请的研究人员多数毕业于国内学校。该研究院的研究人员多数由科学文化共同体的重要成员介绍而来，如：常隆庆（1904—1979），1930 年毕业于北京大学地质系，之后在地质调查所工作了两年。1932 年 9 月由地质调查所所长翁文灏推荐，到中国西部科学院任地质研究所主任；俞德浚（1908—1986），原名俞季川，浙江绍兴人，生于北京。1931 年毕业于北平师范大学生物系，师从胡先骕。1947 年赴英国爱丁堡皇家植物园和英国皇家植物园邱园进修，任客籍研究员；刘雨若（1900—1943），又名正泽，南川隆化镇人。美国俄克拉荷马农工大学毕业。曾任中央大学教授、西部科学院农业研究所主任。刘氏淡于政事，醉心于农业研究，有学者风度。在西部科学院任职期间，主持修建北碚公园。1943 丧于车祸，后世于园内建眉湖，湖畔种植冬青树"八阵图"以纪念其辛劳。今山泉岩壁刻有其兄刘泗英手笔"雨若林"三字；施白南

---

① 潘洵：《论中国西部科学院创建的缘起与经过》，《北碚文史资料第十八辑》，2007 年，第 115 页。

（1906—1986），河北正定人，1933 年毕业于北京师范大学，同年任中国西部科学院动物部主任。1943 年任中国西部博物馆研究部主任；李乐元（1909—1969），1932 年北京大学化学系毕业后，经曾昭抡、任鸿隽介绍，到西部科学院理化所做研究员，次年接任理化所主任。1946 年，李乐元担任西部科学院总干事兼代理院长。考察中国西部科学院职员的求学情况，包括院长、研究所主任在内，他们大多数毕业于国内大学，有一个共同的特点，即都是由与卢作孚交好的科学家介绍而到西部科学院任职，如王以章是秉志介绍，常隆庆是由翁文灏介绍，俞季川是由胡先骕介绍，李乐元是由任鸿隽与曾昭抡介绍，虽然他们自身并非留学生出身，但介绍他们前来的却都是科学文化共同体中的核心成员，从这个角度看，中国西部科学院的创建、发展仍与科学文化共同体有着不解之缘。

中国西部科学院作为一所私立性质的科研机构，其经费除捐款外，大部分来自卢作孚经营的民生实业公司的收益。1930 年至 1934 年，卢作孚共捐助 11971 元，卢子英、翁文灏等 100 余人共捐 228642 元[1]，这些捐款维持了科学院的日常运转，最初数年，颇呈蓬勃气象。由于经费紧缺，部分科学事业相继转交地方或停办，如 1936 年将附设之图书馆和博物馆交给地方办理；1937 年春又停办生物及农林两研究所；后来附设的兼善中学也脱开研究院而独立办理。抗战爆发后，西部科学院的经费更加显得捉襟见肘，曾一度连工资都发不出，科研人员每人只能发给 5 元生活费，原有员工大部分离去。加之要接待安置大量内迁科研机构与人员，科学院的科学事业大幅萎缩，仅保留地质、理化二所。而地质所在 1938 年四川地质调查所成立时，又与其合作，西部科学院地质研究所的全部人员都参加该所工作。地质调查所所长为李春昱，后由侯德封、常隆庆继任，主要从事四川地质勘探与普查工作。唯有理化研究所自成立以后，20 余年间工作未曾中断。其工作目标是研究试验四川及西南各省地面及地下物资的性质和利用，工作着重于燃料问题之研究、铁矿及其他物料之分析、化工问题之研究试验、农产加工之研究。

1943 年，李约瑟在《自然》杂志发表《重庆的科学》一文中说，抗战时期中国"最大的科学中心是在一个小市镇上，叫做北碚，位于嘉陵江西岸。此镇所有科学团体与教育机关，不下 18 所"。北碚作为中国西

---

① 施白南：《中国西部科学院》，《北碚志资料》1986 年第 7 期。

部的偏僻小镇，何以成为当时中国"最大的科学中心"，固然与抗战期间，平、津、沪、宁各地学术研究机关团体纷纷内迁相关，也和卢作孚在之前努力发展中国西部科学事业，打下了良好的基础有关。抗战期间，迁驻北碚的有中央研究院气象研究所和动植物研究所、中国科学社生物研究所、中央地质调查所、中央工业试验所、中央农业实验所、清华大学无线电研究所等机构。由于中国西部科学院的存在，迁往北碚的科研机构受益匪浅，"十余单位均迁来北碚借用本院房屋及一部分设备，以恢复并发展其工作；本院均尽可能予以协助。当时北碚成为我国学术界的重心，有助于中国学术界元气之保存"①。西部科学院各研究所将其设备、仪器、图书、标本和药品提供给他们使用，使他们在历经颠沛流离、辗转迁徙之后，能尽快恢复工作，从而在一定程度上挽救和推动了中国科学文化事业的发展，这也可视为中国西部科学院对中国科学事业的独特贡献之一。

私立科研机构中除上述单独设立的之外，还有一部分附设于企业当中。由于中国近代工业基础薄弱，虽然一些工业企业设立了相当的科研机构，但这些所谓的研究部门，成效不大，没有真正起到一个科研机构的作用。② 在这些科研机构中，以黄海化学工业研究社的成绩最为显著，有学者称，黄海社的科研成果，"大大促进了工业的发展，30 年间它所取得的成绩，在私立研究机构中是首屈一指的"。

范旭东认为："第近世工业，非学术无以立其基，而学术非研究无以探其蕴，是研究一事尤为最先之要务也。"③ 在久大精盐公司创办之初，即成立研究室，后为解决制碱技术，着手扩大久大的研究室，并于 1922年创办黄海社，聘孙学悟出任社长。孙学悟（1888—1952），生于山东威海，1905 年东渡日本留学，在早稻田大学读书，1911 年赴美入哈佛大学攻读化学，1915 年获化学博士学位。1919 年应张伯苓邀请，回国到南开大学筹建理学系。1922 年起出任黄海社社长直到 1952 年黄海社并入中国科学院。由于孙学悟的影响，黄海社陆续招聘了许多化学、化工方面的人才，其中有留美的卞伯年、区嘉炜、卞松年、蒋导江博士，留法的徐应达

---

① 李乐元：《中国西部科学院》，《科学通报》1950 年第 4 期。
② 张剑：《中国近代科学与科学体制化》，四川人民出版社 2008 年版，第 260 页。
③ 范旭东：《永利档案·黄海化学工业研究社缘起》，1922 年，见原化工部久大永利公司历史档案之《创办黄海社经过和工作情况卷》。

博士，留德的聂汤谷、肖乃镇博士及获得双科博士的赵之泯。[1] 除专任研究员外，黄海社还聘任专家担任兼职研究员，如张克忠、吴宪等人。总体来看，黄海社的高级研究员之中不少是具有博士、硕士学位的留学归国专家，这为黄海社取得突出研究成绩奠定了坚实的基础。除加强研究队伍建设外，1931 年黄海社成立董事会，担任过董事的有任鸿隽、朱家骅、何廉、吴宪、侯德榜、胡先骕、孙洪芬、翁文灏等人，这些科学文化共同体核心成员担任黄海社董事，在黄海社的建设中发挥了重要作用。

第三节　与大学科研机构的发展

现代大学既是传播知识、培育人才的地方，也是科学家们进行科学研究的重要基地。高等教育机构设置研究所，首开其端者当属蔡元培主持下的北京大学，蔡元培认为："所谓大学者，非为多数学生按时授课，造成一个毕业生之资格而已也，实以是为共同研究学术之机关"[2] "大学无研究院，则教员易陷于抄袭讲义不求进步之陋习。盖科学的研究，搜集材料，设备仪器，购置参考图书，或非私人力所能胜；若大学无此预备，则除一二杰出教员外，其普通者，将专己守残，不复为进一步之探求。"[3] 蔡元培就任北大校长后，积极实施这一理念。1917 年北大已经设立研究所，相关科学方面有数学、物理、化学 3 个部门，1920 年增加地质学，饶毓泰、吴大猷等人对研究所的发展和研究起到示范作用。

清华大学理学院也很注重基础研究，"除造就科学致用人才外，尚谋树立一研究科学之中心，以求国家学术之独立"，同时很注意与实践相结合。叶企孙认为，"大学的灵魂在研究学术，物理系的目的就重在研究方面。"化学系重视"具化学上之基本知识，复习化学工业上之专门技能。

① 陈歆文、周嘉华：《永利与黄海——中国近代化工的典范》，山东教育出版社 2006 年版，第 230 页。

② 蔡元培：《北京大学月刊发刊词》，《蔡元培全集》（第 3 卷），中华书局 1989 年版，第 210 页。

③ 蔡元培：《论大学应设各科研究所之理由》，黄季陆：《抗战前教育概况与检讨》，革命文献（第 55 辑），第 133—135 页

于是进而令其专研究某一种问题……"算学系则要求"不仅在灌输智识于青年，复须求有贡献于学术"。生物学系主任陈桢提出要把科学研究看作"清华大学的第二种事业"，认为"增进学术与培养人才同样的重要"。1928 年 9 月罗家伦就职校长时说："研究是大学的灵魂。专教书而不研究，那所教的必定毫无进步。不但没进步，而且有退步。清华的国学研究院，经过几位大师的启迪，已经很有成绩。但是我以为单是国学还不够，应该把他扩大起来，先后成立各科研究院，让各系毕业生都有在国内深造的机会。尤其在科学研究方面，应当积极的提倡。"梅贻琦出任校长后表示："我希望清华在学术方面应向高深专精的方面去做。办学校，特别是办大学，应有两种目的：一是研究学术，二是造就人材。"[1] 清华大学理学研究所先后设立物理部、化学部、算学部、生物学部，叶企孙、吴有训、熊庆来、赵忠尧、萨本栋等人对研究所的学术贡献颇多。在东南大学，为了推动研究院的设立，1926 年孙洪芬、胡先骕等 22 人在东南大学联名提出《创办大学研究院案》，提出："尝考欧美各国大学莫不设有研究院……盖欧美各国学术进步，一日千里，不致固步自封者，其得力要在大学研究院也。"[2] 同年 11 月 18 日，该校教授会通过《研究院简章》，决定设立研究院。

有学者认为，"研究高深学术与培育伟闳专才，为大学之二大使命；且二者不可分离，犹鸟之双翼，车之双轮也。"[3] 在私立大学中，由于留学生充实师资队伍和积极活动，20 世纪二三十年代，也开始设置研究机构，如南开大学于 1932 年成立的应用化学研究所，由留美博士张克忠、张洪沅主持。1928 年，张克忠在美国麻省理工学院毕业后回到南开大学，积极创建化工系和工学院。同时，为贯彻学用结合的原则，给学生提供早期接触实际的场所和机会，张克忠因陋就简地创建了应用化学研究所。他提出：研究所的研究成果以能直接为社会服务、为生产服务为主要目的；力求做到以所养所，用其服务所得添置仪器设备；力求扩大服务范围，以振兴中国化工事业；研究所还必须面对现实，从接受工厂企业委托的分析、化验、检验等所谓微不足道的工作开始，帮助工厂企业解决实际问题，取得信任，从而逐步扩大业务，接受大项目，办大事业。在这种思想

---

① 刘述礼：《梅贻琦教育论著选》，人民教育出版社 1993 年版，第 9 页。
② 《南京大学校史资料选辑》，南京大学出版社 1982 年版，第 161 页。
③ 陈裕光：《金陵大学汇刊序》，《金陵大学汇刊》1943 年第 1 期。

指导下，应用化学研究所的委托任务应接不暇，收益日渐增多。为了使研究成果直接转化为产品，1934 年张克忠又筹建了"南开化学工业社"，后改为应用化学研究所试验工厂。张克忠领导的应用化学研究所取得了卓越成果，蜚声国内，成为南开大学办学的一大特色。综上所述，可以说在各个大学研究机构的建立与发展过程中，科学文化共同体成员起到了巨大的作用。

第八章　科学文化共同体与科学学会的发展

学会是科学共同体的一种形式，是科学发展到一定程度的组织形态。中国现代意义上的科学学会基本成立于 20 世纪二三十年代，它们的集中出现，得益于当时中国科学家群体的成熟、各学科建制的建立，同时也是学习西方科学体制的结果。本章以中国现代科学文化共同体的核心成员——1948 年当选的中央研究院院士——参与各学会的活动为中心，回溯考察了他们在建立学会、创立会刊、组织学术活动、审定科学名词等方面的贡献，并探讨中国现代科学学会在促进学科发展，团结科学家群体，增进国际交流，传播科学文化等方面起到的重要作用。

第一节　创立专门学会　促进学科发展

近代以降特别是进入民国时期，"科学救国"的思想风行一时，知识分子普遍认为科学是促进国家富强的关键，"交通以科学启之，实业以科学兴之，战争攻守工具以科学成之"。[①] 同时，中国知识分子逐渐认识到学会的重要性，认为学会是国家文明的标志，"一文明之国，学必有会，会必有报，以发表其学术研究之进步与新理之发明"。[②] 高鲁在中国天文学会发起启示中呼吁："今兹时代，非科学竞争，不足以图存；非合群探讨，无以致学术之进步。"[③] 20 世纪二三十年代，中国科学家整体成熟，为建立科学家的组织奠定了基础。这批科学家具有较高的科学素养和强烈

---

① 任鸿隽：《中国科学社简史》，樊洪业、张久春：《科学救国之梦——任鸿隽文存》，上海科技教育出版社 2002 年版，第 729 页。

② 《科学》"例言"，《科学》1915 年第 1 期。

③ 陈遵妫：《中国天文学会》，何志平等：《中国科学技术团体》，上海科学普及出版社 1990 年版，第 237 页。

的救国热情，他们认为，在民族危亡的时刻，爱国的科学工作者应该立即
组织起来，共同为发展中国的科学事业，为救国图强贡献自己的力量。在
他们的积极倡导和活动之下，一批现代科学学会在极端困难的情况下应运
而生。中国的科学学会在成立之后，有效地组织起国内科学界的同人，为
发展科学研究与教育事业，开展了一系列卓有成效的活动，为中国科学学
会的成长迈开了坚实的步伐。

　　学术性是学会最基本的特征，在学会的组织层次中，既有具备相当学
术造诣的研究人员，也有高水平的学术中坚，更不乏高层次的学术泰斗和
科学领袖。学会的发起和成立，往往是科学领袖倡导和组织的结果，对科
学权威的推崇、信仰和追随，以图学术上的进步，是聚合科学同行的重要
原因。以中国地质学会为例，从 1922 年成立到 1949 年的 25 届理事会当
中，担任会长或理事长的共有 14 人，其中翁文灏、李四光、朱家骅、谢
家荣、杨钟健、黄汲清 6 人当选为 1948 年中央研究院院士，其余如章鸿
钊、丁文江等人也是地质学领域的学术泰斗。科学精英的参与，一方面提
升了学会学术性的含金量，在科学界乃至社会上树立起学术权威的形象，
另一方面由于在组织上云集了科学精英，因而成为推动科学发展的重要力
量。这些科学学会的组织比较健全，能定期开展活动，国际交往增多，影
响不断扩大。自成立专业学会以来，"（科学）事业由分歧，附庸，迟缓
渐进而为精神上统一，独立，而有生气；事业范围，设备材料及从业人员
之质与量，都有极大的开展。"[①] 表 8 - 1 列举了中央研究院院士参与中国
现代部分重要科学学会领导组织工作的情况。

表 8 - 1　　　　　　　　担任各学会领导职务的科学家情况

学会	担任过学会领导层职务的中央研究院院士
中国工程学会 （1918）	茅以升（董事），侯德榜（董事），凌鸿勋（董事），周仁（部长）
中国地质学会 （1922）	翁文灏（会长），李四光（会长），谢家荣（理事长），朱家骅（会长），杨钟健（理事长），黄汲清（理事长）
中国天文学会 （1922）	竺可桢（评议员），李书华（评议员），严济慈（评议员）

① 程忆帆：《中国学术界出版事业介绍·中国气象学会》，《书人》1937 年第 1 期。

续表

学会	担任过学会领导层职务的中央研究院院士
中国气象学会 (1924)	竺可桢（会长）
中国生理学会 (1926)	林可胜（会长），吴宪（理事）
中国物理学会 (1932)	李书华（会长），叶企孙（副会长、会长），吴有训（会长、理事长），严济慈（理事长），萨本栋（副理事长），饶毓泰（副理事长），赵忠尧（秘书）
中国化学会 (1932)	曾昭抡（会长），吴宪（理事），吴学周（理事），侯德榜（理事），吴学周（理事）
中国植物学会 (1933)	胡先骕（会长），朱家骅（董事），秉志（董事），翁文灏（董事），钱崇澍（评议员），张景钺（评议员、副会长），戴芳澜（副会长、会长），
中国动物学会 (1934)	秉志（会长），王家楫（书记、副会长，主席），伍献文（理事），陈桢（副会长），林可胜（理事），汤佩松（理事），贝时璋（理事），童第周（常务理事），蔡翘（理事）
中国数学会 (1935)	姜立夫（理事），华罗庚（理事），苏步青（理事），陈省身（理事）

第二节　组织学术活动　沟通国内同人

"聚合"，是学会的重要功能，学会通过学术会议、学术刊物及会员之间的交流，讨论共同关注的问题，促进学科的发展。从各学会的宗旨来看，学会的主要功能一是联络各专业的人士，二是促进研究，三是普及科学知识于社会。如中国地质学会"以促进地质学及其关系科学之进步为宗旨"，"本会还为我国各地的科学家定期召开大会，提供一个会聚一堂进行学术交流的机会，这样的交流和交换意见必然有益于所有的与会者，从而在我国的科学生活中形成一个推进的因素。"① 中国化学会"以联络国内外化学专家共图化学在中国之发达为宗旨"。"中国化学会及各分会

---

① 夏湘蓉、王根元：《中国地质学会史》，地质出版社1982年版，第11页。

成立后，真是生气勃勃，通过年会及其他学术活动，的确起到了交流经验、相互促进的作用。中国化学会成立前，只有个别单位、个别学校的少数化学工作者进行科学研究工作，化学会成立后，科研单位和高等学校普遍开展了研究工作，就是在条件异常艰苦的抗战期间，化学研究工作也未间断。"① 中国植物学会目的在使各地同志互通声气，促进研究，并普及植物学知识于社会。

随着年会学术活动的开展，年会的形式与内容也更加丰富多彩。除进行宣读学术论文及进行专题讨论外，各学会根据学科的特点组织会员参与各具特色的活动，如中国化学会在年会内容中增加了"公开演讲"的内容，普及化学知识，演讲的内容有"化学与健康""抗战建国从一个原子说起"等。1943 年中国化学会在四川五通桥举行第 11 届年会，与会代表到永利川厂参观了侯氏制碱法的操作过程。中国地质学会 1931 年在南京举行第 8 届年会时，组织会员赴南京栖霞山做地质旅行，包括翁文灏、黄汲清等人。栖霞山区域地质调查当时是在中央研究院地质研究所所长李四光领导下进行的，区内发现泥盆纪石英岩逆掩于中生代砂岩之上，是一个富有兴趣的地质现象。通过这些特殊的学术活动，增进了会员之间的相互了解，促进了学科的发展。抗战之后，中国的科研环境受到重创，限于客观条件并出于增进学科间交流的目的，各学会的年会往往联合举行，如1940 年中国物理学会与中国天文学会、中国植物学会等 5 个科学团体在昆明云南大学联合举行年会，1947 年中国物理学会与中国数学会、中国化学会、中国动物学会、中国植物学会、中国地质学会等学会在北平联合举行年会。

为加强会员的联络，各学会在全国各地广设分会，以中国化学会为例，在成立当年即在北平、广州成立分会，1933—1949 年又相继在上海、南京、福州、南宁、天津、重庆、杭州、汉口、日本、德国、成都、昆明、遵义、北碚、峨眉、香港、河南、户县、安顺、江西、桂林、甘肃、西安、衡阳、自贡、沈阳成立分会。各地分会的设立，除分别研究工作之外，一方面联络当地会员，或介绍新会员，一方面随时协助总会开展工作，推动了学会会务的发展。

"学会为全国之集合团体，而许多具体工作，实赖国内专门机关负责

---

① 中国化学会：《中国化学会史》，上海交通大学出版社 2008 年版，第 11 页。

进行。"① "凡遇必需协力合作之事业，皆由本会为之居中联络。"② 因此，各学会在发展会员方面，除发展普通会员外，还注意发展团体会员。如中国植物学会，吸收北京大学生物系、清华大学生物系、武汉大学生物系、中央研究院动植物研究所、中国科学社生物研究所、静生生物调查所、国立编译馆等机构为机关会员。中国天文学会，吸收中央研究院天文研究所、青岛市观象台、中山大学天文台、国防部测量局等。中国地质学会吸收中央地质调查所、中央研究院地质研究所，各省的地质调查所为团体会员。通过这种形式，将国内相关学科的学术精英团结在一起，共图科学的发展。

第三节　创办科学刊物　传播科学文化

科学期刊是进行学术交流、传播科学文化的重要工具和阵地，它们以其独特的方式承担着科学传播的责任。"通过科学期刊与学术杂志的活动，众多科学家的研究成果才能公之于世，才能为科学界所了解，成为全世界的知识财富。"③ 20 世纪二三十年代，各科学学会相继成立，学会会刊成为科学期刊中重要的阵地，科学家们对会刊的编辑发行方面做出了不懈努力，他们或是学会会刊的创办者，或是会刊编辑的骨干力量，显示了他们在这方面的巨大能量。这些学会的会刊成为中国现代科学史上最重要的一批科学期刊。表 8 - 2 整理了中央研究院院士参与编辑的部分重要学会会刊的情况。科学期刊是传播科学知识、进行科学教育的重要工具和阵地，它们以其独特的方式承担着科学教育的责任。"通过科学期刊与学术杂志的活动，众多科学家的研究成果才能公之于世，才能为科学界所了解，成为全世界的知识财富。"④ 据统计，1910—1949 年我国由各科学社团和高等学校创办的科学期刊达 369 种⑤，刊物发行时间明显增长，已形

---

① 翁文灏：《中国地质学会二十年来的工作》，李学通：《科学与工业化——翁文灏文存》，中华书局 2009 年版，第 172 页。

② 吴廷燮：《北京市志稿·文教志》（下），北京燕山出版社 1998 年版，第 177 页。

③ 刘珺珺：《科学社会学》，上海科技教育出版社 2009 年版，第 114 页。

④ 同上。

⑤ 唐颖：《中国近代科技期刊与科技传播》，华东师范大学出版社 2006 年版，第 7 页。

成稳定的知识群体。1920 年之后，我国大学创办的科技期刊数量明显增多，这得益于日趋成熟的科研体制和日渐发达的高等教育，当然，与科学家们的贡献密不可分。

中国现代的科学期刊主要由各科学学会和大学创办。20 世纪二三十年代，各专门科学学会纷纷成立，科学家们或是学术团体的创办人，或是学会的骨干力量，显示了他们在这方面的巨大能量。1922 年李四光等人发起成立中国地质学会，1924 年竺可桢等人发起成立中国气象学会，1926 年林可胜等人发起成立中国生理学会，1932 年叶企孙、吴有训、严济慈等人发起成立中国物理学会，1932 年曾昭抡等人发起成立中国化学会，1933 年钱崇澍、胡先骕等人发起成立中国植物学会，1934 年竺可桢、翁文灏等人发起成立中国地理学会，1934 年秉志、陈桢等人发起成立中国动物学会。这些学会的会刊成为中国现代科学史上最重要的一批科学期刊。表 8-2 整理了中央研究院院士参与编辑的部分重要科学期刊的情况。

表 8-2　　　　　　　中央研究院院士参与编辑的学会会刊情况表

刊物名称	姓名	担任职务	刊物名称	姓名	担任职务
《数学杂志》	姜立夫	编辑	《地理学报》	李四光	编辑
《中国数学会学报》	苏步青	总编辑		翁文灏	创办人
	华罗庚	助理编辑	《气象学报》	竺可桢	编辑
《中国物理学报》	严济慈	主编	《中国动物学杂志》	秉志	总编辑
	吴大猷	编委		陈桢	编辑
	赵忠尧	编委		贝时璋	编辑
《中国化学会志》	曾昭抡	主编		伍献文	编辑
《化学》	曾昭抡	编辑	《中国植物学会杂志》	胡先骕	总编辑
《化学通讯》	吴学周	通讯员		张景钺	编辑
	曾昭抡	通讯员		邓叔群	编辑
《化学工程》	曾昭抡	编委		汤佩松	编辑
《中国地质学会志》	翁文灏	编辑主任		俞大绂	编辑
	杨钟健	编辑主任		戴芳澜	编辑
	黄汲清	编辑主任	《中国生理学会杂志》	林可胜	主编
《地质评论》	谢家荣	编辑主任		吴宪	编辑
	杨钟健	编辑	《中国生理学会成都分会简报》	蔡翘	创办人

　　从总体人数和创办刊物数量来看，他们所占比例并不是很高，但他们参与创办的科学期刊基本都是各专业最高水平的学会刊物，具有广泛的影响力。比如，李四光在对黄山进行考察后用英文写成《安徽黄山之第四纪冰川现象》，发表于 1936 年 9 月出版的《中国地质学会志》上，外国地质学家通过该刊物了解到李四光的工作并及时加以推介，从而使李四光的科学贡献得到了国际的公认。一些科学期刊成为知识群体阅读和接受的重要对象，正是因为科学期刊的引导，一些知识分子养成了正确的科学态度，获得了从事科学研究的自信，科学期刊的教育功能不可谓不大。

　　除了表 8-2 中所列专业学会科学刊物外，这些科学家们还参与了一些综合性科学刊物的编辑工作，以《科学》杂志来看，钱崇澍曾担任总编辑，周仁、秉志、赵元任则是刊物的发起人。其他如，罗宗洛担任《学艺》编辑；叶企孙是《国立清华大学理科报告》的创办人，有学者认为这是中国第一份获得世界声誉的学术刊物；《学术汇刊》的主要编辑全部是 1948 年中央研究院院士，他们是叶企孙、翁文灏、李书华、曾昭抡、王家楫、傅斯年、汪敬熙。这些刊物所刊登论文基本用英、法、德三种文字写成，多数附有中文题名。关于这一点，曾昭抡指出原因，"因为中国科学的落伍，为求国际科学界对于中国化学界的贡献有所认识起见，这种刊物的内容，只收原著，而且只收用外国文字（英文、法文、德文）写的稿件"[1]。中国地质学会早期基本上用英语作为会议语言，会员的重要学术论文也主要用英语写成发表。编辑者为与西方科学接轨，依照各国专门学报的惯例，"为便于国际交流计，率多用英德法三国文字发表"[2]，这样方便与国外专门学会互通声气、交换刊物，引起国际学术界的关注，传达中国科学家的声音。这在当时的历史条件下，对于提高学会的国际地位，在世界范围内广泛开展学术交流活动是必要的。

　　"一个学术团体，精神与工作的表现，百分之九十要在刊物上努力。"[3] 为促进中国化学会会务工作的开展，在《中国化学会志》中设有会务专栏，吴承洛任该栏主编，1936 年将该栏分出创刊了《化学通讯》，吴承洛以总干事名义任主编。曾昭抡长期担任《中国化学会志》总编辑，他认为"刊物是学会的灵魂"，"学会的任务当然有许多方面，最重要的

① 曾昭抡：《中国学术界出版事业介绍·中国化学会》，《书人》1937 年第 1 期。
② 张银玲：《中国地质学会及其创办的地质期刊》，《中国科技期刊研究》2001 年第 4 期。
③ 郭保章：《中国现代化学史略》，广西教育出版社 1995 年版，第 61 页。

要算发行刊物，联络会员间的感情，促进本门科学的发展和传播这门科学的知识……一个学会的好坏应该至少大部分从它的刊物上去判断……一个学会，没有其他活动，只有一种好刊物，还可以存在。若是刊物很坏，就是别的方面都很成功，也就失去了它存在的意义了。"①

1922年中国地质学会成立时，正值中国地质学的发展时期，那时地质界已是济济多士，他们通过学会的学术活动发表了许多重要论文，至今都还是研究中国地质的学者所必读的论文，至于《中国地质学会志》，则已成为"世界各国地质图书馆所不可或缺的重要参考资料"②。《中国地质学会志》自1922年创刊起，即与国内外有关学术机关团体进行交换，据计荣森1941年统计，共达220处，其分配情况如下：

国内28处：（包括大陆27处，台湾1处）

国外192处，包括：

亚洲19处：（包括日本11处，海参崴4处，朝鲜、越南、印尼、菲律宾各1处）

欧洲106处：（包括德国19处，英国16处，法国、俄国各15处、波兰6处，荷兰、瑞典各5处，瑞士、匈牙利、南斯拉夫各3处，意大利2处，保加利亚、捷克、爱沙尼亚、挪威、奥地利、丹麦、芬兰、罗马尼亚各1处）

北美50处（包括美国46处，加拿大4处）

南美4处（包括古巴、墨西哥、阿根廷、智利各1处）

非洲7处

澳大利亚6处③

1936年中国地质学会又发行一种中文刊物《地质论评》。关于《中国地质学会志》和《地质论评》在性质上的区别，翁文灏说："为全国学术发展起见……本会刊行《会志》于先，以期宣达于世界；出版《论评》于后，以期介绍于国人。……发表专精论文，以图中国地质学之光大。"④ 中国物

---

① 郭保章：《中国现代化学史略》，广西教育出版社1995年版，第62页。
② 黄汲清：《三十年来之中国地质学》，《科学》1946年第6期。
③ 计荣森：《中国地质学会概况》，中国地质学会1941年版，第32—33页。
④ 翁文灏：《序》，计荣森：《中国地质学会概况》，中国地质学会1941年版，第3—4页。

理学会的会刊《中国物理学报》从一开始就受到国际物理学界的注意，从 20 世纪 30 年代起，学报的论文摘要就被美国的《物理文摘》收录。

　　除刊行专业水平较高的会刊外，有的学会还刊行普及性的刊物，以培育国人的科学素养。如中国化学会刊行《化学》，其目的是改良中国化学教育，并且对一般大众传播化学知识。该刊设有"化学新闻"和"中国化学撮要"两个栏目，"化学新闻"是把化学最新奇的事情采下来，引起国内化学界的注意。"中国化学撮要"的目标，是设法把一切国内关于化学和化工方面的著作收集起来，分门别类地编成撮要，使读者对于某方面的工作，一目了然。曾昭抡认为在中文的科学撮要事业中，《化学》这一栏，算是最完美和最重要的。从各方面来看，《化学》实在是国内科学者应该人手一册的刊物。①

第四节　审查科学名词　统一学术用语

　　自近代科学传入中国，科学译名统一的问题即摆在科学界面前。晚清的益智书会、博医会、江南制造局、学部审定科、编订名词馆等机构都为统一科学译名做了不少开创性的工作。民国之后，科学译名统一的任务更为艰巨，科学名词审定机构相继设立。如 1916 年"医学名词审查会"成立，主要审查医学名词，1918 年该会改称"科学名词审查会"，全面审查各科科学名词。1928 年，"大学院译名统一委员会"成立，负责科学名词的审定工作。虽然以上机构在科学名词审定方面取得了重大成绩，但各科名词仍有不确之处，使用混乱的情形仍然严重。1932 年，国民政府成立国立编译馆，专门负责各科名词的审定工作。1933 年国联教育考察团来中国考察时认为："科学上之专门名词，应予确定……以中文确定科学上之专门名词，实为教育部应当提倡之一种最迫切之工作。"② 20 世纪 30 年代之后，中国各门科学人才得到积累，各科学学会相继成立，为科学名词的统一提供了基础。自国立编译馆成立以后，教育部公布了多部由该馆组织、各学会专家参与审定的科学名词，科学名词审定工作取得较大成绩，

---

① 曾昭抡：《中国学术界出版事业介绍·中国化学会》，《书人》1937 年第 1 期。
② 《国联教育考察团建议改革中国教育之初步方案》，《江西教育旬刊》1933 年第 2 期。

科学名词渐趋统一。

中国物理学会成立之初即设立了物理学名词审查委员会，推举萨本栋、严济慈、饶毓泰、叶企孙、吴有训等为委员，商讨物理学名词最恰当的中文译法。"凡一切科学单位之名称、定义及之标准之制定，应由国内相关之学术团体，共同慎重规定，即就权度而论，以其为实验科学之基本，亦当率由正轨，悉由科学专家集议妥为规定，然后国家颁为定律，方臻尽善。"①1934年教育部核定公布了中国物理学会编订的物理学名词，由国立编译馆印行，名为《物理学名词》，"该书流行很广，对于物理学在中国生根有极大贡献"②。1935年中国数学会成立之后，即把审定数学名词作为该会的工作之一，从会员中选举会员15人，组织数学名词审查委员会，以审定以前中国科学社所拟定之名词，1936年将审定的名词交由国立编译馆刊行。

从1932年到1949年，由各科学学会审定，国立编译馆印行的科学名词有《化学命名原则》（1933）、《物理学名词》（1934）、《天文学名词》（1934）、《矿物学名词》（1936）、《气象学名词》（1939）、《普通心理学名词》（1939）、《化学仪器及设备》（1940）、《数学名词》（1945）、《电机工程名词》（1945）、《化学工程名词》（1946）、《机械工程名词》（1946）等。除此之外，还有一些经过审定尚未出版的，如地质学、岩石学、昆虫学、植物生理学、植物生态学、生物化学等学科的名词。由各科学学会科学家参与的科学名词编审工作，大大促进了现代中国的科学研究与科学传播。

第五节　加强国际科学交流　扩大中国科学影响

科学救国、科学强国是中国现代科学家的天然使命，科学学会的建立标志着中国科学界开始形成研究群体，在努力发展本国科学的同时，他们表达出强烈的融入国际科学大家庭的意愿。为加强与国际科学界的交流，各学会一般通过以下途径，一是推举会员参加国际学术会议，二是邀请国

---

① 《中国物理学会之意见》，《东方杂志》1935年第3期。

② 编写组：《中国物理学会六十年》，湖南教育出版社1992年版，第22页。

外著名科学家访学，三是吸收外国科学家为学会会员。

中央研究院的院士多数有在国外著名大学学习和研究的经历，与国外著名科学家保持着密切的联系，这样的身份为加强与国际科学界的交流提供了便利。各学会建立之后，积极地参与国际科学会议，并广泛宣传中国科学家的工作，以融入国际科学界之中。如，中国地质学会推举会员参加国际地质学会、国际古生物学会、太平洋科学会、法国地质学会百周年纪念会、瑞士地质学会 50 周年纪念会、瑞典科学研究院 200 周年纪念会等国外重要学术会议。中国物理学会在成立之初就注重与国际物理学界的交流，1932 年 12 月中国物理学会吴有训致函国际纯粹与应用物理联合会（IUPAP）秘书长，代表中国物理学会申请加入联合会，次年 1 月即接到复函，接纳中国物理学会为该会会员。

为更广泛地加强中国物理学家与国外物理学家的交流，在中国物理学会成立之后，先后邀请一些国外物理学家访问中国。如 1934 年邀请美国物理化学家朗缪尔（Irving Langmuir，1881—1957），1935 年邀请英国物理学家狄拉克（Paul Adrie Maurice Dirac，1902—1984）、1937 年邀请丹麦物理学家玻尔（Niels Henrik Bihr，1885—1962）来华，他们曾到北平、上海、南京、杭州等地与中国物理学家进行学术交流，加强了中外物理学家的联系。1937 年的中国之行使玻尔对中国古代的阴阳八卦说、道家思想有了深入的了解，他对"太极图"尤为喜爱，认为波和粒子可以像阴阳二气一样视为微观物质的两种不同形态，自然也就可以将阴阳二气之间所持有的互补性，完全地引入波和粒子之间的互补性上来，即量子力学中著名的互补性原理。玻尔将八卦太极图作为哥本哈根学派的标志，不但以简单的形式给出了宇宙万物对立统一的运动模式，同时充分体现了微观粒子世界的和谐美。

值得注意的是，各学会在成立时即放眼世界。以中国地质学会为例，该会成立之时就规定入会的会员不受国籍限制。吸收国外著名科学家加入学会，是各学会普遍的做法。谢家荣在中国地质学会第 1 届年会报告中提到，当时有会员 68 人，会友 9 人，合计 77 人；在会员当中，有美国 10人，瑞典 5 人，俄、法、英各 3 人，日本 2 人，比利时、捷克、奥地利各 1 人，外籍会员占会员比例的 43%，他认为这个学会实实在在具有世界性。李四光在第 18 届年会发表的演说词《二十年经验之回顾》中，也着重谈到"我们的学会，虽然照例是一个树着国家旗帜的组织，而事实上却是带有国际性的。"[①] 1943 年，经吴有训提议，中国物理学会决定聘请密立根（R. A. Milikan，1868—1953）、康普顿（A. H. Compton，1892—1962）、狄拉克等人为名誉会员。吸纳国际著名科学家加入学会，很大程度上提升了学会的影响力，进一步促进了学会与国际科学界的交流。

① 李四光：《二十年经验之回顾》，《中国地质学会志》1942 年第 2 期。

第九章 科学文化共同体与
高等教育的发展

　　在中国科学发展史和中国现代教育史上，有一些名字总显得熠熠生辉，作为中国现代史上重要的文化人物，对他们的研究进行发掘总能得到令人欣喜的收获。作为民国时期最高的学术机关，中央研究院几乎囊括了当时学术界的精英，中央研究院从无到有，从小到大，倾注了科学文化共同体成员的大量心血。中央研究院主旨虽在于科学研究，但与高等教育密不可分。"依组织法，本院为'最高学术研究机关'，并非教育机关，故未能分其大部分力量从事于学术研究无关或所关少之教育事项，但得随时应政府之顾问，对教育事项贡献其专门知识或助政府临时的执行此等事项之检定或监理工作。"① "本院在原则上之为学术研究机关而非教育机关，其义至显，无待说明，然若谓其工作在教育上无影响，则甚不然。研究之结果，固可为一般的扩充知识之资，而研究工作所树之标准，又可为提高高等教育之水准之用。尤有一事，本院工作可以深切影响高等教育者，即各所助理员之培植是也。此项助理员及练习助理员，皆经选拔之大学毕业生，去年更明定以考试方法登用大学新毕业者。此类人员，在本院各所经长期之训练后，差可独立，后来若经大学吸收以为师资，较之在大学毕业后未经此项长期培植者，根柢自有不同。故本院但尽其学术研究之职任内，即同时可为高等教育作不少之助力，若舍其本务，兼办纯属于教育之工作，转因形势之不便减其收获。此义当为国人所明悉。然对政府之顾问，自当尽其能力以报。"② 比如，仪器制造事项本属于工商业，国家固亦不妨设标准局兼顾之。此事究不在研究范围内，非应由本院永久经营者。然为提高此时各级学校所用仪器之标准，用以改善此时各级学校之实

---

① 《国立中央研究院评议会第二次报告书》，国立中央研究院总办事处文书处，1938年，第86页。
② 同上。

验科学教育，由教育部委托本院某一所或多所为之，则与此有关之所，理当分其精神在规定年限内从事此项工作，以期树立此项仪器之标准，训练制此项仪器之人，用待政府之专营，或交商承办。

从上述内容来看，科学研究与教育二者之间有天然的联系。本章旨在考察那些同时在中国现代科学与高等教育两个领域中做出重要贡献的科学文化共同体成员，对中国现代高等教育发展所起的特殊贡献。鉴于中央研究院在20多年的发展中，超过1000名职员以各种身份参与了中央研究院的建设，人员数量庞大，不利于分析。本章主要以中央研究院院士、评议员、各研究所所长为研究对象。以院士为例，据1948年夏鼐所作的统计，数理、生物两组53名院士中有22人任职于高校，占比例的42%①，这一数据是根据当选院士的"现任职务"所得，如果以他们的"经历职务"计算，除一人无高校执教的经历外，其余皆在高校从事过科学教育工作，比例高达98%。由此可见，中央研究院院士与中国现代科学教育有着密不可分的关系，他们既是科学家，更是科学教育的专家，因而讨论中央研究院院士与科学教育的关系具有重要的价值。这些科学家们怀着"科学救国""教育救国"的信念，通过参与高校行政管理、创设新系科、编写新教材、组织学术团体、编辑科学刊物等形式，将西方先进的科学知识引入中国，对促进中国科学教育做出了突出贡献。

第一节　大学科学教育的核心力量

现代科学教育的核心场所是学校，尤其是高等学校，大学在推进科学教育方面起着引领作用。中国科学家从一开始出现，就承担着科学世界的探索者、高校科学教育的主事者和科学文化传播的领航者的角色，集研究、教学、传播三者于一身。更重要的是，中国科学家在担纲上述三种角色时，始终表达出强烈的爱国热情和矢志不渝的科学救国理想，这是中国现代科学家特有的群体特征。

"五四"以后留学归国的科学家逐渐成为我国高等学校科学教师队伍的主要来源和基本力量，自此，我国高等学校科学教育从根本上解决了长

① 夏鼐：《中央研究院第一届院士的分析》，《观察》1948年第14期。

期以来不得不"借材外域"和受外人操纵的局面。以南开大学和中央大学为例，1930 年南开大学全校教师 41 人，留学美国的即有 31 人，占76%。中央大学 1930 年时有 153 位讲师以上专任教师，其中有 130 人曾留学国外，占 85%。① 这些留学生在"科学救国"的感召下回国从事科学研究和科学教育工作，科学教育主体力量的不断增长，不仅表现在从事科学教育的人数增多，还表现为科学家队伍的凝聚集结。在他们胼手胝足、筚路蓝缕的努力下，先进的科学知识在中国从无到有，在各个大学交融孕育，科学教育的体系在中国得以创立与发展。

中央研究院院士集中任职于高等学校的现象有其主观意愿与客观原因。首先，中国现代科学家以"科学救国"为目的，竺可桢等人在讨论中国发展道路时提出如下建议：①设立国立大学，以救今日中国学者无处寻求高等学问之地；②设立公共藏书楼、博物院；③设立学会。既有如此认识，在大学进行科学教育自然成了他们职业的首选。其次，就客观而言，当时中国的科学研究机构和实业并不发达，不可能提供更多的职位与机会给学成归来的科学家，中国第一个国家科研机构——中央研究院1928 年才成立，到 1930 年时才设立 9 个研究所，且规模都不大，全院所有专任、兼任、通讯研究员合起来仅 91 人，因此，当时国内科研机构能提供给留学归来的学子们的机会并不多。同时，中国现代工业基础落后，使很多毕业于理工专业的人找不到用武之地。与科学研究与实业相比，高等教育在民国成立之后进入了一个快速发展的阶段，大学数量从 1912 年的 4 所迅速发展到 1934 年的 79 所，形成了前所未有的"大学潮"。高等教育的急剧发展需要大量的师资，而国内大学毕业生并不能满足这一需求，留学归国人员成为各学校邀请的对象。正是由于上述多种原因的推动，科学家们不约而同地走进了大学，演绎了其个人事业与现代科学教育的非凡篇章。

以中央研究院院士为核心的科学家，人数虽然不多，但起点较高，很多人接受过世界名师的指导。比如：赵忠尧师从密立根（R. A. Millikan，1868—1953，1923 年诺贝尔物理学奖得主），吴有训、饶毓泰师从康普顿（A. H. Compton，1892—1962，1927 年诺贝尔物理学奖得主），叶企孙师从布里奇曼（P. W. Bridgman，1882—1961，1946 年诺

----

① 金以林：《近代中国大学研究：1895—1949》，中央文献出版社 2000 年版，第 213 页。

贝尔物理学奖得主）。名校与名师的教育，使中国的科学精英一起步就具有世界一流的基点。由于他们接受的是学科前沿训练，绝大多数人获得了博士学位，具备很强的科研能力，因此回国后他们在高校科学教育各领域做了许多开创性的工作，比如：开设新课、创建新专业、增设新学科、推动系科建设，使高校科学类专业的课程得以充实，学科体系趋于完善；创建实验室、编写新教材、出版学术刊物；设置研究机构、培养研究人才、形成研究团队、积极开展科学研究，引领现代中国科学教育的发展方向。科学家任职高校以后，在科学教育中发挥着中流砥柱的作用，构成了中国现代科学教育的核心力量，给大学科学教育的发展带来了极大的活力和蓬勃的生机。

科学教育队伍的形成得益于一批科学权威的组织力和感召力。"科学权威具有重要作用，他们建立了科学的标准和传统，并且通过各种角色任务的实现来维持科学共同体的存在，保证科学创新的确立与传播，保证科学传统的延续，实现科学的社会功能。"① 以中央研究院院士为核心的科学家积极参与中国大学的科学教育，在各学校学科建制还不完善的情况下，勇于开拓，逐渐在各学校建立相关的系科，为开展科学教育开辟道路。如秉志 1921 年创办中国第一个生物系——南京高等师范学校生物系，竺可桢在南京高等师范创建第一个地学系，姜立夫 1920 年创办南开大学数学系，饶毓泰创办南开大学物理系，叶企孙创立清华大学物理系，钱崇澍创建清华大学生物系。美国学者费正清认为，20 世纪 20 年代中期以后，中国科学教育的水平才有了较大的进步，产生这一结果的原因就包括欧美留学生在国内大学如南开、清华和交通，创建了科学系科，开设了较有分量的科学课程。② 中央研究院院士在科学生涯的高峰期积极参与了中国最早一批系科的建设，是各学校学科建设的奠基人。笔者根据中央研究院院士传记资料整理出部分担任过大学院系负责人的院士的资料，详情见表 9 – 1。

---

① 刘珺珺：《科学社会学》，上海科技教育出版社 2009 年版，第 166 页。
② ［美］费正清：《剑桥中华民国史（1912—1949）》下册，中国社会科学出版社 1993 年版，第 433 页。

表 9 - 1　　　　　　部分担任过大学院系负责人的中央研究院院士情况

姓名	任职学校职务及时间	姓名	任职学校职务及时间
姜立夫	南开大学数学系主任 1920—1948	李四光	北京大学地质系主任 1920—1928
苏步青	浙江大学数学系主任 1933—1947	周 仁	中央大学工学院院长 1927—1929
叶企孙	清华大学物理系主任 1926—1934	茅以升	东南大学工科主任 1922—1924
吴有训	清华大学物理系主任 1934—1945	伍献文	中央大学生物系主任 1936—1937
赵忠尧	中央大学物理系主任 1946—1949	陈 桢	东南大学生物系主任 1926—1927 清华大学生物系主任 1929—1949
饶毓泰	南开大学物理系主任 1922—1929 北京大学理学院院长 1933—1949	张景钺	中央大学生物系主任 1927—1930 北京大学植物系主任 1932—1949
李书华	北京大学物理系主任 1926	汪敬熙	北京大学动物学系主任 1946
庄长恭	东北大学化学系主任 1925—1931 中央大学理学院院长 1933—1934	袁贻瑾	北平协和医学院公共卫生学系 主任 1937—1942
曾昭抡	北京大学化学系主任 1931—1937 1946—1949	汤佩松	贵阳医学院生物化学系主任 1938
朱家骅	中山大学地质系主任 1926—1927	李先闻	武汉大学农艺系主任 1935—1937

　　这些科学家主持大学的院系工作，极大地促进了相关专业的发展。有的甚至是因一人而成系，比如姜立夫与南开大学数学系。1920 年姜立夫创办了南开大学数学系，建系之初的 4 年中，只有他一位教师，他一面处理各种行政事务，一面同时开设多门课程。姜立夫十分注重数学图书和期刊的选购与积累，在南开大学，他从无到有购置了成套的重要数学期刊和图书，其数量之丰与质量之高国内少有。抗战时期他为南开大学购置的这些书刊大半运抵昆明，对西南联大数学系的教学与科研工作发挥了极为重要的作用。作为中国数学的播种者之一，姜立夫培养出了江泽涵、陈省身、吴大任、孙本旺等许多杰出的数学家。

　　清华大学物理系是清华大学成立最早的系之一，首任系主任是中国现代物理学奠基人之一的叶企孙。物理系成立时有教授梅贻琦、叶企孙两人，本科生两个年级共 7 人。叶企孙千方百计延揽良师，1937 年前，先后聘请到吴有训、萨本栋、周培源、余瑞璜、赵忠尧等教师。这些教师都曾在国外留学，在办学理念、管理体制和课程设置上对欧美的大学多有参照。在叶企孙和吴有训的领导下，清华大学在短短几年内就发展成为当时中国物理学科研和教学最好的大学。从 1930 年吴有训在《自然》杂志发表了关于 X 射线对单原子气体散射的研究工作开始到抗战全面爆发，清华大学物理系的教师在《自然》杂志共发表论文五篇，这些工作开创了在国内从事科学研究工作的中国人于国际一流刊物发表研究成果之先河。这一时期的清华大学物理系学术气氛浓厚，许多国际著名的科学家，如玻尔（Niels Henrik David Bohr，1885—1962）、狄拉克（Paul Adrie Maurice Dirac，1902—1984）、郎之万（Lanngevin Paul，1872—1946）等曾来此讲学。

大学中的科学系科通过这些科学家们得以建立，同时，新建的系科又能吸引更多的科学家投入科学教育当中。此外，科学家们的频繁流动在一定程度上促进了科学教育在各个大学的普遍开展。以中央研究院生物组院士钱崇澍的职业经历为例，钱崇澍 1918—1920 年在金陵大学任教，1920—1922 年在中央大学任教授，1923—1925 年在清华大学任教授，1925—1926 年在厦门大学任教授，1935—1937 年在四川大学任教授，1939 年之后在复旦大学任教授，30 年间分别在 6 所著名的大学执教，通过在不同学校的科学教育，培养了科学人才，促进了各学校学科建制的完善，实现了科学教育的目的。

近代科学知识之所以能够进化并且积累起来，是因为教学与研究相结合的学术机构的产生和发展。1824 年，年仅 21 岁的德国化学家李比希在吉森大学创办了与教学相结合的学习和研究的中心，李比希的实验室扮演了早期大学研究所的角色，被视为"科学研究的养成所"。此后，研究技能不再是私下传授，而是在实验室和讨论班里进行。美国在建立科学教育过程中成功地移植了这种体制，并成为普遍的研究生培养方式。中央研究院的精英多数在美国受过研究生教育，美国科学教育模式自然成为他们归国后探索人才培养模式的借鉴对象。秉志曾在韦斯特研究所研究解剖学，对该所的模式倍加赞赏，认为它成功的经验在于与大学保持密切的联系与合作，他说："该所与奔西文尼大学（Universinty of Pennsylvania）比邻。且韦氏曾为该大学教授。故该所虽岿然独立，而与该大学关系密切。大学动物科学及医科，皆有名人教授其间，韦斯特所与之相表里焉。大学毕业生，有研求深造，以为得博士学位之预备者，可入所研究。大学教员，负盛名者，为该所之顾问，此其与费城大学之关系也。"① 所以，他在创办东南大学生物系、生物所后，也使二者建立并保持密切的联系。并且，他

① 秉志：《美国韦斯特生物研究所报告》，《教育杂志》1920 年第 7 期。

深刻意识到教学与研究应紧密结合，教学是科研前期的训练，不能忽略教学，但不能以教学为提倡科学的止境，而应以研究来促进教学水准的提高，这样生物学才能在国内植根和发展，如他这样说道："研究工作与授课相辅相成，各大学之有生物学课程，所以为学生奠定其专门学识之根基，使由此可以深造。各大学、各研究所之有研究工作，所以于学校功课之外更进一层，以促生物学之进步，使由国外介绍而得之学识渐变为国内产生之学识"。如果"大学徒知授生物系之课程，其教授缺乏研究之精神，则只能追随世界各国专家之后，贩取他人研究之成绩而已。专攻此学之人，若一味贩人成说，自己毫无创获之贡献，纵在授课上竭尽其心力，其所训练之学生势必缺乏自动之能力与独立研究之精神。大学学生因教授不作研究，而多成随波逐流之人，则此学在国内绝无发达之希望"[①]。在秉志看来，培养研究人员要通过教学为其奠定基础知识，更要有相应机构提供研究训练的机会，没有研究的教学只是贩卖现成知识而已，不可能培养出有研究能力的学生。在此理念指导下，东南大学生物系教授利用课余时间来所做研究，许多高年级学生和毕业生也在生物所教授的精心指导下从事专题研究。他在《中央大学理学院概况》中写道，"就现在情形而言，动植物两组有相当研究之可能者，为形态、生理、细胞、遗传诸学。至分类学，本系与科学社生物研究所及中央研究院动植物所合作，同人等当可享其各项研究之便利，本系仅设分类学一学程，以应需要而已。"如果把大学比作一座拱门的话，教学和研究就是拱门的两根支柱，缺一不可，"只有当这两根支柱都同样强大的时候，这个拱门才能够承受住张力。倘若一根支柱强，另一根支柱弱，那么把两根支柱联系起来的那根拱门就会坍塌"[②]。生物所此举在中国科学体制建设上具有示范意义，后来由它衍生的静生生物研究所、中央研究院动植物研究所等机构也汲取了它的理念，与周围大学密切合作。

第二节　大学办学的掌舵人

默顿认为，科学家角色实际上是由几种角色综合组成的，主要是四

---

①　秉志：《生物学与民族复兴》，中国文化服务社1947年版，第81页。
②　马节：《慕尼黑大学》，湖南教育出版社1990年版，第137页。

种——研究、教学、行政管理、鉴定和评审。作为一个科学家，他所做的
总是离不开以上四个方面的工作。作为一个科学家，或同时或先后，总是
要承担除研究工作以外的其他角色任务。① 担任大学校长即是科学家在研
究工作之外的重要社会角色，根据相关传记资料查到，有如下一些中央研
究院院士担任过大学校长的职务。在这些人当中，多数是在担任中央研究
院学术职务的同时，仍担任着大学的校长。有些是在加入中央研究院之前
担任过大学校长，在中央研究院工作时已不再担任校长职务。虽然已不再
担任校长职务，但他们在学术界仍具有广泛的影响，因而仍列为考察对象。

表 9 - 2　　　　　担任过大学校长的中央研究院院士、评议员、
研究所所长人员情况

姓名	任职学校	任职时间	在中央研究院任职情况
蔡元培	北京大学 交通大学	1916.12—1927 1928.2—1928.6	院长 1928.1—1940.3 评议员 1935.7—1940.3
陈垣	辅仁大学	1929.6—1949	院士 1948 评议员 1935.7—1940.7，1940.7—1948.7
傅斯年	台湾大学	1949.1—1950	院士 1948 史语所所长 1928.4—1949 评议员 1935.7—1940.7，1940.7—1948.7 总干事 1940.10—1941.9
郭任远	浙江大学	1933.4—1936.2	评议员 1935.7—1940.7
何廉	南开大学	1948（代理）	评议员 1935.7—1940.7，1940.7—1948.7
胡适	北京大学	1945.9—1948.12	院士 1948 评议员 1935.7—1940.7，1940.7—1948.7
胡先骕	中正大学	1940.10—1944	院士 1948 评议员 1935.7—1940.7，1940.7—1948.7
李协	西北大学	1925.5—1925 冬	评议员 1935.7—1938.3
李书华	北平大学	1928—1929	院士 1948 评议员 1935.7—1940.7，1940.7—1948.7 总干事 1943.9—1945.9

---

① 刘珺珺：《科学社会学》，上海科技教育出版社 2009 年版，第 170 页。

续表

姓名	任职学校	任职时间	在中央研究院任职情况
李四光	中央大学	1932（代理）	院士 1948 评议员 1935.7—1940.7，1940.7—1948.7 地质所所长 1928.1—1949
凌鸿勋	交通大学	1924.12—1927	院士 1948 评议员 1935.7—1940.7，1940.7—1948.7
罗宗洛	台湾大学	1945.11—1946.6	院士 1948 评议员 1940.7—1948.7 植物所所长 1944—1949
茅以升	河海工科大学 北洋大学	1924—1926 1928—1932	院士 1948 评议员 1938.3—1940.7，1940.7—1948.7
钱天鹤	浙江公立农业专门学校	1925—1927	自然历史博物馆馆长
任鸿隽	四川大学	1935.9—1937.6	评议员 1935.7—1940.7 总干事 1938—12.1940.10 化学所所长 1938.9—1942 夏
萨本栋	厦门大学	1937.7—1945.8	院士 1948 评议员 1940.7—1948.7 总干事 1945.9—1949 物理所代所长 1946
王世杰	武汉大学	1929.2—1933.4	院士 1948 评议员 1935.7—1940.7，1940.7—1948.7
吴敬恒	里昂中法大学	1921.9	院士 1948
吴有训	中央大学	1945.8—1948 秋	院士 1948 评议员 1940.7—1948.7 物理所所长 1947 秋—1949
杨钟健	西北大学	1948.12—1949 夏	院士 1948
张云	中山大学	1941.7—1942.5 1948.6—1948.10 1949.6—1949.9	评议员 1935.7—1940.7，1940.7—1948.7
周鲠生	武汉大学	1945.7—1949.8	院士 1948； 评议员 1935.7—1940.7，1940.7—1948.7

续表

姓名	任职学校	任职时间	在中央研究院任职情况
朱家骅	中山大学 中央大学	1930.9—1931.6 1930—1932	院士 1948 评议员 1935.7—1940.7，1940.7—1948.7 总干事 1936.6—1938.12 代理院长 1940.9—1949
竺可桢	浙江大学	1936.4—1949.5	院士 1948 评议员 1935.7—1940.7，1940.7—1948.7 气象所所长 1928—1946.12
庄长恭	台湾大学	1948.6—1948.12	院士 1948 评议员 1935.7—1940.7，1940.7—1948.7 化学所所长 1934.7—1938.9

这些科学文化精英担任大学校长的时间长短不一，在任职期间多实行改革，力图推动学校的发展，但限于主客观的条件，所取得的成绩也不尽相同。其中不乏在大学校长的职位上做得非常出色的，如竺可桢、萨本栋等人。大学校长作为一个科研群体的管理者和领导者，大致有以下几条职责：首先，他是这个群体的代表和代言人，处理群体与外界的联系；其次，他是这个群体的责任承担者，必然对群体出现的任何问题负有一定的责任；第三，他是组织目标和任务的组织者和管理者，带领和协助群体成员实现组织的共同目标；第四，他是群体的核心，在科研水平、人际关系等方面都起着示范作用。①

作为大学办学的掌舵人，科学家们在大学的科学教育方面有共同的贡献。（1）注重通识教育和基础教育。竺可桢主张通才教育，他认为大学生的知识面宜宽不宜窄，"若侧重应用的科学，而置纯粹科学、人文科学于不顾，这是谋食而不谋道的办法。"② 对一年级学生，加强数、理、化、中文和外文课程，同时又将中国通史等社会科学课程也列为必修课。为了达到打好基础的目的，竺可桢动员苏步青、王淦昌等知名教授为一年级学

---

① 张九庆：《自牛顿以来的科学家——近现代科学家群体透视》，安徽教育出版社 2002 年版，第 388 页。

② 张彬、付东升等：《论竺可桢的教育思想与"求是"精神》，《浙江大学学报》（人文社会科学版）2005 年第 6 期。

生讲授基础课。萨本栋在任厦门大学校长期间，大力加强学生的基础教育，把有经验的知名教授放在基础课教学第一线，他本人也亲自讲授大一理工科的微积分课程。胡先骕认为，单纯的专业知识不但不能造就第一流专家，而且还可能影响人格的健全发展。他以生物学为例，指明研究生物学首先要通德文与法文，还要懂拉丁文，其他如微积分、历史地理知识、地质学、物理化学莫不须掌握。（2）提倡教师进行科学研究。他们认为，研究工作是教授最重要的任务，没有研究及研究成果，就没有新的知识以供传播。1926 年，交通大学在校长凌鸿勋的策划下，"为研究高深学术，促进科学及技术的实验"，建立工学研究所，这是中国大学最早正式设立的科学研究所。抗战期间，虽然面对着经费、资料、实验设备的严重不足，但科学家们受爱国心的驱使，科研能力得到极大激发。"这七年间的科学进步与贡献，比起过去三十年来，在质在量皆有增无减。"① 竺可桢主政浙江大学期间，以严谨的"求是"学风培养了大批优秀人才，创造出丰硕成果，如苏步青的微分几何、贝时璋的细胞重建研究、罗宗洛的植物生理研究都处于世界科学前沿。（3）充实图书与教学仪器。竺可桢认为，"一个大学……惟有丰富的图书，方能吸引专家学者，而且助成他们的研究与教导事业。"② 抗战期间，学校经费困难，竺可桢仍千方百计收集反映学术前沿和国际学术动态的中外文书刊，在贵州时期，浙大藏书达到 10 万册，仪器设备约值 200 万元。厦门大学迁到长汀后，在外汇和交通极端困难的情况下，萨本栋仍尽力加强实验室建设。1941 年厦门大学在美国订购了 46 万元的仪器、设备和图书，大大充实了理工科的实验设备。图书馆里有从英、美、法、德订购的最新出版的主要图书刊物。美国地理学家葛德石（George B. Cressey，1896—1963）在参观厦门大学之后，认为它是"加尔各答以东最完善的学校"。

多数科学家担任校长职务的时间并不是很长，且在战火频仍的年代，大学校长所面对的并不仅仅是科学教育的问题，而是要花费更多的精力于科学教育之外的经费筹措、政治干预，有的并不能施展抱负，如杨钟健之任西北大学校长。傅斯年得知杨钟健将去西北大学，力劝他不必前去，谓

---

① 张凤琦：《抗战时期国民政府科技发展战略与政策述评》，《抗日战争研究》2003 年第 2 期。

② 吴英杰、张钢：《抗日战争时期浙江大学的科学研究》，《自然辩证法通讯》1996 年第 2 期。

犯不上作此重大牺牲。翁文灏对杨钟健任西大校长最不赞成，力言目下大学教育之破产与难办，并举吴有训及胡适之为例。吴在中央大学任内，并无成绩，但当时正在抗战，无工作可作，尚可原谅。胡则在北平，并无理由可言。[①] 事实表明，20 世纪 40 年代后期，在时局动荡、派别之争、经费短缺的大环境下，科学教育的开展举步维艰。

第三节　编著中文教科书的实践者

新式教科书是实行科学教育的重要载体。编写高水平的科学教材，是提高大学科学教育质量的一个重要前提。现代科学是从西方传来的，中国的科学与科学教育尚处于萌芽期，从教育模式到教材都以引进为主，程度稍高的课程，基本使用外文教材，实属无奈之举。20 世纪 30 年代以前，我国大学使用的教科书，多为英文，缺少中文教材，在一定程度上延缓了我国大学科学教育本土化的发展。究其原因，大致如下：（1）无适用之中文课本；（2）西人著作较优于我国人著作；（3）各大学教授多自英美留学归来，教中文书不如教西文书之为易；（4）近来各校学生对于留学生之批评多以其英语之流畅与否为标准，故采用西文课本，易以迎合学生之心理；（5）晚近我国学生之有志留学海外者颇不乏人，则采用西书并以英语教授之，实又为学生他日出洋便利计；（6）我国统计不发达，名词不统一，下手著书，殊不易易。[②] 对比来看，科学教科书的发展严重滞后于科学课程的设置。以化学学科为例，20 世纪 20 年代以前，中国的大学化学教科书几乎全部是原文西著，只有一两种普通化学教材是中国自行编辑出版的。随着化学教育的发展，使用原著的情况有所减少，但化学教材仍大半是译著。1940 年，教育部成立大学用书编辑委员会，专门编辑大学教科书和参考书，但多数使用外国教材的现象仍没有多大改变。不过，采用国外起点较高的教材，也有利于与西方科学教育接轨，便于学生在外进一步深造，对学术水平的提高也有一定的积极作用。

尽管如此，中国科学家在中文教科书的编写方面还是做了一些开创性

---

① 杨钟健：《杨钟健回忆录》，地质出版社 1983 年版，第 180 页。
② 寿勉成：《我国大学之教材问题》，《教育杂志》1925 年第 3 期。

的工作。如：钱崇澍和胡先骕 1923 年合编的《高等植物学》，与陈桢 1924 年出版的《普通生物学》一起，作为大学的教科书使用多年，产生了广泛的影响。1932 年萨本栋出版了《物理学名词汇》，使物理学中文术语基本得到统一和确定，实现了物理学名词的标准化、系统化和规范化。1933 年出版的《普通物理学》及 1936 年出版的与之配套的《普通物理学实验》，则是中国学者编著的第一部中文版大学物理教科书。笔者根据《中国近现代丛书目录》《民国时期总书目》《国立中央研究院院士录》整理出科学家们编著的科学教科书书目，详情见表 9 – 3。

表 9 – 3　　　　　　中央研究院院士编著的科学教科书情况

作者	书名	作者	书名	作者	书名
吴有训	原子核论丛	杨钟健	古生物学通论	秉志	竞存论略
严济慈	几何证题法		周口店之骨化石堆积		动物学
	普通物理学	凌鸿勋	铁路工程学		科学的呼声
吴宪	营养概论		市政工程学		原生动物之天演
吴学周	科学与科学思想发展史	萨本栋	画法几何学		人类天演之脱节
曾昭抡	炸药制备实验法		物理学名词汇		生物学与民族复兴
李四光	地球的年龄		普通物理学		比较解剖学名词
	中国地势变迁小史		普通物理学实验	钱崇澍	中国森林植物志
	地质力学之基础方法		实用微积分	蔡翘	生理学
翁文灏	地震		交流电学		动物生理学
谢家荣	地质学	胡先骕	细菌		生理学实验
竺可桢	科学概论新论		高等植物学		运动生理学
	新地学		植物学小史		生理学常识
	气象学		世界植物地理	汪敬熙	科学方法漫谈
	地学通论	陈桢	普通生物学		行为之生理的分析

限于统计标准和范围，中央研究院院士编著的教科书的数量在上表中未能得到全面反映。客观地看，大学理工科教科书多使用外文教材的状况并没有得到根本的改变，但中国科学家们在教科书本土化方面做的开拓仍是可贵的，他们编著的中文教科书在中国现代科学教育史上的地位是十分重要的。这一点可以从教科书的使用范围和出版频率上窥见一斑，以陈桢的《普通生物学》为例，该书 1924 年初版，1930 年即出版了第 10 版。

萨本栋的《普通物理学》自 1933 年出版后，被多所大学采用，不断增订，1948 年已出版第 11 版。

以中央研究院院士为核心的科学教育专家开拓了中国科学教育的出发点和目的，使中国现代的科学教育糅合了中国传统人文精神和西方现代大学的特质，形成了别具一格的科学制度与文化特色。使中国的科学教育较为迅速地跨越了从近代到现代的发展历程，为中国社会完成现代转型做出了贡献。其服务于国家独立和民族自强的特征，甚至影响到今天大学科学教育的基本思路和模式。但是，20 世纪前半期中国所面临的首要任务是追赶西方国家，在大学科学教育制度的建设和发展过程中，赶上西方成熟的科学教育和科学研究水平是一个长期的任务，因此，中国科学与科学教育的现代化道路任重而道远。

以中央研究院院士、评议员、研究所所长为核心的中国现代科学文化共同体成员多数具备多重身份，除在中央研究院从事科学研究工作之外，兼跨教育、行政、政治甚至实业等领域，并几乎在各个领域都做出了杰出的成就。本章所选取的群体是民国时期既担任过各类大学重要职务的，又在中央研究院的发展中起到重要作用的学者。期望这一交叉的身份能给同样负有培养人才、发展学术任务的机构发生互动。本章研究对象的选定以史料记载为准，通过考察中央研究院职员录、民国教育史等有明确记载的信息为依据，这一方案能限定本研究的对象，保证研究的可靠性，避免流于泛化；但同时，这样的选择依据必然会把一部分对中央研究院在各个时期的发展起到重要作用的大学校长排除在外，如李石曾等人。但总体看来，研究对象已具备充分的代表性，能反映民国时期大学校长与中央研究院之间的关系。

第十章　科学文化共同体与科学
文化事业的发展

　　科学文化的影响可以通过科学文化事业得以实现，鉴于中央研究院的学术地位，它的各类科学文化事业的探索具有示范作用。本章选取的科学文化事业包括早期的自然历史博物馆、科学图书馆两项。在 1928 年《国立中央研究院组织法》的组织结构中，自然历史博物馆、图书馆等机构同各研究所一样归为"学术研究机关"的系列，但实际上这些机构与纯粹的科学研究机关的职能有所不同，它们除了承担一部分研究功能外，还承载为科学研究提供支持以及传播科学文化，普及科学知识的功能，因此，笔者设置专章讨论中央研究院的这类事业对科学文化的促进。

第一节　科学文化共同体与博物馆

　　本节所讨论的博物馆以中央研究院 1929 年 1 月在南京设立的自然历史博物馆为对象，该馆的研究范围主要包括动物、植物，为符合《国立中央研究院组织法》，自然历史博物馆于 1934 年 7 月 1 日改名为中央研究院动植物研究所。本节的讨论时间限于 1929—1934 年自然历史博物馆时期。

一　自然历史博物馆的设立

　　1928 年 4 月，中央研究院派遣广西科学调查团赴广西采集动植物标本，并调查地质及当地少数民族的风俗、人种等。半年之中，采得动物标本有哺乳动物 40 余种，290 余头；鸟类 330 余种，1400 余只；爬虫类 50 余种，200 余只；两栖动物 30 余种，330 余只；鱼类 100 余种，700 余尾；无脊椎动物 700 种，5000 余枚。另获得活动物，猴、豹、豪猪等 20 余头。植物标本 3400 余号，3 万余份，其中木本植物超过半数，其余为草本及蕨类植物等。地质及少数民族风俗、人种的调查也获得了丰富的材料。中央研究院认为必须聘请专家来从事研究，决定创办博物馆，作为研究和展览的机构和场所，于是便有了自然历史博物馆的成立。博物馆不仅开展标本采集、研究工作，还建有陈列室和动物园，向公众进行科学普及宣传。1929 年 1 月，蔡元培院长聘李四光、秉志、钱崇澍、颜复礼、李济、过探先及钱天鹤七人，为博物馆筹备处筹备委员会委员，以钱天鹤为常务委员，决定博物馆定名为国立中央研究院自然历史博物馆。筹备过程中，通过职员名单、筹拟计划，装置标本，修建房屋，布置园场等项工作相继完成。至 1930 年 1 月筹备大致就绪，于是取消筹备处，由院长聘钱天鹤为主任，李四光、秉志、钱崇澍、李济、王家楫为顾问，国立中央研究院自然历史博物馆正式成立。

二　自然历史博物馆的主要组织者

自然历史博物馆由研究、事务、顾问三部分组成，研究部分设动物组、植物组，每组由技师一人总其成。动物组技师方炳文，植物组技师秦仁昌。1932 年 8 月，伍献文从法国归来，与方炳文共同担任动物组技师。

钱天鹤（1893—1972），生于浙江省杭县，农学家、现代农业科学的先驱者，中央农业实验所的主要创始人。1913 年毕业于北京清华学校，1913—1918 年就读于美国康乃尔大学农学院并获农学硕士学位。1919—1923 年任南京金陵大学农林科教授兼蚕桑系主任，1925—1927 年任浙江公立农业专门学校校长。1929—1934 年任中央研究院自然历史博物馆筹备处常务委员、博物馆主任、顾问。作为首任自然历史博物馆馆长，对该馆的发展起到重要作用。在自然历史博物馆筹备时期，即以常务委员负责筹备工作。1930 年 1 月至 1934 年 7 月为自然历史博物馆发展时期。初期百事待举，钱天鹤以主任综理全馆之事。中期全馆研究、事务、顾问三项并重，加之钱天鹤兼任浙江省建设厅农林局局长（1930—1931）、担任中央农业实验所筹备委员会副主任（1931），钱天鹤主任之责稍减。后期钱天鹤担任中央农业实验所副所长、兼全国稻麦改进所副所长（1933—1937），故辞去自然历史博物馆主任一职，改任顾问。此时期研究工作逐渐加强，动物组主任伍献文，植物组主任邓叔群与负责事务之主任徐韦曼并列。1934 年 7 月起自然历史博物馆改名动植物研究所。钱天鹤任通信研究员，1944 年动植物研究所分建为动物研究所、植物研究所，钱天鹤长期兼任植物研究所通讯研究员。《中国科学技术专家传略·钱天鹤》评价：钱天鹤一生清廉，对人仁厚友善，肝胆相照，对于后进和部属，常予扶助提携，助人而不求人知。他公而忘私，精明干练，思考周详，审慎从事，用人唯才，实事求是。其品德行为，令人敬佩。

徐韦曼（1895—1974），字宽甫，江苏武进人。早年就读南洋中学。1916 年毕业于地质研究所。丁文江担任工商部矿政司地质科科长，筹办"地质研究班"，后改名"农商部地质研究所"。丁文江自任所长，招生 30 人，至 1916 年毕业学员 22 人，其中不少成为中国地质学界的名家，其中即有徐韦曼和其胞兄徐渊摩。徐韦曼 20 世纪 20 年代出版《地质学》（与谢家荣合著），1926 年 10 月至 1927 年 3 月任上海县知事，后在国立中央研究院工作，1929 年负责中央研究院评议会组织条例起草工作，1933 年任国立中央研究院自然历史博物馆主任，抗战时期在国民政府资源委员会工作。

三　自然历史博物馆的科普工作

据《国立中央研究院自然历史博物馆十九年度报告》载："本馆除研究国产动植物之分布及类别外，对于提倡生物学之研究，增加一般人民对于生物学之常识，唤起其研究之兴趣，素来甚为注意。故特辟陈列室两间，将历年在广西及四川两省所采集之动物标本，分类陈列，加以详细说明，俾阅者一览而知中国生物之丰富，及种类之奇特，油然而生研究之心。同时搜罗各地野生动物，豢养园中，使人民略知各种动物生活之状态，以补充其对于生物之常识。"

据《国立中央研究院自然历史博物馆参观规则》，动物园的开放时间为每日上午 9：00—12：00，下午 2：00—6：00；陈列馆的开放时间为每日上午 9：00—12：00，下午 2：00—5：00。个人参观者先到中央研究院总办事处（位于南京成贤街 57 号，自然历史博物馆则位于成贤街 46 号）领取入门券，凭券参观；团体参观者则领取团体参观券。据史料记载，1930 年 1 月至 6 月底，就有 5 万余人前来参观，平均每日约 290 人。1930 年 7 月至 1931 年 6 月，参观人数为 41164 人，月均 3425 人。1931 年秋因大水为患，博物馆被水淹达数月之久，参观暂停。1932 年 4 月经整理重新开放，至 6 月共 3 个月的统计，参观人数达 112858 人，平均每日 1250 余人，可见公众对生物学的浓厚兴趣。动物园还经常收到赠送的活动物。据记载，1931 年收到雉鸡数只、狐狸 1 头、狗鱼 2 尾、闽猴 1 头、黄麂 1 头、鹰 2 只、刺猬 3 头、蛇 1 条，赠送有大学教授、中学校长、中央监察委员等。可见国人对自然历史博物馆之关心，及博物馆开展科普宣传之功效。

第二节　科学文化共同体与科学图书馆

中国近现代的图书馆事业，是一项新兴的文化事业。科学图书馆作为中国近现代图书馆事业的重要组成部分，因其专业的收藏和特定的服务对象，对中国近现代图书馆事业的发展做出了独特的贡献。中央研究院图书馆事业在中国现代科学图书馆发展史上的作用尤为关键。由于中央研究院是"全国最高的学术研究机关"，具有"从事科学研究，指导联络奖励学术之研究"的职能，而且，按照组织法，中央研究院的研究职能由各研究所及博物馆、图书馆共同主持，因而，有必要对中央研究院的图书馆事业进行考察。

一　科学图书馆事业的设置

作为中央研究院的领导者，蔡元培一直在他力所能及的范围内关注和推动着中国近现代图书馆事业的发展，并做出了重要的贡献。在其数十年的学术生涯中，多次担任的重要图书馆领导职务，其图书馆建设思想也得到了后人的充分挖掘。蔡元培认为："中国欲求工商发达，必须研究科学，尤须参考各种书籍"。他强调科学工作进行的方法：第一为发行刊物；第二是养成科学人才；第三是设立科学图书馆。蔡元培对图书馆事业的重视，无疑是推动中央研究院图书馆事业发展的动力。

1929 年 11 月 11 日，中央研究院召开了该院图书馆委员会第一次会议，出席的委员有：李四光、胡刚复、时昭涵、严恩棫、傅斯年、王云五。会议由王云五负责召集。此次会议就如下议题进行了讨论。

本院各所图书分类法向不一致，预料将来必发生两种困难：（一）一所参考他所图书目录时多有隔阂；（二）各所倘能在同一建筑内从事研究，则各所图书将无法归入同一书库。基此理由，各所图书似有采取同一分类法之必要；唯究以何种分类法为最适宜，此即本次会议之任务。

议决办法：（一）承认各所藏书有采取同一分类法之必要。（二）承认中外图书有采取同一分类法之必要。（三）各所一致采取美国国会图书馆分类法，唯关于中国地名之类别，则按王云五氏中外图书统一分类法之原则，于美国地名类号上冠以" + "号或与此相类之其他符号。（四）以上办法，由社会科学研究所先行试办，其他各所陆续采行。在采行新法以前，各所暂照原有方法分类。①

1930 年，中央研究院的工作要目中提及"图书馆筹备"，规定"本院各研究所之设备，于仪器标本之外，咸努力于购置图书及杂志，尤注意于高深的著作，以供学术研究上参考之需。现经陆续购置，卷轴已逾数万，将来当在首都建立一完备之中央图书馆。现所进行之出版品国际交换，亦当划归为此馆事业之一。"②

图书馆是科学研究的必备条件，中央研究院各研究所的所长都十分重视图书馆在科研中的作用。以气象所为例，早在 1927 年竺可桢在南京北极阁筹建中央气象研究所时，就非常重视专业图书馆的建设，他精心筹划并邀请建筑公司设计了一座专门的图书馆楼，并且指定专人搜集各国的气象书刊和图表资料，创办了我国第一所气象专业图书馆。竺可桢特别强调图书馆在科学研究中的作用，他认为："唯有丰富的图书设备，才能吸引专家学者，而且帮助他们的研究和教育事业。人才与设备两者之间是相辅相成，相得益彰的。"由于各所负责人均曾留学国外，在国外感受到浓厚的学术氛围，对科学图书馆的重要作用有真切感受，十分重视图书、期刊对科学研究的重要性。"社会科学之研究材料，大约可分为两类：一得之于实地调查者，一得之于业经出版之新旧书籍者。专事调查而不从书本上用功，其结果未免肤浅，且难免有人云亦云之弊。专事钻研书本而不考之于实际，则又恐情形隔膜，转成书生空谈。两者固不可偏废，然而权其轻重，且为长久之计，则图书设备，确为本所之基本工作。"③《工程研究所十七年度报告》中也提到：参考书籍及工程杂志为研究必不可缺乏之设备。本所成立时即择定电机、机械、冶金、陶磁及其他关于工业之西文书籍 400 余卷向外洋采购。现已达到 312 卷，均经陆续登记：计电机工程 73 卷；机械工程 132 卷；冶金学 30 卷；土木工程 30 卷；陶瓷理数及其他

① 国立中央研究院文书处：《国立中央研究院院务月报》，国立中央研究院总办事处；1929年第 5 期，第 41 页。

② 国立中央研究院文书处：《国立中央研究院十八年度总报告》，国立中央研究院总办事处1929 年，第 44 页。

③ 国立中央研究院文书处：《国立中央研究院十七年度总报告》，国立中央研究院总办事处1928 年，第 233 页。

47 卷。价款共约国币 3300 元。去年春间完全交到。均经整理装订，其缺失之篇幅，亦查封章全，统行补购。兹将杂志目录附更于后，以备查阅。关于我国旧有工业之书籍，曾设法收集，但旧时肄习手艺，全赖口授及实习，并不传之于书间，虽极力搜求，所得极少。①

1929 年 6 月 21 日，国立中央研究院第六次院务会议对十八年度进行计划案，议决：工程、物理、化学、地质、社会五所购地建屋除各所分担经费外，再向总办事处借款补充，借款一年后归还，社会科学研究所之建筑，以图书馆为主要，俟该所在首都建设后，即以所屋为其他四所之公共图书馆。各所图书馆一般有专设的屋舍用作图书室。比如气象研究所 1928 年在建设所舍时，即建有气象台、办公室、图书馆等建筑，其"图书馆长七十尺，广三十尺，南北凡三层；……中层为藏书室，上层为阅书室，皆广敞；阅书椅桌系绘图定制，设座六十四，壁构书架容五千册，管理员室位于东首，有石梯通藏书室，又辟西首小半为杂志室，诸完整旧杂志皆贮焉。"1939 年《青年科学》第 1 期刊登了一篇名为《参观上海中央研究院记》的文章，里面描写了中央研究院在上海的物理、化学、工程三所的图书馆的情形："（物理所）的图书室，那里有很多高大的书架同书橱，上面大半都是些著名的物理杂志，同一些比较专门的书籍，与普通大学有分别的，在缺少通常的教科书。内是异常的沉静，除去有几位带眼镜的研究员在埋头外，还有一位有生气的管理员，并不像大学图书馆室的拥挤。……化学所在四楼，地板是橡胶的。书籍的搜罗，质与量两方面，都经过严密选择。他们说，这里的书也许还不完备，可是上海尚有其他很多研究机关，图书是可以互相借用的。"②

二　科学文献资源建设

自南京国民政府成立之后，国内局势相对稳定，各项文化事业得到了较为迅速的发展。20 世纪 20 年代兴起的"新图书馆运动"为民国时期的图书馆事业打开了全新的局面，1935—1936 年中国各类型图书馆达到一个前所未有的数量，多达 5000 多所，是中国在 1949 年以前有图书馆最多的年份。③ 作为专业图书馆，中央研究院各所的收藏都是本专业精选的书

①　国立中央研究院文书处：《国立中央研究院十七年度总报告》，国立中央研究院总办事处 1928 年，第 141 页。

②　慕伸：《参观上海中央研究院记》，《青年科学》1939 年第 1 期。

③　王余光：《中国新图书出版业初探》，武汉大学出版社 1998 年版，第 5—6 页。

刊。这些图书期刊的获取途径大概分为三种：一是购置，二是交换，三是接受捐赠。在 1930 年中央研究院总办事处出版品国际交换处年度报告中提到该机构的职能之一，即为"整理本院购置之图书及杂志等"，"本处所保管之图书，约可分为五种：（一）国际交换之公报，其中以美国为最多。（二）国内中央及地方政府公报各学术机关刊物。（三）本院与外国学术机关交换所得刊物。（四）国内外各机关赠送之刊物。（五）本院购置之书籍及杂志。五种之中仅一二两种属于本处范围，其数量亦多。第三四五种属于本院总办事处。因总图书馆尚未成立暂由本处保管及整理。惟因本处限于地位，故将第二种之一部分寄存本院社会科学研究所图书馆。第五种则大部分存放于南京总办事处，本处存有目录卡片以备查考。故本处现负责保存者，为第一三两种之全部及第二种之最近部分。虽均整理分类庋藏但因限于人手迄未编号。拟于下年度积极赶办完竣，先从整理学术刊物入手，次及公报；俾所藏各书，得以早日公开阅览。"[1] 除正常的订购外，作为全国最高的学术机关，中央研究院经常会接受到国内外机构和个人的捐赠，如 1929 年地质研究所"因研究浙江地质原有浙江省五万分之一地形图一份不敷应用，近请本院总办事处致函浙省政府索取，由所派员往领。承浙江陆军测量局赠给五万分之一地形图二全份，四十万分之一地形图一套"。一些有特色的珍贵图书期刊往往也是各研究所搜罗的对象，如 1930 年天文所购置的西文中最重要者为 *Monthly Notices of the R. A. S.* Vols. 1—90，1840—1930；*Observatory Vols.* 1—54　1877—1930；*Comptes Rendus. 20 Vols* 三种旧杂志之全份。系伦敦故天文家 *H. H. Torner* 所藏，逝世后由其夫人让渡本所，代价共 105 镑。心理研究所 1934 年曾购得步达生教授之遗书若干。北平图书馆复将关于心理学之旧杂志数种寄存本所以便本所同人阅览。化学研究所成立时已选购关于工业之书籍四百余册，中间因事延迟迄今仅到八十余册，此外又购得前汉阳铁厂化工股主任严治之先生收藏之各国重要工程杂志共十二种，六百余卷，今正从事整理装订，购补缺失，并继续订购随时出版各号。[2]

　　许杰在地质研究所图书馆报告中称"本年新购之参考书籍——计共

　　① 国立中央研究院文书处：《国立中央研究院十九年度总报告》，国立中央研究院总办事处 1930 年，第 575 页。

　　② 国立中央研究院文书处：《国立中央研究院十七年度总报告》，国立中央研究院总办事处 1928 年，第 270 页。

184 册。本年新购之杂志——约计 600 册（按年订阅之杂志 50 余种，不在此内），以上（一）、（二）两项共计一万余元。新加之交换机关——本年新与本所交换刊物者有 14 种；本年收到之交换刊物——约计 1000 余册；新加杂志一种——*Fuel in Science and Practice*。"①

用中央研究院出版的各种刊物与国内外其他机构进行交换也是获取科学文献资料的有益手段。自然历史博物馆"现在杂志大都由本馆出版之 Sinessia 丛刊交换而来。截至二十一年六月止，共有国内外生物学杂志 27 种，已详载本院二十年度总报告内。本年度因丛刊材料较多充实，故交换之范围亦较扩大，举凡欧美日本各处之较著名博物馆生物学会大学生物系之期刊，均寄来交换，直至本年度止，共有期刊八十四种"。② 史语所 1932 年度"与中外各学术团体交换之出版品，计国内四十二种，国外二十种"。③ 气象所"现有气象专门书籍约四千册，欧美各国气象等类杂志七十余种，中外气象报告百余处，而世界各著名气象台，皆与本所按期交换出版品，又收藏各国完整之气象旧杂志十余部，总计价值五万元"。④地质所"现藏参考书八百余册，杂志约七千六百余卷，总计在二万册以上。常年订阅之杂志五十余种，至于与国内外各地质机关交换刊物约在百种左右，所存各省地图约一万余幅，各国地质矿产图约四百幅"。⑤

1937 年抗日战争全面爆发之后，图书馆良好的发展势头急转直下，图书馆事业受到重创，表现在中央研究院的图书馆事业上，则是在不断的迁徙中图书资料受到重大损失，图书馆舍也毁于战火，或被占为他用，中央研究院的科学图书馆事业在战火中遭到极大破坏。表 10－1 是据 1948 年中央研究院概况相关资料编制的各所文献收藏情况表，从中或可窥见科学文献在战争中的损失。

抗战期间中央研究院各所的图书资料受到较大损失，如：心理学研究所开办时仅有英德法文书籍 500 余部，旧杂志 35 种，3000 余册。常年订

---

① 国立中央研究院文书处：《国立中央研究院十九年度总报告》，国立中央研究院总办事处 1930 年，第 139—140 页。

② 国立中央研究院文书处：《国立中央研究院二十一年度总报告》，国立中央研究院总办事处 1932 年，第 331 页。

③ 同上书，第 267 页。

④ 《国立中央研究院气象所概况》，1931 年，第 3 页。

⑤ 国立中央研究院文书处：《国立中央研究院二十三年度总报告》，国立中央研究院总办事处 1934 年，第 63 页。

购心理学及有关科学杂志 60 余种。以后逐年增加，至抗战时书籍已达 1000 余部，其中多新出贵重书籍。绝版善本及珍贵名著亦占一小部分。旧杂志完整之全套者 30 余种，常年订购之新杂志约近百种。1934 年曾购得步达生教授之遗书若干，北平图书馆复将关于心理学之旧杂志数种寄存本所以便本所同人阅览。关于心理学生理学及神经学等科学之书籍、杂志，已足供研究之用。

表 10-1　　　　　1948 年中央研究院各所文献收藏情况

种类 单位	图书（册）		期刊（册）		其他
	中文	西文	中文	西文	
数学所		3000			
天文所	10000				
物理所	4000		40 余种		
化学所	3000		3000		
地质所	30000				
动物所	1000		3000		
植物所	548	3661		318	论文 2467
气象所	1000	3100		4000	
史语所	310000	125000			拓片 70000
社会所	50000	19000	212 种	164 种	档案 100000
工学所	1400			80 余种	
心理所	4000				
医学所	120 种				

　　1937 年 11 月，战祸迫近，为保存学术研究的基础，延续文化之一脉，中央研究院奉命西迁，各所在迁徙中图书资料的损失十分严重。由于日军进逼和轰炸，各研究机构一再搬迁，搬迁过程中，各所图书资料都遭到不同程度的损失。如心理学研究所的图书资料，"抗战军兴，本所已预将图书杂志运往长沙，嗣因本所尚无适当所址，乃将全部图书借予西南联大运往昆明。1941 年春由西南联大交还，运回林雁山。不幸于 1944 年几全毁于黔桂路上"。1944 年物理所和心理所由桂林沿湘桂及黔桂两铁路线经昆明运重庆时，两所的图书仪器遭日军轰炸，书籍仅存 1/5，杂志存 1/10，所存书籍杂志中尚有六七十册霉烂虫蚀，不堪应用。据统计，仅在南

京的中央研究院各研究所及总办事处即损失图书 65800 册，方卷 80 宗，册籍 3020 册。①

社科所现有图书以数量言因属非其少，唯同人研究参考上乃时感不便。盖因近年来海外交通阻隔，加以图书订购手续转折太多，故自 1940 年以来外国新出之重要著作及必须参考之定期刊物每不能适时订购，及至由经手机关已向外国购订时，转因国际交通业已完全阻断，遂致无法运入。缘此本所同人对于近年来国际学术界之最新成果与趋向每多隔阂，研究上所感受之不便自不待言。再次，近年来本所几度迁移，因经费限制每不克将所有图书杂志扫数迁运，致目前移运来川之书册尚不及半数，余仍分别存于贵阳花溪及昆明乡间。年来本所工作范围渐次扩展，原已运川之书籍遂感不敷应用。际此新书无法购进之时，如何就已有书籍充分利用，遂为当务之急。故图书之集中乃本所研究工作上迫切之需要。甚盼于最近期间在运输方面能有办法，俾贵阳昆明两地图书得以早日起运来所，以供同人研究参者，实所深切企望者也。②

抗战八年，气象所一再搬迁，而大部珍贵图籍未遭损失，实属万幸。胜利后本院奉命接办前上海自然科学研究所，其中所收藏之全部地球物理学专门杂志，皆拨归本所。复员后正积极从事补充在战争时所出版之期刊书籍，而以外汇困难，书刊绝版，图书之补充，遂不能如预期之速。但本所收藏之书籍已超出六千册，其中且多为成套之专门杂志，今日国内气象、地球物理、地理及其有关科学文献之收集，本所仍为唯一较完备之机关。③

心理学研究所的专门图书期刊"战时播迁颇多损失，正在补充购置之中"。④ 天文研究所的科学图书，多系西文，凡属于天文学，殆均齐备；他与天文学有关者，亦复不少。至于杂志，凡国外重要天文杂志，本所均备，且有整套杂志不少。星表星图亦齐备。此类图书于抗战期间，全部陈设于凤凰山天文台，今则列于紫金山天文台图书室内。中文书籍，抗战时未及全部内迁，故现存者仅极有价值之版本而已。⑤

---

①　王聿均：《战时日军对中国文化的破坏》，《近代史研究集刊》1985 年第 14 期。

②　国立中央研究院文书处：《国立中央研究院社会科学研究所三十一年度报告》，国立中央研究院总办事处 1942 年，第 15 页。

③　《国立中央研究院概况（1928—1948）》，国立中央研究院，1948 年，第 210 页。

④　同上书，第 67 页。

⑤　同上书，第 115 页。

三 工作人员情况分析

关于各所图书管理人员任职条件，中央研究院相关章程有明确的说明。如《国立中央研究院地质研究所章程》第四条规定：本所设图书管理员一人，"管理图书馆一切事务（兼）并办理书报交换事宜"。第五条规定了图书管理员的任职资格及程序，"由所长提请院长选任，但须具有初步地质学上之知识及编目之经验。"

社会所图书系专门性质，与普通图书馆不同，苟无专门人才以主持之，不能购得有用之图书。社会科学包含甚广，学者所学，范围有限，若非研究人员齐心协力，共负搜求之责任，则本所图书设备亦不能臻于完美。因此最近半年中，本所研究人员暂时放弃其本身应做之研究工作，而参加图书设备及整理者不少。十七年度，本所管理图书人员，仅有一位，而本所自行购置及由法制局移交之图书为数至伙，一一为之登记、分类、索引，殊非易事。故半年以来，对于整个计划，尚不能告竣，不过经过一番苦功，目下已有头绪，预计本年内可以刊行分类书目一厚册以便所内外有关私法者之参考。本所搜集图书，务求美备。并注重国内外政府公文，预计二三年后，必能成一极完善之社会科学图书馆。现在已经购到之图书，中日文约 1000 种 8300 册，西文约 3000 种 4400 册，由法制局移交之图书，中日文约 1400 种 8200 册，西文约 1500 种 2600 册。共计中日文图书约 2400 种 15600 百册，西文图书约 4500 种 7000 册，总计 6900 种 23500 册，已计购而未到者尚不在内。①

表 10 – 2 　　　　　　　　中央研究院图书馆人员情况

序号	姓名	籍贯	学历	经历	职务	到院日期	到院年龄	所属机构
1	单不厂	浙江		浙江图书馆馆员	国学图书室主任	1928.10	52	总办事处
2	孔敏中	上海			图书管理员	1932		总办事处
3	沈玠双	江苏			出版品国际交换处图书管理员	1933	31	总办事处

---

① 国立中央研究院文书处：《国立中央研究院十七年度总报告》，国立中央研究院总办事处1928 年，第 233—234 页。

续表

序号	姓名	籍贯	学历	经历	职务	到院日期	到院年龄	所属机构
4	罗庆玉	上海			图书员	1947		驻沪办事处
5	钮步高	浙江吴兴			书记兼图书事务	1932	33	物理研究所
6	丁镇	浙江	东南大学毕业	东南大学助教	助理员兼图书管理员	1929.9		化学研究所
7	王素明	江苏吴县			图书员	1932	25	化学研究所
8	陈颖	浙江平湖			图书管理员兼书记	1932	24	地质研究所
9	张祖远	江苏南京			图书管理员	1933	24	地质研究所
10	马振图	吉林			图书管理员	1935		地质研究所
11	杨惠公	福建思明	闽南寻源书院毕业	厦门青年会干事；厦门女子师范学校教员；厦门大学图书馆职员	助理员兼庶务员及图书管理员	1929.7	35	天文研究所
12	钱逸云	江苏吴县	金陵女子大学学士	无锡中学教员；南京市仙鹤街小学校长	图书管理员	1929.1	24	气象研究所
13	杨樾亭	广东潮安	广州岭南大学毕业		图书员	1928.11	27	历史语言研究所
14	萧克木	江西永新			图书室中文书籍助员	1932	28	历史语言研究所
15	杨玉濂	广东番禺			图书室助员	1932	27	历史语言研究所

续表

序号	姓名	籍贯	学历	经历	职务	到院日期	到院年龄	所属机构
16	赵邦彦	浙江诸暨			专任编辑员兼图书主管员	1933	35	历史语言研究所
17	那廉君	河北宛平			图书管理员	1947		历史语言研究所
18	李 亦	湖北	燕京大学	湖北教育厅统计专员；湖北一女中教员；汉三小主任	图书管理员	1928.2		社会科学研究所
19	陈 汲	江苏无锡	北京女高师毕业		图书管理员	1928.7		社会科学研究所
20	马斌生	江苏无锡			图书管理员	1932	27	社会科学研究所
21	刘炜俊	福建长汀			图书管理员	1934		社会科学研究所
22	郑钟琨	天津			图书管理员	1934		社会科学研究所
23	曹家祥	江苏吴县			图书管理员	1934		社会科学研究所
24	宗井韬	察哈尔怀安			图书管理员	1947		社会科学研究所
25	陈国贤	河北新城			图书管理员	1947		社会科学研究所
26	李孔端	福建林森			图书室书记	1947		社会科学研究所
27	韩启辛	浙江萧山			图书管理员	1947		社会科学研究所
28	罗星照	广西融县			图书管理员	1947		社会科学研究所

续表

序号	姓名	籍贯	学历	经历	职务	到院日期	到院年龄	所属机构
29	袁同礼	河北徐水	美国纽约州立图书馆学校学士	北京大学目录学教授兼图书馆馆长；北平图书馆馆长	图书馆学顾问	1932	38	心理研究所

第四部分

中国现代科学文化共同体的学术
示范与科学考察实践

第十一章 科学文化共同体的学术示范

科学研究成果的主要表现形式是科学家们发表的研究论文和出版的著作。本章主要选取中央研究院院士发表的外文论文为考察对象，分别讨论这一科学精英群体发表论文的数量、学科、刊物等情况，通过实证的分析，来管窥中国现代科学发展的真实图景。他们作为相关学科的权威，不论在研究方向的选定，还是在论文写作的规范、选取发表论文的刊物等方面，都对学术界起着重要的示范作用。

第一节 科学文化共同体发表学术论文的考察

科学研究的成果一般是以论文的形式发表面世，本节选取科学文化共同体中精英的精英群体——院士——为例，以他们发表的论文中最具代表性的外文论文为分析对象，来讨论他们的学术示范作用。

一 发表论文的整体情况

本文对院士发表论文的统计依据 1948 年《国立中央研究院院士录》院士简介中著作目录部分的记载，在《院士录》凡例中，编者对资料来源有明确的说明：（1）由本人直接填送者；（2）转录自国内学术专家调查表者；（3）由本院各研究所填送者；（4）转录自院士候选人提名表者。而且这些资料全部经另抄复本送请本人亲自核实，以此来看，本文所依据的资料具有可靠性。为体现中国现代科学与世界的接轨的特性，本文仅对数理、生物二组院士发表的以外文写作的论文进行统计和分析。

首先，从发表论文的作者来看，经对数理组、生物组 53 名院士发表的论文进行统计，得知他们共发表外文论文 1746 篇，平均每人约 33 篇。但是从个人发表论文来看，此平均数并没有什么参考价值。从表 11－1 中可见，发表论文最多的是生物组的陈克恢，多达 225 篇，发表最少的是周仁、侯德榜和凌鸿勋，均为 0 篇，他们 3 人同在数理组，主要研究方面又同在工程领域，在"院士录"没有收录发表的论文，只收录了他们出版的著作，侯德榜有 2 部外文著作，凌鸿勋有 3 部中文著作。由此可以看出，不同学科特别是理论与实践学科之间巨大的差距。陈克恢长年在美国从事药理学研究，主要用科学方法研究中药，独特的研究领域使他成为中药药理研究的创始人，他在这一领域取得巨大成就，一生共发表论文 350余篇。

表 11 - 1　　　　　　中央研究院院士发表外文论文统计

姓 名	论文数量	姓 名	论文数量	姓 名	论文数量	姓 名	论文数量
陈克恢	225	吴大猷	41	钱崇澍	22	张景钺	5
吴 宪	135	陈省身	38	戴芳澜	21	袁贻瑾	5
苏步青	95	汪敬熙	35	李先闻	20	谢家荣	4
林可胜	89	俞大绂	35	贝时璋	17	茅以升	3
曾昭抡	75	张孝骞	34	秉 志	17	李书华	2
华罗庚	68	李宗恩	29	罗宗洛	17	叶企孙	2
翁文灏	65	王家楫	27	吴定良	17	朱家骅	2
伍献文	60	许宝騄	24	庄长恭	15	姜立夫	1
蔡 翘	54	吴有训	24	殷宏章	12	周 仁	0
严济慈	53	吴学周	24	竺可桢	11	侯德榜	0
胡先骕	51	童第周	24	陈 桢	11	凌鸿勋	0
李四光	49	邓叔群	23	赵忠尧	10	—	—
冯德培	48	杨钟健	22	黄汲清	9	—	—
汤佩松	47	萨本栋	22	饶毓泰	7	总计	1746

其次，从论文发表的时间来看，早年中国在国际上发表的科研论文有限，自 1913 年始，中国陆续有一些学术性的社团建立起来，于是，在国际性的科学期刊中，也陆续出现中国学者的身影。从表 11 - 2 和图 11 - 1中可以看出，发表论文的数量从民国初年的个位数逐步攀升，每年发表的论文都呈稳步上升的势头，到 1936 年、1937 年，达到了最高峰 121 篇。在二三十年代社会处于一个相对稳定的环境，在政治、经济、文化、教育都取得一定发展，以中央研究院为代表的一些国立科研机构相继成立，随着大批留学生陆续归国，国内大学的科学教育水平也迅速提高，开始逐渐

缩小与世界先进水平的差距，这些都促进了教学和研究的进步。到抗战之前，中国的科学研究逐步发展，进入发展的黄金时期，众多的科研成果涌现出来，科学也开始确立了它在中国现代社会中的地位。但是，1938年文献量陡然下降至63篇，几乎下降一半。之所以出现这样的变化，与科学研究的环境有莫大的关系。1937年，日军大规模入侵，几乎摧毁了刚刚形成一定基础的各类大学和科研机构，严重影响了中国现代科学的发展。即使从发表论文的角度来看，也可见战争对科学研究的破坏极其严重。由于战争的原因，耽误了中国几乎一代学有所成、处于科研巅峰的科学家，并影响到几代学人的科学事业，中国的科研事业遭受了灭顶之灾，以致在之后多年都难以恢复。

表 11-2　　　　　中央研究院院士发表外文论文年度数量

年份	论文数量	年份	论文数量	年份	论文数量	年份	论文数量
1913	1	1922	20	1931	78	1940	90
1914	0	1923	29	1932	77	1941	53
1915	1	1924	24	1933	86	1942	50
1916	3	1925	46	1934	94	1943	47
1917	2	1926	42	1935	112	1944	61
1918	4	1927	62	1936	121	1945	62
1919	5	1928	55	1937	121	1946	34
1920	13	1929	76	1938	63	1947	48
1921	9	1930	70	1939	63	1948	8

二　发表论文的学科分析

中国现代科学的发展在学科分布上是很不均衡的，这一特点也体现在科研机构的数量与研究成果方面。通过对1746篇论文的学科分布进行统计，得出如下结果：数学226篇，物理学139篇，化学249篇，地质学151篇，气象学11篇，工程学25篇，动物学156篇，植物学128篇，医学68篇，药理学225篇，人类学17篇，生理学273篇，农学78篇。各学科论文的比例情况如图11-2所示。从这些数据可以清晰看出各学科成果的多寡，其中生理学、数学、化学、药理学数量最多，都超过200篇；动物学、地质学、物理学、植物学次之，各学科论文数量在100篇以上，

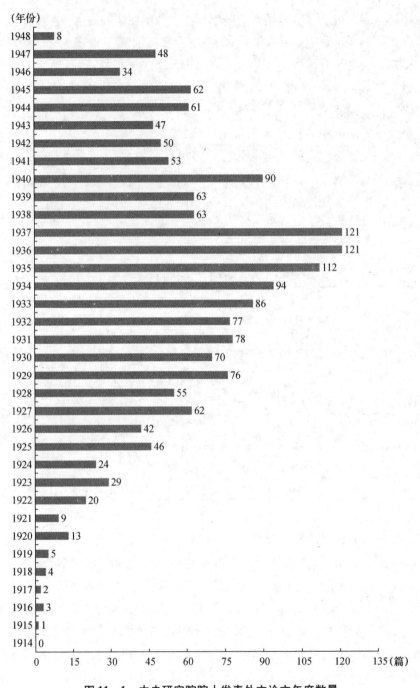

(年份)

图 11-1　中央研究院院士发表外文论文年度数量

其他学科都不足 100 篇，数量最少的是气象学的 11 篇。但是，若以各学科人数平均，药理学人均最多，该学科只有陈克恢1人，225篇全部由他完成；工程学人均最少，只有5篇，该学科5人中有3人没有发表外文论文。

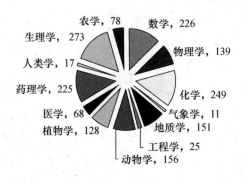

图11-2　中央研究院院士发表论文学科分布

我们可以用1948年院士选举时的情形来佐证院士们的学术成就。在1948年院士选出后即有人批评，有些院士是"政客"，并点名朱家骅、王世杰、翁文灏、王宠惠4人，然而他们终究不得不承认王世杰和王宠惠早年在法学上的成就，也不得不承认翁文灏是中国地质学的奠基人。不过，批评者对代理院长职务八年的朱家骅就不免冷嘲热讽了。汤佩松后来就说：推荐朱家骅的理由是"研究德国侏罗纪石灰岩、主持两广地质调查所，奠定华南地质研究基础"，名不副实，因为朱家骅的著作目录仅列有拿到博士学位时的两篇论文，明显是从1923年以后就不再做研究了。郭金海认为，有5位院士是因为主持学术机构有功而当选的，他们是翁文灏、周仁、凌鸿勋、张元济和周鲠生。本节主要讨论数理、生物两组院士的发表论文情况，姑且不讨论张元济与周鲠生。剩下3人当中，翁文灏曾经长期主持地质调查所，仅就发表的外文论文来说，有65篇，已数不少，虽然他长期担任国民政府的高官要职，但并未影响其学术地位。周仁主持中央研究院工学研究所，凌鸿勋是最有名的铁路工程师、交通大学前身上海高等实业学堂校长。其中，翁文灏和凌鸿勋虽然是政府高官，但其在地质学和铁路工程学的专业方面都有开拓性的成就，周仁从1915年到1937年只发表过3篇中文论文，凌鸿勋只是出版了几部中文著作，不过他们在各自的领域仍做出了不小的成就，并且，限于学科性质的关系，发表的论文数量确实过少。回到 1948 年院士选举来看，在确定院士当选资格时，理论上，院士资格是以学术成就为认定依据，但是为了顾虑中国学术界的现状，也另外增加了一条标准，就是领导学术机构有贡献者也可以当选，这在很大程度上肯定了他们的学术功绩。

对中国近现代科学分支的发展情况，一般的认识认为地质学、生物学、农学等具有地域特点的学科发展得较好，纯理论的学科如物理、数学等学科发展较慢。但本节对科学家发表的外文论文的考察与此并不完全相符。论文数量排在前列的反而是数学、物理学、化学等学科。这种现象背后的原因有待做进一步研究，而医学是与人类生存和社会发展联系最密切的学科之一，在当时的中国，由于贫困、战乱等诸多因素，使得医学研究的社会需求尤其紧迫与强烈，因此成为 20 世纪上半叶走在中国科学研究工作最前端的研究领域。

三 发表论文的刊物分析

据笔者统计，物理组、生物组院士的 1746 篇外文论文主要发表于 281 种期刊之上，平均每种期刊发表论文 6.2 篇。这些刊物分布于世界各地，除一些由国内科学学会主办的刊物之外，主要是美国、日本、法国、印度、英国等国的一些国际著名刊物。统计结果表明，发表在 *Chin. J. Physiol*（《中国生理学报》）的论文最多，达到 197 篇之多。在这些刊物中，除一部分是国际性的科学刊物外，由中国的科学学会或科研机构出版的刊物也发表了不少外文论文，如中央研究院动植物研究所办的 *Sinensia*，中国地质学会办的 *Bull. Geol. Soc. China*（《中国地质学会志》），中央研究院的 *Acad. Sinica Science Record*，中国化学学会的 *Jour. Chin. Chem. Soc.*（《中国化学会志》），中国数学学会的 *J. Chinese Math. Soc.*（《中国数学会学报》），这些刊物的编辑多是科学文化共同体的精英，他们以专业的精神使这些刊物成为发表科学成果的重要阵地。

表 11-3　　　　　　　　　　刊载 10 篇以上论文的刊物

序号	刊名	数量（篇）
1	*Chin. J. Physiol*	197
2	*J. Pharmacol & Exp. Therap*	69
3	*Sinensia*	62

续表

序号	刊名	数量
4	*Proc. Soc. Exp. Biol. & Med.*	55
5	*Bull. Geol. Soc. China*	49
6	*J. Physiol*	49
7	*Cont. Biol. Lab. Sci. China*	39
8	*Phys. Rev.*	38
9	*Tohoku Math J.*	34
10	*J. Am. Pharm. A.*	33
11	*C. R. Acad. Sci. Paris*	30
12	*Acad. Sinica Science Record*	28
13	*Sci. Quart（Peking）*	24
14	*Japanese J. Math*	23
15	*Quart. J. Exp. Physiol*	21
16	*Am. J. Physiol*	20
17	*Jour. Chin. Chem. Soc.*	20
18	*Bull. Fan. Mem. Inst. Biol.*	20
19	*Ber. Deut. Chem. Gesellsch*	14
20	*J. Chinese Math. Soc.*	13
21	*J. Biol. Chem.*	12

　　发表于国外科学刊物，能够更为直接地反映出中国科学的真实水准，表 11－4 统计的是发表论文篇数较多的国外科学刊物的情况，在表中所列 18 种刊物中共发表论文 448 篇，已占到全部论文的 25%，可见已形成一定数量的核心期刊。对这些刊物的评价，我们可以参考 Thomson ISI 在 2003 发布的 11 个科学领域全球最具影响的十大期刊，在物理学学科 *Physical Review* 排名第 3，在生物学与生物化学学科 *J. Biological Chemistry* 排名第 6，在药物学与毒理学学科 *J. Pharmacol. Exp. Therap.* 排名第 5，可见这些刊物一直是各学科的重要刊物，也可印证在这些刊物上发表的论文是具有很高水平的。

　　除将科研成果以学术论文的形式发表以外，编著出版自然科学著作，也是树立科学研究的规范、宣扬科学文化的重要手段。科学文化共同体与自然科学著作出版之间的联系主要体现在如下两个方面：一是共同体成员编著科学著作，二是共同体成员主持科学著作的出版工作。明确了这一关系，即可将二者有机地联系起来。

表 11−4　　　　　　　　发表论文数量较多的国外刊物

序号	刊名	数量（篇）
1	*J. Pharmacol & Exp. Therap*	69
2	*Proc. Soc. Exp. Biol. & Med.*	55
3	*J. Physiol*	49
4	*Phys. Rev.*	38
5	*Tohoku Math J.*	34
6	*J. Am. Pharm. A.*	33
7	*C. R. Acad. Sci. Paris*	30
8	*Japanese J. Math.*	23
9	*Quart. J. Exp. Physiol*	21
10	*Am. J. Physiol*	20
11	*Bull. Fan. Mem. Inst. Biol.*	20
12	*Ber. Deut. Chem. Gesellsch*	14
13	*J. Biol. Chem.*	12
14	*Sci. Reports Tohoku Imp. Univ.*	11
16	*Nature*	8
17	*Amer. J. Math.*	6
18	*J. London Math. Soc.*	5

笔者曾对民国时期出版的科普著作的出版情况进行了全面的考察①，在对科普著作的作者情况进行分析时，发现科学家是科普作家的重要成员，科学家除积极创作科普著作外，还主持出版了大量科普著作，这些对科学文化在社会文化中的确立、发展起到重要作用。如竺可桢、翁文灏、杨钟健、秉志等人均参与了科普著作的创作。中国现代的科学家，始终以科学救国为己任，科学普及也是他们科学事业的重要组成部分之一。竺可桢认为，科学研究的提高与普及是相辅相成的，越是高级科研人员，越应

---

① 参见夏文华《民国时期科普图书出版史初探》，《科普研究》2013 年第 2 期。

带头进行科普宣传，一个科学家从事科普工作的成绩，应该计入他对科学事业的贡献之内。在半个多世纪的科学生涯中，竺可桢坚持带头进行科普工作，撰写科普书籍，成为科学家进行科普的典范。再如郑贞文、任鸿隽等人。郑贞文长期担任中华学艺社总干事和编辑主任，为传播近代科学知识、发展教育事业做出了贡献。郑贞文在科普著作出版方面的重要贡献是主编了《少年自然科学丛书》，该丛书 1927 年初版，共 12 编，出版后广受好评，1943 年又由重庆商务印书馆重新编排出版，共收 32 编，内容涉及数学、物理学、化学、地理学、动物学、植物学、气象学等多种学科，几乎包括了近代自然科学的各个领域，内容丰富、体裁新颖、文笔流畅、叙述生动，是当时流行颇广的一套青少年科普读物。同郑贞文领导中华学艺社一样，任鸿隽和杨孝述也长期领导中国科学社的工作。他们发起组织中国科学社，创办中国科学图书仪器公司，并先后创刊《科学杂志》《科学画报》。抗战期间，又组织出版《土木工程丛书》《电工技术丛书》《科学画报丛书》等大量科技书刊，这些科普著作在传播科学知识、提倡科学方法、鼓励科学研究、提高民众科学素质方面，显示出它们的积极作用。

在对科普著作的出版机构进行考察时发现，作为近代中国出版业的重镇，商务印书馆在科普著作的出版上也扮演着重要的角色。到 1932 年前后，商务印书馆拥有职工 4500 人，全国各地分馆有 85 处，成为中国最大的文化出版企业。据统计，1936 年仅商务印书馆一家出书即达 4938 种，占当年全国出书总数的 52%。作为科学文化共同体重要成员的张元济、王云五等人长期领导商务印书馆，以多样的方式促进了科学文化的发展。

第二节　科学文化共同体与科学期刊

科学期刊的刊行、科学教育的普及和科学共同体的形成是现代启蒙运动的先决条件和这一运动的有机部分。通过科学知识的普及、科学思想的宣传和科学组织网络的形成，一种新的文化氛围得以出现。

中央研究院各研究所出版过多种科学刊物，在《国立中央研究院概况：1928—1948》中对各研究所出版的刊物有专门的记载，如：地质研究所出版的刊物有：（一）专刊甲种——已出版至第七号；（二）专刊乙种——已出版第二号；（三）中文集刊——已出版至第十一号；（四）西方集刊——已出版至第十六号；（五）丛刊——出版至第六号。动物研究所，"本所历年研究结果，大部分发表于本所刊行之丛刊。在抗战期间内，丛刊出版，从未间断，现在已出十八卷。仍利用丛刊以交换国内外其他动物学或与斯学有关之杂志，以充实本所图书馆内容。"① 心理学研究所，该所刊物原有专刊及丛刊两种，前者到 1948 年已出十期，后者已出四期。嗣后该所论文多送中国生理学杂志刊载，间亦有送美国生理学及神经学杂志刊载者，以省经营印刷之烦。抗战后论文除中文二篇外，均送美国杂志刊载，先后共计有三十一篇。② 表 11 – 5 列出了据相关资料查到的中央研究院出版的刊物。

表 11 – 5　　　　　　　　　中央研究院各所出版的刊物

序号	刊名	创刊年	出版地	主办单位
1	《国立中央研究院历史语言研究所集刊》	1928	广州	历史语言研究所
2	《社会科学杂志（1930 年）》	1930	上海	社会科学所
3	《国立中央研究院地质研究所丛刊》	1931	南京	地质研究所
4	《国立中央研究院社会科学研究所集刊》	1932	南京	社会科学研究所
5	《国立中央研究院化学研究所集刊》	1930	南京	化学研究所
6	《气象年报》	1933	南京	气象研究所
7	《国立中央研究院天文研究所专刊》	1933	南京	天文研究所
8	《国立中央研究院社会科学研究所专刊》	1933	南京	社会科学研究所
9	《国立中央研究院地质研究所专刊》	1936	南京	地质研究所
10	《中国考古学报》	1936	上海	历史语言研究所
11	《国立中央研究院天文研究所集刊》	1942	南京	天文研究所
12	《国立中央研究院地质研究所专刊乙种》	1947	南京	地质研究所
13	《国立中央研究院地质研究所集刊》	1949	南京	地质研究所

在本节，着重以植物研究所出版的《植物学汇报》为案例，探讨该刊物与早期植物学的发展，并以此管窥中央研究院各研究所出版的科学刊物。

---

① 《国立中央研究院概况（1928—1948）》，国立中央研究院，1948 年，第 162 页。
② 同上书，第 333 页。

中央研究院是民国时期"全国最高的学术研究机关",其任务在于"实行科学研究,及指导联络奖励学术之研究"。作为中央研究院的 13 个研究所之一,植物研究所"历年来研究之成绩,颇为中外植物学界所重视"①。该所的研究成果集中发表于 1947 年创办的英文刊物 *Botanical Bulletin of Academia Sinica*(中文刊名为《国立中央研究院植物学汇报》,本文简称《植物学汇报》)。该刊物 1947—1949 年共出 3 卷 12 期②,刊登了 88 篇植物学论文,这 3 卷《植物学汇报》基本可以反映出植物所的研究旨趣与学科概貌。鉴于中央研究院的学术地位,以《植物学汇报》为中心讨论植物研究所的工作,甚至当时全国的植物学发展趋势,是有合理性的。本节通过考察植物研究所的沿革、学科建设、刊载论文、作者群体、刊物特点等内容,探讨在特定的历史时期,《植物学汇报》这份刊物的特殊价值与意义。

一　植物研究所创办刊物概况

植物研究所的前身,可追溯至中央研究院自然历史博物馆时代。该馆自 1930 年 1 月正式成立时,即分动物、植物二组,植物组主持者为秦仁昌。1934 年自然历史博物馆改组为动植物研究所,王家楫任所长,仍分动物、植物二组,以邓叔群任植物组主任,设置高等植物学、真菌学与植物病理学两个研究室。抗战时期所内组织及经费紧缺,研究人员苦于为生计奔波,研究工作很难开展。到 1944 年动植物研究所拆分为动物研究所和植物研究所,植物所仅三四人而已,实验仪器屈指可数,生理研究室则一无所有。在动植物研究所时代,植物组的研究工作,都在室内,且以分类为中心。自分立设所,到 1947 年时,经过艰难发展,已设置 8 个研究室。

动植物研究所一分为二,是不同学科发展的必然结果。但据史料表明,人事之间的关系也是促成这一结果的重要原因,"由于动植物研究所的内部龃龉,研究植物的学者始终认为遭受主持所务的动物学者欺压,要求另外成立植物研究所"③,有鉴于此,时任代理院长朱家骅聘请罗宗洛

---

① 《植物研究》,引言,行政院新闻局,1948 年,第 1 页。
② 《植物学汇报》第 3 卷第 4 期编辑于 1949 年 12 月,出版于 1950 年 5 月,此处为统计方便,按其编辑时间,将其计为 1949 年。编者在第 4 期刊登"启事",称"本期出版后,本书之出版及编辑事宜,将由中国科学院出版编译局办理"。
③ 《中央研究院》八十年院史编纂委员会:《追求卓越:"中央研究院"院史八十年(卷一)》,"中央"研究院 2008 年,第 40—41 页。

负责筹备建立植物研究所事宜。自中央研究院动植物二所分立后，原有刊物 Sinensia 成为专门刊载动物学研究成果的期刊，植物所须另有专刊，以供发表材料之需。故自1947年3月起发行季刊《植物学汇报》，推举邓叔群担任总编辑。后因福建省政府邀请邓叔群赴闽主持调查森林，事实上难以兼顾《植物学汇报》之编辑，遂聘任段续川为专任编纂，继续负责。编辑部鉴于国内刊物出版之日期，常与实际相差甚远，对于国际学术之信誉所受影响甚大，因而对于该刊的出版日期尤为注意，规定必须在出版月份内寄出。《植物学汇报》所载内容皆为本所研究人员成果，因而对于该刊物非常重视，力求在内容与外观上取得进步。在时局动荡，纸荒及印刷费高涨严重的情况下，植物所表达出在艰难中努力维持的意愿："本所同人当同心协力，继续刊行《植物学汇报》，非逼不得已，绝不停刊。"①

"一个学术团体，精神与工作的表现，百分之九十要在刊物上努力。"② 吴承洛的言论代表了民国时期科学家对科学刊物的普遍态度。《植物学汇报》为英文刊物，这与民国时期科学家们的办刊理念有莫大的关系，自近代以来，科学便被赋予救国、强国的重任，作为科学成果的载体，科学刊物的内容与形式很大程度上体现着科学的水平。为提高中国科学的国际地位，便于在世界范围内广泛地进行学术交流，当时多数科学刊物都使用外文进行刊印，以便与国外科学机构交换刊物、互通声气，从而引起国际学术界的关注，传达中国科学家的声音。

二 《植物学汇报》的内容与植物所学科建设

《植物学汇报》刊载的88篇植物学论文，按学科分支来看，高等植物分类学最多，有21篇，其次为藻类学20篇，森林学、植物生理学各14篇，植物形态学10篇，细胞遗传学5篇，真菌学、植物病理学各2篇。除高等植物分类学外，藻类学的研究也主要处于采集、分类、定名的阶段，总体看来分类学的论文比重较大。植物分类学在植物各分支学科的发展中起着先导作用，它是其他植物学科发展的基础，"分类学为研索生物科学之基础，品种不明，其他皆无所建立"。③ 大概由于学科性质及中国植物非常丰富的缘故，植物分类学在中国近代植物学初期发展阶段就得

---

① 《国立中央研究院植物研究所年报（1948）》，国立中央研究院植物研究所，1949年，第1页。

② 郭保章：《中国现代化学史略》，广西教育出版社1995年版，第61页。

③ 张孟闻：《中国生物分类学史述论》，《中国科技史料》1987年第6期。

到了优先发展，并较长时间保持着优势。20 世纪前半叶，是中国植物分类学发展的高峰期。据统计，在 1949 年以前发表的植物学论文中，分类学的占到 72%。① 当时国内重要的植物研究机构均以植物分类学作为工作重点。如"静生生物调查所成立之时，即以调查我国动植物资源为职志，同时对所采集到的标本主要予以分类学的研究。此项事业在其 20 年的历史中……始终未曾放弃"②。"北平研究院植物学所……以调查采集植物，开展分类学研究为主要工作内容。……植物标本的采集是植物学所最为重要之工作，在其建所二十年中，无论条件如何，始终未曾松懈。"③ 北平研究院植物研究所的研究"在事实上之需要，侧重高等植物之分类方面，下等植物，仅以余力稍事顾及而已，惟薛苔菌藻等物，范围至广，其研究方法，与高等植物不尽相同"，也被纳入研究范围。"植物研究所工作范围，暂以植物分类为主体，并同时涉及植物生态，及分布上诸问题……然后再将研究之植物区域推广，并涉及植物分类以外各种问题。"④

中央研究院植物所前期的工作主要在分类学和形态学方面，后来在植物生理学、细胞遗传学等方面也有所建树，但整个时期内成绩主要在分类学方面。⑤ 1944 年植物研究所独立罗宗洛担任所长后，调整研究思路，认为国内其他植物研究机构如北平研究院植物学研究所、中山大学农林植物研究所、静生生物调查所的研究方向，大都集中于中国植物之调查与种类之鉴定。"此种工作，自甚重要，但不足以代表纯正植物学研究之全体。科学之进步，一日千里，生理、形态、生态、细胞、遗传等科学之研究，固需要设备完善之实验室，即以分类而论，单凭外产形态之观察而行记载之时代，已属过去，今日分类学之研究，必须根据细胞学、遗传学、生态学、生理学等之基础，始能达斯学之目的。"⑥ 自此植物所的研究方向与之前发生很大变化，除分类学之外，还进行生理学和细胞遗传学、实验生

① 中国植物学会：《中国植物学史》，科学出版社 1994 年版，第 167 页。

② 胡宗刚：《静生生物调查所史稿》，山东教育出版社 2005 年版，第 62 页。

③ 胡宗刚：《北平研究院植物学研究所史略（1929—1949）》，上海交通大学出版社 2010 年版，第 9—19 页。

④ 《国立北平研究院植物学研究所概况》，《广东教育月刊》1933 年第 11 期。

⑤ 姜玉平、张秉伦：《从自然历史博物馆到动物研究所和植物研究所》，《中国科技史料》2002 年第 1 期。

⑥ 《国立中央研究院植物研究所年报（1944—1947）》，国立中央研究院植物研究所，1948 年，第 3 页。

物学的研究，只是囿于经费和实验设备的匮乏，致使工作进展缓慢，研究工作并没有实质的进展。通过考察这几个分支学科发表在《植物学汇报》上的论文数量，可以管窥中国学者开创新局面的努力以及受客观条件限制而不能深入开展研究的艰难。有学者认为，民国时期中国学界有留法学派与英美学派之分，在植物学研究领域中，亦有明显的分野。不同学派主持的研究机构彼此皆以对方为竞争对手，激励自己为中国植物学作出更多学术成绩。① 这似乎可以作为罗宗洛在植物学领域大举革新的一个理由。

现代中国的科学发展有一个明显的特征，即注重科学应用问题，"中央研究院最重要的，最有实用的职务是利用科学方法，研究我们的原料和生产，来解决各种实业问题。"② 抗战期间，"为适应当前需要，多注意有关抗战建国各项实际问题之研究工作。"③ 就植物所而言，该所"为纯粹学术之研究机构，仅可埋头于学理之研讨，不必侈谈应用。然际此国步艰难之秋，理应配合国家之需要，图学术之应用，期有助于国计民生"。④ 因而，在抗战期间该所的大部分精力，"转移于植物病理及虫害研究上，以科学的方法来防止并扑灭植物的病害虫，而增加我们战时粮食的出产。"⑤ 植物所的研究强调植物与民生的密切关系，他们认为粮食、蔬菜、果树、木材、颜料、生药、纤维、植物油等方面，其材料之搜寻增产，利用方法之改良，多半属于植物学之研究范围。抗战期间，邓叔群认为在植物学方面"最重要而迫切之工作，即为天然林之管理。……如设施得宜，一二年后，既能有收入，且可源源供给木材，以应现时各种建设紧急之需求"。⑥ 鉴于中国林业问题，远较植物病理学为重要，于是邓叔群等人远赴西部边地调查森林，这些工作从《植物学汇报》上发表的为数不少的森林学论文得到印证。

三　《植物学汇报》作者情况分析

《植物学汇报》3 卷 88 篇论文由 30 位作者完成，独立署名的有 74

---

① 胡宗刚：《北平研究院植物学研究所史略（1929—1949）》，上海交通大学出版社 2010 年版，第 22 页。

② 丁文江：《中央研究院的使命》，《东方杂志》1935 年第 2 期。

③ 朱家骅：《抗战以来中央研究院之概况》，《学思》1942 年第 11 期。

④ 《国立中央研究院植物研究所年报（1944—1947）》，国立中央研究院植物研究所，1948 年，第 3—4 页。

⑤ 《抗战中的中央研究院》，《教育杂志》1939 年第 2 期。

⑥ 邓叔群：《今日中国之森林问题》，《经济建设季刊》1942 年第 1 期。

篇，占84%；署名两人者11篇；署名三人者3篇。1948年，植物研究所共有职员29人，其中研究人员24人（专任研究员6人，兼任研究员1人，专任编纂1人，专任副研究员2人，助理研究员6人，助理员8人），这24人分属8个研究室，每个研究室平均才3人。有限的人员分布于不同的研究方向，因而科研工作主要靠独自完成，此或是独立署名的论文高达84%的原因。数量有限的合作署名的论文多是同一研究室的研究员指导助理员进行研究的成果，如饶钦止指导黎尚豪、黎功德进行藻类学研究，李先闻指导李正理进行细胞遗传学研究等。除所内合作外，还有所外合作的方式，如1948年李先闻和李正理赴台湾与糖业公司甘蔗研究所协作，开展关于甘蔗的细胞遗传学和育种与栽培实践问题的研究，期间与屏东甘蔗研究所所长骆君骕合作撰写论文刊登于《植物学汇报》。另外，《植物学汇报》虽然以刊载本所研究成果为主，但作为全国最高学术机关的刊物，仍刊载有非本所专职研究人员的论文，如时任复旦大学农学院教授钱崇澍的论文也见于该刊。

　　笔者查阅了相关资料，编制成"《植物学汇报》论文作者情况统计表"，对《植物学汇报》作者的情况进行了分项统计。从学历来看，担任研究员职务的7人均具有博士学位，其余助理研究员以下人员大都毕业于国内大学；从毕业学校来看，具有博士学位的绝大多数留学于美国的学校，如哈佛、康乃尔、斯坦福等名校，只有罗宗洛留学于日本北海道帝国大学。毕业于国内大学的主要集于浙江大学、中央大学、金陵大学等植物学教育开展较好的学校；从职称来看，研究员、副研究员、助理研究员、助理员秩序井然，虽然人数不多，但能保持合理的职数，有利于学科梯队的建设。表中所列的作者大都是当时及日后中国植物学各个领域的权威，尤其是8个研究室的负责人均是当时国内各自研究领域的领军人物。罗宗洛、李先闻、邓叔群、钱崇澍4人当选为1948年中央研究院首届院士，邓叔群、黎尚豪、王伏雄、钱崇澍、罗宗洛5人日后还当选为中国科学院的学部委员。其他如李正理、林克治等人之后都取得博士学位，成为著名的植物学家。他们将研究成果发表于《植物学汇报》，对植物学研究起到了示范作用。通过如上分析，可以看出《植物学汇报》作为民国时期全国最高学术机关在植物学领域的重要期刊，形成了一支结构合理、科研水平很高的作者群体，这是刊物健康发展的重要保障。

表 11−6　　　　　　　　　　《植物学汇报》论文作者情况统计

姓名	毕业学校	学位	职　称	论文数量（篇）
饶钦止	密歇根大学	博士	研究员	14
裴　鉴	斯坦福大学	博士	研究员	10.5
邓叔群	康乃尔大学	博士	研究员	8.5
周太炎	金陵大学	学士	助理研究员	8
黎尚豪	中山大学	学士	助理研究员	5.5
王伏雄	伊利诺大学	博士	研究员	4
喻诚鸿	西北农学院	学士	助理员	3.5
周重光	西北农学院	学士	助理研究员	3
何天相	广东勷勤大学	学士	助理研究员	3
金成忠	浙江大学	学士	助理研究员	3
汤玉玮	加利福尼亚大学	博士	副研究员	3
唐锡华			助理员	2
柳大绰	中央大学	学士	助理研究员	2
罗宗洛	北海道帝国大学	博士	研究员	1.8
李先闻	康乃尔大学	博士	研究员	1.6
刘玉壶	中央大学	学士	助理员	1.5
魏景超	威斯康辛大学	博士	研究员	1.5
倪晋山	浙江大学	学士	助理研究员	1.3
黄宗甄	浙江大学	学士	助理研究员	1.3
夏镇澳	中央大学	学士	助理员	1.3
李正理	清华大学	硕士	助理员	1.1
刘锡珏	金陵大学	硕士	助理员	1
钱崇澍	哈佛大学	博士	教授	1
何长谦			助理研究员	1
林克治	金陵大学	学士	助理员	0.5
涂敦鑫	俄亥俄大学	博士		0.5
黎功德	中正大学	学士	助理员	0.5
陆定志	浙江大学	硕士		0.5
罗士苇	加州理工学院	博士	教授	0.5
骆君骕		博士	台湾屏东甘蔗研究所所长	0.3

注：论文数量的统计，独立作者的计为 1 篇，两人作者的各计 0.5 篇，三人作者的各计 0.3 篇。

四　《植物学汇报》的特点与影响

中央研究院在民国时期出版的专业期刊，有专刊、集刊、丛刊、定期刊等几种形式。专刊（Monograph）对专门问题有透彻研究而自成体系，集刊（Memoir 或 Scientific Papers）、丛刊（Contributions from）为单独或多篇印行的研究报告或论文，定期刊（Bulletin）又分年刊、季刊、月刊和周刊。中央研究院 13 个研究所出版的科学刊物以专刊、集刊、丛刊等形式居多，如《国立中央研究院化学研究所集刊》《国立中央研究院地质研究所丛刊》《国立中央研究院天文研究所专刊》等。期刊是具有连续性、周期相对固定性、编辑方针的确定性、内容多样性、作者众多性、篇幅相对固定性、形式固定性、种类众多性，装订成册从而具有物化性的出版物。以此定义来衡量，中央研究院各研究所主办的刊物中，《植物学汇报》更具科技期刊的特征。与其他的专刊、丛刊、集刊相比较，《植物学汇报》具有难能可贵的特点：（1）从刊物的内容来看，除中国近代植物学的主要成就——分类学之外，扩展了学科门类，引领了植物学的发展方向；（2）从刊物的形式来看，采用民国时期较为流行的外文文本，可见从一开始，编者就把刊物定位很高，强调与国际学术交流的意义；

（3）从刊物的作者来看，该刊作者的主体是中央研究院植物研究所的职员，作为全国最高学术机关的研究人员，他们长期坚守科研阵地，积累科研成果，拓展研究领域，为植物学的发展起到了示范作用；（4）从刊物的周期来看，与中央研究院其他各所，以及国内其他植物学研究机构如静生生物调查所、国立北平研究院植物研究所等出版的科学刊物多以随意性较大的刊期不定的专刊、丛刊、集刊的形式相比，《植物学汇报》克服种种困难，坚持按期（季）出版，没有延误，具有明显的时效性与规律性，是真正意义上的"期刊"。

1948 年底至 1949 年初，中央研究院总办事处、史语所和数学所分批迁往台湾，其他各所均留在大陆，植物所归入稍后成立的中国科学院。1951 年中国科学院植物分类研究所编辑出版《植物分类学报》，它是《植物学汇报》《静生生物调查所汇报》《国立北平研究院植物研究所丛刊》等刊物的整合与继续。1954 年迁往台湾的中央研究院决定恢复植物研究所，该所于 1960 年出版英文期刊 *Botanical Bulletin of Academia Sinica*，中文名为《中央研究院植物学汇刊》，"汇刊"与"汇报"一字之别，仍可视为《植物学汇报》的延续。作为中央研究院出版的一份标准意义上的科学期刊,《植物学汇报》存世时间较短,但是海峡两岸两处最高学术机构的植物学期刊,都延续着《植物学汇报》的基因,从这一点来看,《植物学汇报》具有重要的科学史价值与文化意义。

第十二章　科学文化共同体的科学考察实践

与科学家在实验室内的科学研究、教室内的科学教育相比，组织有一定规模的野外科学考察活动所产生的社会影响更大。中央研究院各研究所组织过数量很多的野外科学考察活动，本章以 1928 年中央研究院首次组织的"广西科学调查团"在广西的科学调查与 1948 年"中美积石山科学调查团"两次在社会上引起广泛关注的科学考察活动为案例，讨论这 20 年间中国科学文化的发展，通过两次相隔 20 年的科学考察活动截然不同的结果，表明社会环境对科学活动、科学文化的重要影响。

第一节　"广西科学调查团"的科学成就与文化意义

1928 年中央研究院组建"广西科学调查团"远赴广西进行科学调查，经过近 9 个月的调查，采得大量珍贵的动物、植物标本及活物，并调查瑶山族群的风土人情，直接促成了自然历史博物馆的建立，对相关学科的发展起到了一定的推动作用。1928 年 4 月，尚在筹备期间的中央研究院与广西当局积极接洽，组织"广西科学调查团"远赴广西，着重对该省地质矿产、动植物、农业、气象以及人种学等方面进行调查。这是近代以来第一次由政府出面组织的大规模综合科学调查活动。本文对广西科学调查团的发起、组建、成绩进行梳理，并探讨其在科学文化上之价值与影响。

一　广西科学调查团的组建

"广西科学调查团"的组建得益于三方面原因。首先，中央研究院正处于积极筹建之中，开展科学研究是该院的重要工作之一。"方今革命将告成功，吾人对于本国文化之发展，及一切建设之根本问题亟应予以彻底之研究。惟现在全国专门人才，为数尚属有限；而各地方值干戈扰攘之余，秩序尚未恢复者居多。倘从事研究者，各自为谋，东涂西抹，势必致所得结果，不成系统；人才事业，两不经济。中央研究院有鉴于此，将于各研究所告成之时，就各省中选定秩序最佳，科学材料最称丰富之广西一省，尽先施行科学调查计划。"①

其次，20世纪20年代，有学者敏锐地意识到中国生物种类在世界上的地位，认为中国生物种类之多，素为世界重视，但由于我国科学落后，尚未有人对我国生物作精密的调查。历来所见有关中国生物记载，多出自外国人之手，这是中国科学界的耻辱。为促进我国生物科学的发展，查明各地物产实际情况，以供国家开发利用，实属刻不容缓的事情。广西省内有大片的原始森林，生物资源丰富，而且居住着众多的少数民族，其语言、习惯、风俗、民情，都没有经过专门考察，应列为首选调查的对象。② 有鉴于此，辛树帜起草了一份赴广西大瑶山考察的计划给中央研究院，该计划受到蔡元培、李四光等人的重视。

最后，除得天独厚的地理优势外，当时广西特殊的政治环境也是中央研究院选择该省作为科学考察对象的重要原因。20世纪二三十年代，虽然当时的中国因北伐的成功取得表面上的统一，但各地新兴的政治势力仍使中国各省处于各自为政的局面。广西则在"新桂系"的统治下，实行了一些有利于广西经济文化进步的措施，使广西取得"模范省"的赞誉；同时，"新桂系"还十分重视省外的宣传，通过各种途径邀请中外人士来广西参观考察，扩大其政治影响。来访人士通过各种渠道，以不同的方式宣传了"新桂系统"治下广西的政治、经济、文化等情况，对广西的各项新政赞许有加。美国学者艾迪说，"在中国各省中，在新人物领导之下，有完全与健全之制度，而可以称为近乎模范省者，唯广西一省而已。"③ 正是处于这种独特的政治环境下，中央研究院得以与广西省达成了组建"广西科学调查团"赴广西进行科学考察的合作。

总之，科学事业的发展要求与政治局面的自保要求达成一致，最终促

①　《大学院中央研究院广西科学调查计划概略》，《大学院公报》1928年第4期。
②　姜义安：《我国著名科学家辛树帜考察大瑶山》，《金秀文史资料》（第5辑），政协金秀瑶族自治县委员会，1990年，第59页。
③　艾迪：《中国有一模范省乎？》，《莅桂中外名人演讲集》，广西省政府编译委员会，1930年，第8页。

成了这次科学调查活动的成行。此次科学调查的经费十分充裕，原因在于，其一，此项调查，为中央研究院实现科学调查计划之第一次，大学院极为慎重，对于经费之准备，甚为充实；其二，广西省政府以为此次调查，因属发展中国之文化之先声，而对其本省之将来建设上，亦大有帮助，故除竭力保护及招待之外，并予以相当之补助。① 该团在途经上海时，又得到广西大学筹备委员马君武及广西建设厅长盘珠祁之捐助不少。因此，该团的科学调查经费，颇为充实。

二　广西科学调查团的调查经过及成绩

"广西科学调查团"于 1928 年 4 月 18 日出发，12 月完成采集，次年 1 月 6 日返回南京，前后历时将近 9 个月，全程约 3600 里。采集成绩甚佳，"其成绩之优良，前所未有"。② 此次调查不仅获得丰富的动植物标本，也为中央研究院决定建立自然历史博物馆奠定了物质基础。

（一）植物学调查经过与成就

植物组由秦仁昌负责，4 月 18 日，该组随同调查团由南京出发，经上海、香港等地，于 5 月 16 日抵达柳州，与当地官员略事接洽，议定调查路线，并设办事处于柳州第四军第三师司令部，由林应时负责，为各组互通声气之总机关。部署既定，即着手调查。向西北进行，经宜山，抵罗成，留五日，将采集队组织就绪。分地质农林为一队，动植物为一队，分途调查。动植物队由此北进至三防墟之九万山，及黔桂交界处之苗山采集一月；次西向行，经宜北、思恩、河池、东兰、凤山等县，而抵滇、黔、桂三省交界处之凌云县，时人种组由百色来此调查境内苗瑶诸人种，略事接洽，即赴境北之青龙猺马诸山采集，该山系南岭主峰，高达 5800 余尺，内多苗瑶等少数民族所居，动植物极为丰富，采集一月，折向南行，至百色，自此分动植物为两队，植物队南行，入滇边之八角山采集，历时一月，后仍折回百色，顺左江东下，与动物队相遇于南宁，时正值林应时亦自柳州来此，遂议定动物队溯江赴龙州，植物队南行，往上思县境南之十万大山，是山自安南东迤而来，横亘于两粤之间，长达七百余里，地居亚热带，林木茂密，在此采集一月，仍循原道转南宁，回柳州。12 月 2 日，

① 《广西科学调查团之近况》，《申报》1928 年 8 月 29 日第 12 版。
② 董光璧：《中国近现代科学技术史》，湖南教育出版社 1997 年版，第 714 页。

采集工作结束。[①] 此次采集，历时 6 个月，所得标本之丰富，实开国内历届采集之新纪元，于 1929 年 1 月 6 日运至南京从事整理。之后秦仁昌根据采集标本完成《广西蕨类之新种篇》《中国蕨类专篇》。

植物组采得植物标本中颇多新种，为世人所珍视者。除供本院学者进行研究之外，此次广西调查团所采集的标本，经专家鉴定之后，即以其副本与国内外生物研究机关或专家交换，使国产动植物在世界学术界得到普遍之认识，并借此搜集国内外各地所产动植物材料于一处，以供国内学者之参考与研究。通过标本交换的方式很快得到国内外学者的响应，如美国加利福尼亚大学农学院院长植物学专家麦拉尔博士（Dr. E. D. Merrill）来函，愿以在我国云南省所采集之植物标本，寄与中央研究院，以交换广西植物。国内广州岭南大学与南京金陵大学标本室亦来函，愿与交换广西植物。

（二）动物学调查经过与成就

动物组采集活动由方炳文、常麟定主持。1928 年 5 月 1 日至梧州，即就附近采集西江鱼类；10 日，启行赴柳州，随其他各组赴宜山、罗城等县，略事采集，即偕同植物组北入黔边之罗属三防之九万山苗山一带，作一月之采集；次西向行，经宜北恩恩、河池、东兰、凤山等县，历时半月，始抵凌云县，作一月之采集，于其附郭及青龙猺马诸山之动物，所得颇多；更折向南行，至百色后，动物组先东下，9 月 12 日抵南宁，即留驻采集一月，于桂省中部平原动物，搜获不少；10 月 12 日，转西行，赴桂越交界之龙州，作桂省南部之采集，留驻一个半月，计往返龙州西部之水口关及峒桂墟凡四次，所得哺乳类动物甚多，尤以在峒桂之成绩为最佳；11 月 30 日，始首途返南宁，将所得标本加以整理，即转柳州回京，至 1929 年 1 月 6 日，回到南京。[②]

此次所经采集区域，为广西省与贵州、云南等省交界之处，以及中部平原，因而采集所得动物兼及高山及平原动物。总计所得哺乳动物 291 号，鸟类 1400 余号，爬虫类、两栖类、鱼类共 1400 余号，总计脊椎动物共 3100 余号，无脊椎动物如昆虫、蜘蛛、介壳、软体、环虫、圆虫等类，不下 5000 枚。在科学调查尚在进行过程中时，钱天鹤及时对调查成果进行整理，撰文推介，他对调查团在 9 月之前的工作简要整理，撰成《广

---

① 国立中央研究院文书处：《国立中央研究院十七年度报告》，国立中央研究院总办事处，1928 年，第 240 页。

② 同上书，第 241 页。

西科学考查团成绩之一斑》一文，刊登在《科学》1929 年第 9 期上。调查团工作结束之后方炳文完成《广西新爬岩鱼类之研究》，常麟定完成《广西鹎鹩科之鸟类研究》。

表 12 - 1　　　　钱天鹤所作截至 1928 年 9 月动物组所获标本统计

类别	哺乳类	鸟类	爬虫类	两栖类	鱼类	无脊椎动物类
种数	30 +	210	50	32	700	700
只数	60 +	1000 +	200 +	328	1030	3000 +
杂记	内有狗熊二；死猴二；活猴九；飞虎一；竹鼠一；七节狸一；果子狸一；此外尚有头盖骨 40 枚	内有多种为著名研究中国鸟类家法国人 La Fouche 氏所未知者	双头蛇一；无足四脚蛇一；龟七种；蛇多种；此外为南京博物馆所无者甚多	蛙类及 Tree frogs 甚多；此外为国内各地博物馆所无者甚多	内急流淡水鱼为国内各地博物馆所无者甚多	圆虫；扁虫；环虫；甲壳类；多足类；软体动物均各，蝴蝶，蜻蜓，豆娘等之采集更为可观

（三）人类学调查经过与成就

1928 年 7 月 22 日，中央研究院社会科学研究所民族学组派颜复礼、商承祖随同广西科学调查团，到广西凌云调查瑶族的生活与文化。颜复礼、商承祖由百色到凌云，集中时间进行实地调查，其调查区域为凌云北部方圆七百里，全部线路八百余里，前后入山总共三次。第一次入山考查红头瑶人，在凌云之东北方；第二次调查蓝靛瑶，在凌云之西北方；第三次调查盘古瑶、长发瑶，偏凌云之西北方。调查内容涉及上述四个瑶族支系名称、住宅、生活、形状、风俗、承继权、祖先崇拜、巫风、结绳废木、养蜂、捕鸟索、社交、瑶头等各方面。记录了凌云四个瑶人族群的数字、身体各部、亲属关系、动物、一般物品等不同称谓，记录了他们的形容词、动词、短句子、瑶人之间相互的名称。他们将调查结果加以整理，写成《广西凌云瑶人调查报告》，1929 年由中央研究院社会科学研究所作为专刊第二号印行，"实为中国民族学实地调查最早之作品"①。

《广西凌云瑶人调查报告》包括以下几个方面的内容：（1）广西省概

---

① 徐益棠：《中国民族学之发展》，《民族学研究集刊》1946 年第 5 期。

要；（2）调查范围及结果；（3）凌云瑶人语言之比较的研究，及其与傣族语言之关系；（4）凌云瑶人传述中之瑶族来源；（5）凌人与广东韶州瑶人之交互关系；（6）根据地名研究瑶人分布之情形；（7）从凌云瑶族中采集之民族物品录。[①] 该《报告》是早期研究瑶族的论著，对凌云瑶人的风俗习惯及其历史详加叙述，只是限于当时条件的简陋与环境的艰苦，整个报告只记载了几个瑶族支系的生活习俗和少数语词，显得有些粗疏简略，也没有得到太多比较研究后的结论，明显还需要进一步调查研究。在调查中他们还特别注意民族学标本的搜集，1929 年中央研究院社会科学研究所藏有文物标本三类近 200 件，其中一类就是广西的瑶族标本。

三　广西科学调查团的科学文化价值与影响

此次历时半年多的科学调查活动取得了较为理想的结果，直接促进了自然历史博物馆的成立，并为中国生物学、人类学锻炼了队伍，推动了田野调查的发展，并在社会上传播了科学文化。

（一）促成了自然历史博物馆的建立

中央研究院此次派遣广西科学调查团，赴广西采集动植物标本，并调查地质及当地少数民族的风俗、人种等，半年之中，采得动物标本有哺乳动物 40 多种，290 多头；鸟类 330 多种，1400 多只；爬虫类 50 多种，200 多只；两栖动物 30 多种，330 多只；鱼类 100 多种，700 多尾；无脊椎动物 700 种，5000 余枚。另获得活动物猴、豹、豪猪等 20 余头。植物标本 3400 余号，3 万余份，其中木本植物超过半数，其余为草本及蕨类植物等。地质及少数民族风俗、人种的调查也获得了丰富的材料。中央研究院认为必须聘请专家来从事研究，决定创办博物馆，作为研究和展览的机构和场所，于是便有了自然历史博物馆的成立。1929 年 1 月，蔡元培院长聘李四光、秉志、钱崇澍、颜复礼、李济、过探先及钱天鹤七人为博物馆筹备处筹备委员会委员，以钱天鹤为常务委员。当月 30 日，筹备委员会开会，决定博物馆定名为国立中央研究院自然历史博物馆。筹备过程中，通过职员名单、筹拟计划，装置标本，修建房屋，布置园场等项工作相继完成。至 1930 年 1 月筹备大致就绪，取消筹备处，由院长聘钱天鹤为主任，李四光、秉志、钱崇澍、李济、王家楫为顾问，自然历史博物馆

---

① 国立中央研究院文书处：《国立中央研究院十七年度报告》，国立中央研究院总办事处，1928 年，第 234 页。

正式成立。

博物馆不仅开展标本采集、研究工作，还建有陈列室和动物园，向公众进行科学普及宣传。自然历史博物馆"除研究国产动植物之分布及类别外，对于提倡生物学之研究，增加一般人民对于生物学之常识，唤起其研究之兴趣，素来甚为注意。故特辟陈列室两间，将历年在广西及四川两省所采集之动物标本，分类陈列，加以详细说明，俾阅者一览而知中国生物之丰富，及种类之奇特，油然而生研究之心。同时搜罗各地野生动物，豢养园中，使人民略知各种动物生活之状态，以补充其对于生物之常识"。[1]

（二）锻炼了动植物学、人类学队伍

1928 年 4 月 21 日大学院专函广西省政府，称"本院广西科学调查团，现派李四光、郑章成、孟宪民、林应时、钱天鹤、秦仁昌、方炳文、常继先、陈昌年、唐瑞金准于本月二十四日乘俄国皇后号出发前赴贵省，深恐人地生疏，动多不便、用特函请查照，并祈赐予便利"。[2] 其中李四光、孟宪民负责地质及矿物调查，郑章成、方炳文、常麟定负责动物调查，秦仁昌、唐瑞金负责植物调查，钱天鹤负责农学调查，此外尚有陈昌年、林应时随同帮助一切。又根据计划，在科学调查团出发一二月后，大学院方面尚有气象学家竺可桢及人种学家前往调查。[3] 此次参加广西科学调查团的人员中既有著名的科学家，也有后起之秀，通过此次科学调查活动，加速了学术成长，大多成为所属专业的佼佼者，在本学科的发展中起到了重要作用。

李四光、竺可桢当时在科学界已享有盛名，二人长期担任中央研究院地质研究所所长和气象研究所所长职务；郑章成（1885—1963）是著名生物学家，颜复礼（F. Jaeger，1886—1957）是德国著名汉学家。其他如方炳文、秦仁昌、商承祖等主要调查者日后也成为相关学科领域的重要专家。方炳文（1903—1944），1926 年毕业于国立东南大学，曾担任中央研究院自然历史博物馆研究员，从事动物学研究。1938 年，赴法国巴黎博物馆从事鱼类研究。方炳文在鱼类形态结构学、分类系统学研究方面多有

---

① 张晓良：《自然历史博物馆的科普工作》，（2012 - 10 - 25），http：//www.ihb. ac. cn/gkjj/lsyg/200909/t20090924_ 2518359. html。

② 《为本院派科学调查员前往该省请予便利由》，《大学院公报》1928 年第 6 期。

③ 《大学院广西科学调查团昨日出发》，《申报》1928 年 4 月 25 日第 7 版。

创见，澄清我国鱼类分类学研究中存在的许多疑问。他在鱼类学研究方面的成名，即始于广西研究水生动物。秦仁昌（1898—1986），中国蕨类植物学的奠基人，毕业于金陵大学林学系。曾任东南大学教师、中央研究院自然历史博物馆技师。1929 年起先后赴丹麦、英国、瑞典、德国、法国、奥地利等国作植物学研究。1932 年秋回国，任北平静生生物调查所研究员。商承祖（1900—1975），德语语言文学家，早年随祖父在德国学习。1924 年毕业于北京大学德文系。1934 年获德国汉堡大学哲学博士学位。唐瑞金，出身于举世闻名的制作动物标本的世家，其时有"南唐北刘"之说。唐家在动物标本制作上对中国乃至世界有重大贡献，唐家的家族技艺通过高等院校和科研机构参与见证了中国现代自然学科、尤其是生物学科的发展轨迹。唐瑞金在此次科学调查中主要承担标本制作的工作。

（三）促进了民族学田野调查的发展

在中国民族学学科创建之前，中国学者对于民族学方面的田野调查缺乏足够的认识。到 20 世纪 20 年代，虽然已有一些民族方面的调查和采风之类的报告和文章发表，但限于时代条件，多数调查存在缺陷。由于民族学作为一个专业还没有建立起来，在田野调查方面的认识难以统一，许多学者在探讨民族学的有关问题或运用民族学的观点分析问题时，多从文献资料、特别是古代史料入手，长于文献的分析和考证，并没有认识到田野调查在民族学研究中的意义和作用，也没有进行实地调查的经验。20 世纪二三十年代，各类专门化的研究机构纷纷设立，有组织的科学田野调查广泛开展，众多人类学家、民族学家在动荡的社会环境中，怀着满腔热情，脚踏实地地追求"科学救国"的理想，他们为人类学在中国的发展播下了燎原的"火种"，打下了坚实的基础。特别是 1928 年中央研究院成立之后，社会科学研究所和历史语言研究所开始有组织、有计划、有系统地对中国社会展开调查研究。此次颜复礼、商承祖等人参加广西科学调查团，前往广西对瑶族进行调查，被视为"开创中国民族田野调查的先河"。[①] 在此之后，中央研究院组织了各类田野调查，如 1928 年 8 月底，史语所派遣黎光明到四川进行民物学调查，于 8 月自上海出发，12 月再由成都西行，"经灌县、汶川、理番、茂县，对于沿途之羌民土民及杂谷

---

① 黄钰、郝时远：《广西民族调查的回顾》，《田野调查实录——民族调查回忆》，社会科学文献出版社 1999 年版，第 208 页。

人等，均有调查。"次年 4 月又到松潘，"以其地为中心点，四出调查西番及博猕子等之民情风俗"，6 月初调查结束，返回成都。① 再如 1929 年初，林惠祥赴台湾进行高山族调查；1929 年 4 月，凌纯声与商承祖赴东北进行满—通古斯语民族的调查。这些调查活动为中国人类学界留下了丰富的田野调查资料，培养和锻炼了一批研究骨干，这既是一个通过田野调查尝试将人类学理论与中国各民族的实际材料相结合进行研究的过程，又是一个人类学中国本土化的实践过程。

作为中央研究院组织的第一次大规模科学调查活动，广西科学调查团取得了不错的成绩，虽因各种原因，未能如起初规划的那样在地质矿产、动植物、人类学、气象学等方面都取得全面、丰富的成果，特别是在地质、气象学方面，工作没有实质的进展，但在植物学、动物学以及人类学方面的调查确实为中国官方组织科学考察活动开了一个好头，已属难能可贵。对 20 世纪前半叶，处于战乱频仍，地方势力各自为政的大环境中的中国科学事业，能在特定的政治环境中，到特定的地域进行科学考察，顺利完成科学实践活动，除一些科学之外的因素起到影响之外，中央研究院所起到的有效组织，尤为重要，此次科学调查活动的成功，也有力地证明中央研究院这种政府主办科学研究机构的组织模式是符合中国现实的。在科学调查活动筹备、进行、结束之后各个阶段，媒体也对它进行了必要的关注，不时向民众发布该科学调查团的近况，相关的学者也及时地撰写文章对科学调查活动进行宣传，起到了一定的传播科学文化的作用。

第二节　积石山探险：一次失败的科研合作活动

1948 年，在中国科学界发生了一起轰动中外的"积石山探险事件"，虽然事后证明这是一起美国富商借科学探险之名的欺诈行为，但在当时备受社会各界关注。本节试图通过对该事件的回溯考察，探究 20 世纪 40 年代中国科学文化发展的真实状况。

一　"积石山探险事件"本末

积石山，相传是大禹治水的起点，黄河的源头。由于所处地域偏僻、

---

① 国立中央研究院文书处：《国立中央研究院十七年度报告》，国立中央研究院总办事处，1928 年，第 217 页。

气候恶劣，地理考察资料匮乏，即使在近代，这一地区都还是"地理上的空白点"。当时误传积石山主峰比珠穆朗玛峰还要高，可能是世界最高峰，遂引起国外探险家的关注。于是美国商人雷诺（Milton Reynold）发起"积石山探险队"，宣称探险经费、设备由他赞助，但"世界第一"高峰要命名为"雷诺峰"。这个倡议在当时引起轰动，国民政府随即许可。

经与国家最高学术机构——中央研究院磋商，1948 年 2 月 7 日中美双方签订《积石山探测约文》，决定将原定的"积石山探险队"改名为"中美积石山 1948 年探测团"，由中美双方科学家共同组建。雷诺担任团长，中央研究院总干事、著名物理学家萨本栋（1902—1949）担任名誉团长，美国波士顿自然科学博物馆馆长华许本（Bradford Washburn，1911—2007）担任科学指导长，组织一个不超过 12 人的考察团。此次考察的主要目标是测量积石山的高度，并考察附近冰川情况，预计探测时间为 3 个月。

按《探测约文》计划，应由美方派出一架专用飞机，运送相关设备和人员至南京及北平与中方有关人士会合，然后以兰州为基地进行探险。但这个计划一开始执行就不顺利，美方以种种借口一再推延。终于等到雷诺等人从美国驾机抵沪，原以为工作即可开展，不料这架专用飞机"探险号"到上海后频繁出事。先是说后油箱漏油，非回美国修理不可。于是雷诺把载来的设备在上海卸下，又加油飞回美国。回到美国雷诺却又宣称，飞机根本没有问题，是在上海加错了油，于是又装上一批物资重新飞回上海。经过往返折腾，时间已拖到 3 月底。3 月 29 日，"探险号"终于从上海起飞，宣称即将飞去兰州基地。尔后几天，飞机却一直在空中捉迷藏。先说是飞汉口接运物资，不料汉口天气不好又转飞北平。在北平又听说兰州天气不好等了两天。3 月 31 日准备起飞，却因飞机跑道松软，把飞机的着陆轮、推进器和机翼损坏，于是又不能起飞。4 月 1 日，天津《大公报》转引英国路透社消息说，雷诺先生宣布："因飞机坏了须长期修理，科学家不便久候，不得不放弃考察积石山的计划。"更令人意外的是，雷诺和探测团中的 3 个美国人于 4 月 1 日驾着"须长期修理"的"探险号"飞机，悄悄从北平飞往上海，次日清晨离沪飞去日本转回美国。然而，中方对此事一无所知，因为前一天雷诺还在南京与萨本栋就探测一事进行商谈，美方专家华许本博士也被弃之不顾，所谓"中美积石山探险"就此以闹剧匆匆结束。偷偷跑去日本的雷诺，在东京公然宣称：

"积石山探险没有成功，钱却已花去了 25 万美元。我若不逃走，钱恐怕会被骗光。"①

据后来了解到的真相是：雷诺的"探险号"飞机第一次来华时，运来大批"原子笔"，名义是为中美合作特地带来送人的，这样就完全免去了进口关税，而这些"礼品"却全部在上海销售出去。之后雷诺又借口修理飞机回到美国再运来一批，也都倾销到中国市场。据知情人透漏，雷诺探险是假，销货是真，待把货销尽，遂借"机"结束。② 所谓"原子笔"，即普通圆珠笔，因当时美国在日本投掷了威力巨大的原子弹在世界上引起巨大轰动，不少商品冠以"原子"名称，有好事者将"ball - pen"译为"原子笔"，称其由原子材料制成，颜色恒定，无须更换笔芯，永远用不完，上市时售价 10 美元一支，利润相当可观。雷诺凭借原子笔的专利权，获利颇丰，被称为"原子笔大王"，他看中了中国广阔的市场，遂借科学考察之名行商业销售之实。

轰动一时的积石山科学探险以闹剧匆匆收场。中国学术界对此表示极大愤慨，进而主张自力完成积石山的探险工作。中央航空公司亦愿无代价由上海或南京派专机一驾至兰州，载运探测人员及探测器材飞往积石山，借以完成雷诺探险队的未尽工作。③ 但终因事实上的困难，自行探测的计划不得不暂时放弃，中国探险团团员也陆续由兰州返抵南京。之后由中央航空公司派出专机对积石山进行空中测量，得出其最高峰不超过 5800米④。1981 年，登山队员首次登顶，测出积石山最高峰为 6282 米。

二 中国科学界对"积石山探险"的态度

1948 年，国民政府忙于战事，无暇顾及科学事业。在抗战前逐步走向正轨的中国科学事业，此时连复原也几不可能，更无从谈起投入大量经费进行新的科研项目。此时美国人雷诺愿出资考察中国地质，国民政府自然乐得同意，并指示中央研究院具体处理此事。时任中央研究院总干事的萨本栋对雷诺一行"热心科学、跋涉来华，表示感谢与欢迎"，并视此事

---

① 《却说雷诺探险》，《大公报》（天津）1948 年 4 月 7 日第 2 版。

② 裴文中：《中美积石山探测队结束之后》，《大公报》（天津）1948 年 4 月 3 日第 3 版。

③ 《积石山探险工作我学术界拟自动完成 中航派专机供给使用》，《申报》1948 年 4 月 8 日第 2 版。

④ 《积石山探测经过一片冰天雪地寥无人烟 最高峰不超过万九千呎》，《申报》1948 年 4 月 18 日第 2 版。

件可"增进两国文化联系"，"中国政府方面对雷诺等此举极力赞助"。①
中国科学界特别是地质学家们对此次中美合作进行科学研究寄予厚望，以
至有专家称其为"伟大的壮举"②，认为科学考察"在这战乱连年民不聊
生的国度里，尤其值得大家重视"③。一些中国科学界人士还积极为探险
一事做前期宣传、准备工作。裴文中（1904—1982）、李春昱（1904—
1988）、李承三（1899—1967）等留学归来的地质地理学家普遍认为此举
是对中国西北地域一次重要的科技开发，纷纷表示愿在各自领域作必要的
贡献。他们多方收集资料撰写论文，分别从地理、地质、历史、考古、气
象等方面对积石山进行阐述。西康省政府顾问庄学本（1909—1984），曾
于1934年至青海南部积石山一带从事考察工作数月，摄有积石山主峰阿
尼玛卿及黄河长江之源等照片甚多，为配合此次雷诺来华的探险活动，分
别于1948年2月20至22日在南京边疆文化教育馆、3月6日至7日在上
海复兴公园法文学会举行积石山摄影展览。④

　　虽然中国科学界对雷诺组织探险一事普遍赞成，但对于积石山地区是
否存在世界第一高峰，却有两种截然不同的观点：一种以黄汲清
（1904—1995）、曾世英（1899—1994）等人为代表，认为该地区不可能
存在8000米以上的高山；而李承三等人则认为大自然的变化不能以理论
概括一切，积石山地区极有可能存在世界最高峰。尽管黄汲清认为："雷
诺探测队是不带军事或政治意味的，它的工作将限于学术方面，我们对于
他的动机和目的自然用不着怀疑。"⑤但他对积石山地区是否存在世界最
高峰有自己独到的见解。他从地理地质学的角度做出科学分析，否定积石
山存在世界最高峰，理由有四：（1）八千公尺以上的高峰截至当时只在
中印边界上才有发现；（2）积石山三面是黄河，一面是高原，而黄河的
高度不过三千多公尺，在这样一个狭窄地带里，忽然要出现比河身高出五
千多公尺的高山实在是反常的现象；（3）大凡高山区域，如喜马拉雅，
如喀喇昆仑，往往是重峦叠嶂，层出不穷，山脉是一条比一条大，山峰也
是一群比一群高，积石山则不然，它是孤零零的，没有旁支的一条山脉，

①　《雷诺招待记者报告探险目的　我决合作派员参加》，《申报》1948年1月24日第2版。
②　李承三：《关于探测积石山》，《大公报》（天津）1948年2月17日第3版。
③　黄汲清：《闻美国积石山探险队来华有感》，《大公报》（天津）1948年2月4日第3版。
④　《积石山摄影展六日起在沪举行》，《申报》1948年3月3日第2版。
⑤　黄汲清：《闻美国积石山探险队来华有感》，《大公报》（天津）1948年2月4日第3版。

两边直降到黄河；（4）就地质构造来说，世界上各大洲的最高山脉都是阿尔布斯造山运动的产物，也都是新的褶皱山，亚洲的喜马拉雅山，欧洲的阿尔卑斯山，北美的洛斯山，南美的安第斯山都是显明的实例。积石山是古生代的褶皱山，是老山不是新山，其高度自然应当要远逊于新褶皱山。[①] 曾世英曾到积石山地区进行地理考察，他以黄河大拐弯处的海拔3400米为参照，目力所及积石山的山头无一积雪，认为高原上要有5000米的高山凸出，这种机会就很少，遂断定积石山最高峰不会超过8000米。

李承三否认黄汲清、曾世英的推断，认为站在距积石山还有三四百公里的黄河大拐弯处，以目力所及而决定青康高原的地形，是不可靠的。并以西康高原的贡嘎山为例，认为以平面海拔来测定山峰的高度必存在较大误差。并分析积石山系一地垒块状山，黄河循其南北断层线而流，或其中部受了大体内侵岩之冲入，皆可造成超越的高度。尽管他们对积石山的高度存在分歧，但都寄望于雷诺探险队能破解此谜。并提出一些科学问题寄望探测团予以关注，如第四纪冰川的分布、冰川消失与地域平衡作用、黄土生成与冰川的关系、矿砂沉积与冰川的关系等。[②] 国民政府官方代表萨本栋则认为积石山是否为最高山，并无足轻重，如果能通过此次的探险充实中国科学知识的库藏，即为收获之一。

尽管中国科学界对雷诺组团进行积石山探险普遍热衷，但仍有一些中国科学家对此持谨慎态度。在雷诺一行来华不久，即有学者对雷诺探险的真实意图提出质疑。著名人类学家刘咸（1901—1987）认为："雷诺探险队之来华，颇为突兀……事前毫无所闻，中外报章，亦无记载，只是据传现正与中央研究院当局洽商中。雷诺到南京后，始招待记者，发表谈话，说明五项目的，介绍三五队员，其无周详准备，可见一斑。要知探险工作，带有危险性质，非事前详细计划，妥为筹备，难免不临时偾事，遭遇困难。而且雷诺探险队的一部分经费得自美国生活杂志社之捐助，是该探险队实具有浓厚之商业广告色彩。"[③] 雷诺来华探险一事主要通过新闻媒介大肆宣扬，而事先少与中国科研机关取得联系，以至中国科学家们对此大多是道听途说，即使中方负责处理该事的萨本栋，在1月22日接受美

---

① 黄汲清：《闻美国积石山探险队来华有感》，《大公报》（天津）1948年2月4日第3版。
② 李承三：《关于探测积石山》，《大公报》（天津）1948年2月17日第3版。
③ 刘咸：《论雷诺探险队之来华》，《申报》1948年2月2日第2版。

国合众社记者采访时仍谨慎表示："尚未知探险之目的为何，仅据报载得悉目的之一在探寻黄河发源地。"① 第二天即将由中央研究院组织召开记者招待会，而此时中方的负责人尚未知美方的正式探险计划。其他如地质学家黄汲清是"偶从报纸上得悉"②，植物学家郝景盛（1903—1955）亦是"阅报载上海电"得知。③ 如此情形，中国科学家又怎么提前做好准备呢？事实上，雷诺来华的目的早如黄汲清的美国朋友所言，雷诺的行为"不过是一种宣传"④。

雷诺来华探险，其"工作范围、队员选配，事前并无通盘计划，妥善打算，遽尔来华"，因而受到一些中国科学家们的质疑，认为"该队之真正目的，殊有莫测高深之感"⑤，从探险目标、探测手段、人员组成、事前准备来看，美方雷诺等人的工作相当粗略，目标并不明确，也无详尽的计划，显然是在敷衍行事。在人员组成方面，雷诺本人计划探测团团员由 11 人组成，"其中 8 人自美来华，除雷诺及华许本外，为机师奥顿，机械士萨利，历史学家赖维，地理学家高尔斯威，器械专家麦开，摄影专家鲁斯，在华参加者 3 人，一为美军顾问团杨帝泽，一为生活杂志驻华记者杰克，另一为中国最好之地质学家，人选尚未确定。"⑥ 从其构成来看，除华许本、赖维、高尔斯威及一名并未确定的中国地质学家外，其余的人皆无专业考察知识。与此相对，中国方面则"由外交、教育、交通各部及中研院、中央地质调查所、中央气象局、国防部与测量局、空军总部等机关派代表，组成中美积石山勘察团委员会，由萨氏负总责，与华许本洽商合约，我国除派遣科学家外，并有军事联络随行，以保障国际机密。"⑦中方考虑周详，规划缜密，举凡涉及的部门皆有相关人员参与。

至于探测办法，则甚为简单，主要依靠美方宣称的装备了先进仪器的飞机一架。"使飞机依一定高度而飞行，靠近积石山八十里处有一湖宇，其海拔早已由中国之科学家测定，飞机在此目标上空，即以雷达波测出其高度，然后再保持同一高度，飞临积石山主峰之上，再以电波探测，两者

① 《雷诺昨谒王外长》，《申报》1948 年 1 月 23 日第 2 版。

② 黄汲清：《闻美国积石山探险队来华有感》，《大公报》（天津）1948 年 2 月 4 日第 3 版。

③ 郝景盛：《关于积石山探险》，《大公报》（天津），1948 年 2 月 13 日第 2 版。

④ 黄汲清：《闻美国积石山探险队来华有感》，《大公报》（天津）1948 年 2 月 4 日第 3 版。

⑤ 刘咸：《论雷诺探险队之来华》，《申报》1948 年 2 月 2 日第 2 版。

⑥ 《雷诺抵沪、筹划探险，明日晋京与当局商洽》，《申报》1948 年 1 月 20 日第 4 版。

⑦ 《雷诺招待记者报告探险目的　我决合作派员参加》，《申报》1948 年 1 月 24 日第 2 版。

高度之差数，即为积石山主峰的高度。""本队现有致力者，仅为空中测量，至于精确之地面测绘，须有经年之辛苦工作，此则尚待中国科学家之进行。"[①] 众所周知，野外考察是一种需要严密组织、协调与合作的科学活动，强度极大，需要大量人力、财力的投入，更要在野外花费大量时间从事资料收集工作。以中央地质调查所为例，即便在抗战最艰苦的时期，在只有 70 多位研究人员的前提下，仍派出半数以上人员进行野外调查。[②] 在雷诺一行来华不久即有中国学者对他们的探测手段提出质疑：探险活动系野外科学研究，尤非个人沽名钓誉之举，必须事前确定目标，充分准备，专家计划，方可策万全。绝不可能仅仅依靠几个人驾着飞机即可完成诸多科学任务。作高山探测，至少须有气象、地理、地质、动物、植物，以及测量、物理各科门之专家，共同合作。运用飞机进行航测摄影，可利用雷达测定山峰之位置及附近山脉之走向，并绘制地图。便若调查冰川，研究地形，更得有冰川地质学专家与地形学专家参加工作。[③] 在雷诺潜逃之后，为顾全国体，中国科学界决定"自力探险"，萨本栋认为"惟须陆空并进，延揽国内气象学、地质学、地理学、人类学、动植物学等专家，重为组织"。[④]

积石山探险事件以闹剧收场后，深深刺激了中国的科学家，认为以后再遇此类国际合作事件，尤宜"慎重将事，勿蹈覆辙"。同时积极呼吁组织国内科学家进行积石山探险，认为此时此地意义之重大，迥异寻常，一则可以表现中国科学之独立性，不必定须外力；二则可雪此次之耻辱，一正国院之视听；三则可作真正之学术贡献，确定积石山主峰之高度，永保原有之名称。……如果能借雷诺事件为契机，引起政府当局、社会贤达和科学专家对科学探险事业的重视，共同发起，迅速促成，不仅为科学之幸，亦是国家之福，受雷诺欺诈不但不足为国人病，转而可促进中国地质科学事业的发展，塞翁失马，安知非福。[⑤] 虽然由于战事频仍，中国自力组织对积石山的科学探险活动并未取得实质性进展，但中国科学家们当时

---

① 《华许本博士对记者报告探测积石山计划　已与我中央研究院商定》，《申报》，1948 年 3 月 3 日第 2 版。

② 张九辰：《地质学与民国社会：1916—1950》，山东教育出版社 2005 年版，第 11 页。

③ 刘咸：《论雷诺探险队之来华》，《申报》1948 年 2 月 2 日第 2 版。

④ 《自力探测积石山，萨本栋主张陆空并进》，《申报》，1948 年 4 月 28 日第 2 版。

⑤ 刘咸：《论自力探险的重要》，《申报》1948 年 4 月 12 日第 2 版。

积极奔走表达出强烈的致力科学事业、实现科学救国的殷切之情。

三 对"积石山探险事件"的文化反思

在 20 世纪 40 年代，经过百年的科学输入，特别是 20—30 年代新文化运动对科学的宣传，唤起了整个知识界和民众对科学的崇拜，国人对科学的认识逐步加深，科学在社会生活中扮演着越来越重要的角色，科学文化成为社会文化的主流，以致产生对科学的迷信。而"对科学的崇拜代替对科学基本原则的遵从，不仅容易使人背离科学，而且容易使各种非科学的东西打着科学的牌子横行于世"①。地质学因其特殊的社会经济价值，成为中国近代最容易引起社会重视的一门学科。从某种意义上讲，地质学是中国近代科学的先行学科。② 雷诺借"科学探险"的名义进行欺诈，正是利用了地质学在中国特殊的地位，并抓住了民众崇尚科学的心理。

近代以来外国探险家来华探险的历史，一定程度上也是一部文化掠夺史。自 1840 年始，随着各种不平等条约的签订，中国国门洞开。一些外国商人、军官、传教士、学者等以"探险家"的身份不断到中国来进行所谓的"探险""游历"和"考察"活动，足迹遍及大江南北，长城内外，而以西北、西南和东北地区尤为集中。外国人在中国的活动如入无人之境，一直持续到 20 世纪 30 年代。"从 1862 年到民国创造的五十年间，调查中国地质的工作全由外国人担任。"③ 据有人估计，自 19 世纪中叶到 20 世纪 30 年代，前后有百数十人由外国政府派遣，赴中国沿海、内地甚至深入蒙、藏、青、新等地区进行所谓的"探险"活动。④ 而外国人零星的"探险""考察"更是多如牛毛，数不胜数。这些所谓的"探险"活动，早已引起国内有识之士的警觉。"中华为地球第一大国，原隰衍沃，民物蕃阜，固宜百国所垂涎，年来遍绘地图，辄迹及乎滇、黔、川、陕，其意何居？"⑤ "中国所号为边鄙不毛者，凿险缒幽，无处不有西人踪迹"⑥。20 世纪初，更有学者呼吁："中国者，中国人之中国。可容外族

---

① 董光璧：《中国近现代科学技术史》，湖南教育出版社 1997 年版，第 410 页。
② 张培富：《海归学子演绎化学之路——中国近代化学体制化史考》，科学出版社 2009 年版，第 292 页。
③ 黄汲清：《闻美国积石山探险队来华有感》，《大公报》（天津）1948 年 2 月 4 日第 3 版。
④ 郭双林：《西潮激荡下的晚清地理学》，北京大学出版社 2000 年版，第 38 页。
⑤ 冯桂芬：《校邠庐抗议》，《续修四库全书》（第 952 册），上海古籍出版社 2002 年版，第 544 页。
⑥ 黎庶昌：《西洋杂志》，湖南人民出版社 1981 年版，第 183 页。

之研究，不容外族之探险；可容外族之赞叹，不容外族之觊觎者也。"①

及至北伐成功，南京国民政府建立，中国学术界对外国人随意到中国来探险更为不满。1930 年 10 月 2 日，为商讨外国人来华科学考察之事，中央研究院、内政、外交、军政、教育各部专门召开联席会议。针对当时众多要求来华进行科学考察的外国考察团，区别不同情况给予不同的处理。对不许入境考察的就给予暂缓前往的答复；对准许其入境的，则制定相应的条款进行约束，其条件由中央研究院与教育部会商决定；外国考察团在入境之前，须经中国外交部门准许等。中国方面制定的具体条款如下：（1）由考察团先行拟其考察详细计划书（经过区域、往返路线等须说明）送由使馆代呈政府发交主管机关审核；（2）开叙团员人数及略历；（3）军械照来文所开数目，准携带，但须将护照请由外交部核验，转军政部核准发给准予携带军械执照；（4）测量器具不准携带；（5）中国派员参加考察团；（6）采得标本，半数归中国，以留纪念，其唯一之件，无副件者，应留归中国，该团签订一切条件后，于入境前咨请省政府查照。② 到 20 世纪 40 年代，中国新一代知识分子已经成长起来，他们当中许多人都受过正规的现代科学训练，学术领军人物与骨干多数有留学背景，具备了高深科学研究的能力，而且继承了传统知识分子的爱国情操，国家主权意识空前觉醒，能根据科学活动的规律对探险活动提出自己的见解，维护科学活动的自主性与国家尊严。在雷诺一行来华不久，就有刘咸等科学家从其探险队的组织、性质、目的、行程、时期、队员等方面，对其来华的目的提出了质疑，且这种质疑在《大公报》《申报》公开发表，但并未引起政府和科学界的重视。

中国科学建制的严重破坏，是雷诺骗局得逞的现实原因。20 世纪 40 年代，经过连年的战争，中国的科学事业举步维艰。为了躲避战争的破坏，中国的科研机构不断迁徙，在迁移中大量科学材料遭到破坏和遗失，严重影响着科学工作的正常开展。战时科研机构还面临经费严重不足的困境。国民政府将有限的经费集中于军事，使各研究机构经费严重不足，影响到它们的正常运作。1937 年 9 月，国民政府紧缩文教经费，将原核定各科研文化机构的经费改按七成拨发③，各研究机构的经费随之一一削

① 鲁迅：《集外集拾遗补编》，人民文学出版社 1995 年版，第 2 页。
② 《部院会议 外人来华考查科学办法》，《申报》1930 年 10 月 5 日第 17 版。
③ 萧超然：《北京大学校史（1898—1949）》，上海教育出版社 1981 年版，第 338 页。

减。以地质学为例，即便一向经费充裕的中央地质调查所和中央研究院地质研究所，经费也锐减，仅靠财力有限的基金会赞助维持，不得以便缩编人员，裁撤机构。特别是 20 世纪 40 年代末，由于战争的影响，物价上涨、通货膨胀，经费更加紧张，地质机关已无力进行大规模野外考察。战争还使地质行业从业人员的生存环境急剧恶化，生活甚至生命和学术活动受到严重的威胁，这些都极大地制约了中国地质科学的发展。在科学研究经费严重不足，地质事业濒临停顿的情况下，有人出钱进行科学考察无疑令人欣喜。一些科学家存在这样的心态："我们不出一文钱而能参加合作，真是占了不少的便宜。"① 地质学家翁文灏认为，在资金短缺的情况下能有机会跟外国专家见习见习未尝不可，"所谓中美合作，只不过是那么一回事。他们利用我们，我们何尝不利用他们呢。"② 此虽诚言，实是无奈之举。地质学家李春昱博士拿中央地质调查所全年的事业费及经常费与雷诺探测队两个月的预算经费作了一个比较，得出结论：地质调查所的经费只是雷诺的 1/35。③ 即便如此，仍有很多研究机关连地质调查所为数有限的经费量也达不到，由此可见国民政府对科学事业投入之微薄。

　　迫于现实情况，科学界转而寻求国外的资金援助。而中国的科学研究采取"中外合作"的方式进行由来已久。比较著名的如 1927 年中瑞西北科学考察团、1930 年中亚科学考察团和 1931 年中法科学考察团。但是中国科学界从这种合作方式中受益极少，往往反受其害，不利于中国科学事业的发展。地质学家黄汲清博士回顾 20 世纪 30 年代美国人的亚洲远征队、瑞典人的中亚远征队和法国人的爬行汽车队来中国探险时，认为"那时中国的学术界手足无措，先是反对他们来，继是要求合作，最后组织了所谓中美、中瑞、中法考察团，居然也把局面应付过去了。不幸中国人方面的表现往往欠佳，而中国人又吃喝了他们，花费了他们，他们当然不愿意，结果都免不了'骂'我们，所以我们的'面子'还是没有顾到。"④ 地质学家杨钟健（1897—1979）博士曾参加 1930 年美国纽约自然历史博物馆组织的中亚科学考察团和 1931 年中法科学考察团工作，对所谓"中外合作"的科学考察形式有切身体会。"由于双方在考察所得化石

---

① 李承三：《关于探测积石山》，《大公报》（天津）1948 年 2 月 17 日第 3 版。
② 杨钟健：《杨钟健回忆录》，地质出版社 1983 年版，第 70 页。
③ 李承三：《关于探测积石山》，《大公报》（天津）1948 年 2 月 17 日第 3 版。
④ 黄汲清：《闻美国积石山探险队来华有感》，《大公报》（天津）1948 年 2 月 4 日第 3 版。

归属问题上的矛盾，双方商定，以后如再工作，须有中方参加，名为中美考察团，双方各派团长及人员。但事实上，我方无力出钱，一切要职由外国人担任。在美方看来，中国人似乎是在强迫揩油。不过，好在中国人容易敷衍，故在中文中用一下'中美考察团'的名字，其他一切还不等于美方的?! 由此还可避免将来（化石）运出时的麻烦。但就我方讲，能有人参加考察工作，亦为一机会。"① 事实上，这也是 20 世纪 20 年代末 30 年代初中外合作科学考察的主要方式，即在名称上冠以中国与外国的名号，而事实上多由外国人做主。在这种极不对等的合作形式下，中国科学家最终只能变成局外人。20 年后，美国人雷诺又打着探险的旗号来到中国，而中国科学界仍要以"那一套老把戏对付他们"，"我们的进步在哪儿呢? 提起来，真令人感慨万端!"②

此外，当时中国与美国特殊的关系也是中国科学家们轻信雷诺的重要原因。在欧美文化对中国文化的影响中，美国在 20 世纪前 50 年中扮演了重要角色。作为国民政府的盟友，美国长期对华在文化、教育事业上的投入使国人对美国有特殊的情结。经过数十年庚款留学资助，大批中国科学家具有留学美国的背景，③ 长期在美国学习与生活，使他们在思维方式和心理上对美国有一种自然的信任感。因而对来自美国的援助未加怀疑，即使面对雷诺这个既无学术背景又无官方背景的美国富商，当他宣称要来中国进行科学探险时，科学家们仍表现出热切的期盼，并纷纷准备前期工作。加之雷诺一行来华之后，不断地与中美双方的政府与学术权威机关进行接洽，俨然郑重其事，凭借政府及其学术机关的权威，不由人不相信他是真正要进行科学考察的。事实上，中国科学家对美国的信任是有现实依据的。中国社会进入民国时期之后，美国出于扩大在华文化影响之目的，美国政府和财团设立的各种基金开始资助中国的文教科学事业。例如，"洛克菲勒基金会"就曾对中国医学、生物、化学、物理、地质、考古等诸学科的发展提供了大量资助。1915 年至 1947 年的 32 年间，该基金会

---

① 杨钟健:《杨钟健回忆录》，地质出版社 1983 年版，第 70 页。

② 黄汲清:《闻美国积石山探险队来华有感》，《大公报》（天津）1948 年 2 月 4 日第 3 版。

③ 张培富:《海归学子演绎化学之路——中国近代化学体制化史考》，科学出版社 2009 年版，第 320—325 页。

仅仅用于创建、维持和发展协和医学院的拨款总额即达到 4465 万美元。①
这些有限的资金对中国现代科学体制化的建立，对中国现代科学文化的塑
造起到了重要的推动作用。

中美两国不同科学文化的差异是导致"积石山探险事件"以闹剧收
场的文化根源。美国是一个以商业文化为主导的国家，其价值观渗透于社
会行为的各个层面。除了有像洛克菲勒这样的资本家设立非营利性基金
会、捐资科学文化事业外，更多的是以赚取最大利润为目标的商人，而雷
诺正是这种唯利是图商人的代表。雷诺敢于置国家的利益于不顾，借国家
的信誉来牟取暴利，正是美国重个人、轻国家之商业文化的充分体现。在
当时特殊的环境中，国民政府忙于战事，科学家们出于发展中国科学事业
的急迫心情，不及对外来的援助详加甄别；同时，科学家们受雷诺蒙蔽与
当时中国科学文化尚未完全发育成熟息息相关。中国的科学文化是随着近
代科学的引入而发展起来的，因为中国科学的先天不足，进而导致中国科
学文化存在明显的缺陷。诸如，科学往往屈服于政治权威和金钱崇拜，甘
为附庸，缺少独立性；② 而且，正在形成中的中国科学文化是根植于传统
文化之上的，以和谐、谦逊、礼让、宽容等为核心的传统伦理道德观念深
入人心，在认识事物、处理问题上往往以中庸之道为行为准则，这种文化
品质投射到科学活动中即体现为不轻易怀疑事物，易于相信他人。并且，
当时中国的科学文化远未成为大众的文化。这些缺陷使得中国科学家和民
众在面对美国富商雷诺的骗局时表现出普遍的轻信与盲从，轻而易举落入
彀中，被所谓的"积石山探险"蒙羞，酿成中国现代科学史上的一桩欺
诈丑闻。

20 世纪 40 年代的中国缺乏一个稳定的学术环境，经费短缺，科研基
础相对薄弱，科研计划难以实行，严重影响了科学研究的开展，致使中国
科学事业的发展十分艰难。即使在如此困难的情形下，中国科学家还是表
现出对科学活动本身规律的把握与判断，与早期中国人出于爱国情绪和民
族自尊感盲目反对一切与外国机构、学者的正当合作相比，此时已是根据
科学本身的规律来判定是非。体现出中国科学经过几十年发展的整体进

---

① 转引自李韬《美国的慈善基金会与美国政治》，博士学位论文，中国社会科学院，2003
年，第 60 页。

② 曹效业：《中国科学文化的缺陷与科学精神的失落》，《科学对社会的影响》1999 年第 2
期。

步，反映了20世纪40年代中国科学界整体素养的提升。但同时，也应看出，当时中国的科学建制还不完善，科学文化也存在较大缺陷，加之战乱对科学事业的严重破坏，从而难以对科学合作做出正确判断，反映出40年代中国科学文化建设的不足。"积石山探险事件"是在特殊时期内发生的特殊案例，但它所反映出的问题却具有一定的普遍性。探究此次科学考察活动的曲折过程，分析其文化背景，对于总结中外科学合作的经验教训、全面把握20世纪40年代中国科学发展的真实状况，乃至中国现代科学史的研究均不无裨益。

第五部分

中国现代科学文化共同体的科学文化价值观与影响力

第十三章　科学文化共同体的
科学文化价值观

　　文化价值观主要是指人们在一定的文化环境中对事物价值所进行的衡量、判断和取舍，是人对某种价值取向的坚定信仰和恒定追求。[①] 科学文化价值观包括对科学事业本质的理解、科学精神价值观、科学的道德观、科学的方法论和认识论、科学所产生的社会意义、科学与社会互动关系的理解、科学政策对科学事业的作用等。[②] 中国现代科学文化的一个显著特点是，科学知识与社会生活的密切联系产生于民族主义的潮流之中，因而科学话语构成民族主义话语的有机部分。科学的意义不仅在于它对事物内在规律的理解，更在于一项更高的事业。国家富强、文明福泽与对事物的认识构成了一个意义的连锁关系。殷海光在谈到中国文化的前景时提出，应以道德、自由、民主、科学为核心来创建新的文化。在中国现代科学文化共同体的科学文化实践中，他们致力于将道德、自由、民主的思想融入科学文化的建设当中，使中国现代的科学文化具有别样的内涵。

第一节　科学文化中的学术自由

一　科学研究自由的追求

　　尽管中国现代的科研机构与政府有着千丝万缕的联系，但科研机构的主持者仍竭力追求学术的自由与独立。丁文江认为："国家什么东西都可以统制，惟有科学研究不可以统制，因为科学不知道有权威，不能受权威

---

　　① 戴宏、徐治立：《文化价值观科学功能探讨——以清教伦理与儒家文化为例》，《科学学研究》2010 年第 9 期。
　　② 杨怀中、戴剑：《科普与科技进步和道德建设的良性互动》，曾国屏、刘立：《科技传播普及与公民科学素质建设的理论实践》，内蒙古人民出版社 2008 年版，第 127 页。

的支配。"① "中央研究院能利用它的地位，时时刻刻与国内各种机关联络交换，不可以阻止旁人的发展，或是用机械的方法来支配一切研究的题目"。② 在科研领域，中央研究院作为全国最高学术研究机关，强调"学院自由正是学术进步之基础"，就立场言，更宜注重科学研究之自由精神，学院自由和学术独立由此成为其一贯宗旨。学术独立与自由，是中央研究院最重要的原则。例如 1937 年 5 月首届评议会举行第三次年会时，讨论"调查国内学术研究专业，以为制作全国学术上合作互助方案之基础"等方案时，特别强调此项方案，只是供人参酌采用，绝无强人以必行之意；并说明各机关对于自身工作仍各有自身职权，不受他人干涉。③ 蔡元培一向主张学术研究自由，他不仅不统制其他学术机关的研究，对该院各所的研究工作，也充分顾及所谓"学院的自由"。"西洋所谓'学院的自由'，即凭研究者自己之兴趣与见解，决定动向，不受他人之限制之原则，仍应于合理范围内充分尊重之。盖学院自由，正是学术进步之基础也。……就中央研究院之立场言，更宜注意科学研究之自由精神。"④

　　20 世纪 20 年代末至 20 世纪 40 年代中期，由于现代学术体制的基本建立并日臻完善，新知识分子群体脱离了对政治体制的直接依附，而确立起相对独立的社会身份及自主的学术理念。同时，随着南京国民政府统治基础的逐步巩固，学术研究的国家主义趋向与计划性特征被空前强化。在这一新的时代情势下，学界自身发展如学术社会的建构、知识分子人格自律等事宜相对淡出，如何抵御国家权力的干预与控制，维持必要的教育独立与学术自由，则成为知识界持续讨论并付诸施行的突出问题，进而唤起了广泛的社会关注与认同。中央研究院追求学术独立的精神，从 1940 年院长蔡元培逝世后继任院长的选举亦可窥见一斑。中央研究院因评议会反对政治干涉，自主选举院长候选人，而遭到国民政府的压制，院长一职迟至半年多才得以批准。1940 年 8 月 14 日傅斯年致函胡适时便叹息"选举乃纯是为的'学院主义''民主主义'，闹到此地步，真是哭不得笑不得"，"其后一想，'学院的自由'，'民主的主义'，在中国只是梦话！但

---

①　高平叔：《蔡元培论科学与技术》，河北科学技术出版社 1985 年版，第 271 页。
②　同上。
③　《国立中央研究院评议会第二次报告》，1938 年，第 9—17 页。
④　陶英惠：《中研院六院长》，文汇出版社 2009 年版，第 47 页。

是把先生拉入先生的主义中，却生如许支节，亦是一大 irony［嘲弄］！"①从傅斯年的话语中深刻反映了学术独立过程的艰难。

一个不容忽视的事实是，以研究成果多寡来考量，中国近代以来的科研机构中取得成绩较为突出的多为政府主办的机构。总体来看，政府科研机构无论是其涉及的学科范围，还是其研究实力，都远远超过私立科研机构。政府所办综合机构如中央研究院、北平研究院，专门性机构如中央地质调查所、中央工业试验所等，都取得了难能可贵的成绩。私立的综合机构如中国西部科学院，其研究实力与研究水平与上述政府机构相比根本不可同日而语。相对而言，私立的专门性科研机构如中国科学社生物研究所和静生生物调查所在生物学领域取得的成绩较为突出。在大学科研机构方面，国立清华大学、北京大学、中央大学等不仅聚集了中国的大部分科学精英，而且拥有良好的实验设备，其科研水平与实力也不是一般私立大学所能比拟，个别教会大学如金陵大学、燕京大学因特殊情况，在某些学科方面还是取得了一些成就。这一情形充分说明了政府介入对学术研究的重要作用，同时，也显现出科学研究在现代中国的尴尬境地，科学本来是追求真理，其特征是要求独立，但在特殊的时代背景下，科学研究承担着富国、强国的重任，没有政府的强力支持，科学研究的进展也无从谈起。

《国立中央研究院评议会第二次报告》中称："在院内实行与已设研究有关各科学之研究，一面权衡各科学问题之轻重，以定进行之程序，一面充分顾及所谓'学院的自由'。"②《国立中央研究院三十一年度工作考察总评报告》中称："三十一年度之工作为抗战以来最稳定之时期，惟以限于经费与设备，一切设施未能与预期尽相符合，但全院人员皆能本努力学术之精神，刻苦研究，在极端困难环境之下仍能使一般工作毫无间断。"③ 1942 年，中央研究院取得了一定的成绩，就量的成就方面言，事业计划共列物理、工程、化学、天文、动植物、气象、心理、地质、历史语言、社会科学及数学十一个研究所，研究项目计 52 项，96 目，各所实施结果，其已完成或尚在进行距完成程度不远者计 43 项 108 目，其中，数目超过原定计划者皆为临时增加之研究，较之 1941 年度实施结果，只

① 中国社会科学院近代史研究所：《胡适来往书信选》（中册），中华书局 1979 年版，第477 页。
② 《国立中央研究院评议会第二次报告》，1938 年，第 83 页。
③ 《国立中央研究院三十一年度工作考察总评报告》，1942 年，第 1 页。

达到原定计划64%弱，显见进展。就质的成就方面言，各所主要工作既为研究而研究之成绩往往不以单纯标准判断，故其成绩如何，殊难估量，综核各所各项研究工作，大致可分为三类，即（一）纯理研究，如物理、化学、天文、历史语言、生理、动植物、地质、气象、数学等所全部分或一部分之研究属之；（二）应用研究如工程、化学、社会科学等所大部分或一部分研究属之；（三）综合研究，如征集各专门学者各项研究而归纳之研究等属之。据此可知，其主要工作似偏重于纯理之研究，而应用研究所占成分为少。此种研究趋势在我国科学尚未发达时期自属合理，盖科学之进步，必以纯粹科学为基础。今日我国最感困穷者，在不能发展科学以为国防与经济上之实用，而所以致此之由，仍在缺少纯粹之理论研究以为实用科学之根基。该院似应不惜代价，广罗专门学者，努力于理论之探讨以奠科学发展之基础。①

1948 年 9 月 23 日，张元济在国立中央研究院第一次院士大会上致词，称"抗战胜利，我们以为这遭可以和平，可以好好的改造我们的国家了。谁知道又发生了不断的内战，这不是外御其侮，竟是兄弟阋于墙。我以为这战争实在是可以不必的。根本上说来，都是想把国家好好的改造，替人民谋些福利。但是看法不同，取径不是，都是一家的人，有什么不可以坐下来商量的？但是战端一开，完全是意气用事，非拼个你死我活不可，这是多么痛心的事情！……有人说战争不一定是坏，世界两次大战，有了许多新发明，学术上有很大的进步。但是我们的战争，非但没有什么发明，就是诸位研究所得的一些萌芽，所造成的一些基础，恐怕还要遭到毁灭。人家一天天的猛进，我们一天天的倒退。我想两方当事的人，一定有这样的目标，以为战事一了，黄金世界，就在眼前。唉，我恐怕不过是一个梦想！等到精疲力尽，不得已放下手的时候，什么都破了产，那真是万劫不复，永远要做人家的奴隶和牛马了。我们要保全我们的国家，要和平！我们要复兴我们的民族，要和平！我们为国家为民族，要研究种种的学术，更要和平！"②

从民国时期的整体学术环境来看，学术界努力将政治因素与学术分离，特别是极力避免党派之见对学术的影响。著名经济学家千家驹1932

---

① 《国立中央研究院三十一年度工作考察总评报告》，1942 年，第 1 页。

② 张元济：《刍荛之言》，《科学》1948 年第 11 期。

年从北大经济系毕业后，工作没有着落，胡适主动介绍他到陶孟和主持的社会调查所工作，该所是受中华教育文化基金会资助的独立研究机构，胡适是中基会的董事，陶孟和对他很敬重，对他推荐的人自然乐于接纳。但听说千家驹是北大著名的"捣乱分子"，很有可能是共产党时，陶孟和有些犹豫了，找到胡适商量这个人要还是不要。胡适对陶孟和说："捣乱与做研究工作是两码事，会捣乱的人不一定做不好研究工作，况且一个研究机关，你怕他捣什么乱呢？"1932—1934 年千家驹在社会调查所做研究生，社会调查所与中央研究院社会所合并后，先后担任助理员、副研究员。极力将政治与学术问题分离开来的一个显著的例子，是 1940 年蔡元培逝世后，中央研究院继任院长的选举问题。在这个问题上充分地表现出科学文化共同体这一群体对学术自由的强烈愿望。

但是，同时也应看到在特殊的时代背景中科学对政府的依赖。"然而，这个互相联系并紧密结合的学术带头人的世界的消极面是一个不能忽视的现实，因为全部学术机构是建立在一个自相矛盾的形势之上的。尽管这些科学家和学者竭尽全力从事机构建设，但把他们的目标转变为现实的机会却取决于他们左右政权的能力。"[①]

二　学术研究氛围的营造

中国现代科学文化共同体的核心成员基本都亲身感受过西方浓郁的学术氛围，因而他们一登上历史舞台就自觉地承担了更宽广的责任，即将西方先进的科学和研究氛围移植到中国来。胡适当年所说的"采三山之神药，乞医国之金丹"，[②] 反映出很多人的共同心声。留学虽意味着走"教育救国""科学救国"之路，"医国"毕竟是比教育更宽广的任务，牵涉到众多的领域。留学生从一开始就被赋予或寄予了各式各样超越于学业的重任。这个早期的思路不知不觉中成为有力的传统，到 20 世纪中叶，留学才向以科学为主的"学术"倾斜。欧美留学生在人数上虽然远不及留日学生，但在学业上具有两个优势：一是教育程度比留日学生高；二是学习理工科的比重比留日学生大。[③] 欧美各国科学技术的发达，使欧美留学

① 费正清、费维恺：《剑桥中华民国史》（1912—1949 年下卷），中国社会科学出版社 1994 年版，第 405 页。

② 白吉庵：《胡适教育论著选》，人民教育出版社 1994 年版，第 20 页。

③ 王奇生：《中国留学生的历史轨迹：1872—1949》，湖北教育出版社 1992 年版，第 287 页。

生在对祖国前途的思索中，形成了与留日学生不同的见解。留日学生更倾向于政治革命，而欧美留学生更倾向于"科学救国"。当时中国最缺乏的，莫过于科学。他们认为，介绍西方科学于中国，责无旁贷，也义不容辞。这些知识分子留学归国后往往在学术和科研机构工作。美国的影响同样可见于中国地质学会、中央研究院的十几个研究所、设在南京的国家农业研究院、洛克菲勒公司支持的北京协和医学院和其他一些受益于它的国家卫生机构。这些机构的建立和发展是向西方派遣留学生的结果。①

　　真正将西方科学以整体性的面目介绍到中国来，并使之在中国土地上生根，是由 20 世纪上半叶的中国留学生完成的。这批留学生以科学救国为己任，积极引进科学思想与科学精神，传播科学知识与科技成果，效法西方，通过组织科学团体、发行科学刊物、创建科学研究机构等方式，积极探索中国科技的体制化。通过上述各种手段，留学归国的科学精英向中国社会传播了科学知识，唤起了民众的科学意识。要在毫无科学基础的中国发展科学事业，必须有一个核心的组织起联络、指导和团结人才的作用。

　　吴大猷认为："一个国家的学术根基，就在于人才及学术气氛，有了气氛才能进一步谈学术水准。有了学术气氛和水准即可激动学者从事学术工作，在良性循环下，才能获致更高的学术水准。……学术气氛是无法用钱来提升的，而是要让学者在学术工作中得到一种'愉快'，感到一种'名誉'。学者最需要的也就是能从学术气氛中感受到精神上的鼓励和支持，所获得的是学术声望，研究同侪的推许。这种气氛不仅会激起或维持一个学者对学术的兴趣，而且自己会从内心升起一股内在的后力，逼着自己从事学术研究"②。民国时期的科研机构，尽管因时局动荡而不能维持长期稳定的发展，但以归国留学生为主体的领导者，都尽力为人才培养和科学研究提供相对良好的学术氛围，让研究人员在各个科研机构中不仅感到"愉快"和"名誉"，也感受到学术工作的重要性。以中央研究院、北平研究院、地质调查所、静生生物调查所等为代表的现代科研机构，对中国科学研究良好氛围的形成，产生了积极的影响，留学生中的科学精英对科研机构的价值认识更是对中国科研机构的发展产生了深远的文化影响。

---

　　①　［美］费正清著：《中国：传统与变迁》，张沛译，世界知识出版社 2002 年版，第 553—554 页。

　　②　吴大猷：《吴大猷科学哲学文集》，社会科学文献出版社 1996 年版，第 323 页。

第二节　科学文化中的道德因素

　　抗战期间，全国陷入困境，背井离乡，家破人亡成为民众的常态生活，科学文化共同体的成员并不能幸免。科学家们的家庭同样面临着这样的不幸。他们的家人或因疾病去世，或因抗战而牺牲，但这并未影响他们，反而促使他们更加积极地投身到科学研究当中，以求科学救国的实现。杨钟健在《非常时期之地质界》中写道，"就本人立场来说，国家虽在此危急局面下，尚未解散我们，尚支用国家款项，维持生活，而我们如不能照常工作，试问何以对得起国家，何以对得起在疆场上效命的战士。若云非常时期，没有办法，请问非常时期，我们吃饭否？穿衣否？既在非常时期，一样的要吃饭，要穿衣，那么，为什么不能一样工作，或至少不完全放弃工作。无论所工作者是否与国家有急用，但后方人士，凡与作战无直接关系者，均应谨守秩序，努力工作，乃是当然的道理，如人人存一所事无用，终日彷徨之心，那么后方人心已乱，当然影响到全盘军事，这不是一个爱国的人，所应当做的。至于一个公务员，当然如上边所述，有神圣的责任问题。所以凡是尚未被裁去的人们，能有工作机会的人，应当继续努力，万不可存一毫苟安或得过且过之见。我们现无他术可以报国，但若连最低度的职责也不能尽，真太对不起国家了。"[1]

　　杨钟健认为科学研究的机关应当保持原来的组织而不解体。"我们要组织起来。我们最低限度，要维持原来状况，万勿解体。一解体就是崩溃，就陷入整个的深渊，不能自拔。像保全全国的地质学会，像已有的地质机关，全应当随着国府的计划，走到哪里，跟到哪里。必要时或须缩小，但组织必须保存，藉以推动一切。"还提倡一切工作当求其实用俭省。"我们的工作，应当照常进行，但应当计算用最低限度的钱，求最大的效果。我颇感觉到以前我们的出版实在太浪费了，不必要的图，不必要的表，可以尽量节省。如许多外国出版物，不留空白，每篇均接上篇竖排，我们实应效法。又如有的古生物志，其图版与说明均两边印，如此即可省去一半的纸张。不重要的表述与记述，可以用小号字排，也可以省出

---

　　① 杨钟健：《非常时期之地质界》，《地质论评》1937 年第 1—6 期。

许多篇幅。试想许多有钱的国家，尚且如此办，我们枉费纸张，替外国推销生意，岂不可叹。至于纸张，也可以用次一等者印刷。欧战期中，无论德国或协约国，许多科学出版品，甚至现在俄国许多专门刊物，全用报纸印刷，但并不曾减了他们的声价。我们要注意内容，不能十分顾及形式，所以关于出版品，鄙意以为可乘此时期，大加紧缩，以节经费，这不过举一例言之，至于其他方面之可以节省者，当然也应当节省，是不待繁言的。"①

　　抗战期间一些科学家也经历了丧妻失子的痛苦，如翁文灏的次子翁心翰在抗战中牺牲。1938 年 12 月 1 日，翁心翰以优异的成绩毕业于中央空军军官学校第八期飞行科驱逐组。最初，翁心翰被分配到第三大队任飞行员，负责成、渝上空防御，保卫陪都重庆。1944 年 2 月，26 岁的翁心翰与周勤培在重庆家中结婚，航委会主任周至柔亲任证婚人。婚后，上级欲派他到运输大队去工作，但被他坚决地谢绝了，他不愿因为是部长的儿子而受到特殊的照顾。战争尚未结束，他更不愿离开战斗的岗位。他常说："我从不想到将来战后怎样，在接受毕业证书的时候，我就交出了遗嘱。我随时随地准备着死。" 9 月 16 日，翁心翰率队飞赴桂林上空作战。完成任务返回途中，在广西兴安境内发现敌人阵地，歼敌心切的翁心翰主动率两僚机"低飞扫射，战果至佳"。但飞机不幸被敌炮击中，罗盘损坏，翁心翰左腿也受了伤。在这样的情况下，翁心翰仍率两僚机挣扎驾机返营，飞至贵州三穗县瓦寨乡时，因储油用完，试图迫降。他沉着指挥所属各机依次择地着陆，一机落泥地，一机落河沟，人机均未损伤。待他迫降之时，平软之处已被占满，而油已耗尽，不容犹豫。结果机头触上地面石梗，产生巨烈震动，翁心翰"右额破裂流血甚多，胸膛受震亦伤，立即不省人事，时约下午 5 时"。这里离县城三十余里，待医生赶到时，已经无可挽回了。当晚 8 点 30 分，翁心翰壮烈殉国，时年 27 岁。空军总司令部追授他为空军少校。9 月 21 日，国民党中央秘书长吴铁城为翁心翰牺牲一事特致翁文灏唁函慰问，称："心翰上慰殉职消息传布，全国人士莫不震悼……吾兄遣之从军，教之尽忠，闻其立功则喜，而不以其捐躯为悲。公而忘私，弥足钦仰……二少君之英勇忠贞，足为知识青年从军之榜样，亦足为知识青年从军之倡导。吾知全国知识青年当无不闻风兴起，联

---

① 杨钟健：《非常时期之地质界》，《地质论评》1937 年第 1—6 期。

袂从军，争取胜利。"① 同日，《大公报》还就翁心翰牺牲事发表对翁文灏的专访。其中言及："翁部长谈起殉职的儿子时，没有叹息，甚至谈笑时没有半点不自然。'他说随时随地都可能死，他不想将来，我觉得在他身上可以看出航空教育是成功的'。翁部长说：'本来作战就是危险的，报国心切的人，在作战时死的机会更多。'说完，他淡淡的笑笑。这伟大的父亲用大义驱除了'丧子之痛'的悲哀。"② 如果此番话是翁文灏以国民政府经济部长这一公众人物身份公开发表的言论而不得不对个人情感有所隐藏，那么在 9 月 22 日，复函陈布雷，介绍心翰牺牲经过，并表示："弟勉办公事，视若处之泰然，实则衷心痛创，非可言喻。吾国空军人员为数较少，死亡频仍，精华垂尽，不特弟一家之苦，实亦可为大局忧也。"③翁文灏的言语表达出一位父亲对丧子之痛的真情实感。爱子为国牺牲，翁文灏又怎么能不悲从中来。长歌当哭，他挥泪写下《哭心翰抗战殒命》："自小生来志气高，愿卫国土拥征旄。燕郊习武增雄气，倭贼逞威激怒涛。誓献寸身防寇敌，学成飞击列军曹。江山未复身先死，尔目难瞑血泪滔。艰苦吾家一代人，同舟风雨最酸辛。上哀衰父凄怆泪，下念新婚孤独亲。"

抗战爆发后，由于物价飞涨，入不敷出，一同随梁思永流亡到昆明的李福曼，不得不在街道摆地摊变卖家中的衣物艰难度日，其悲苦之状令人唏嘘。中国传统知识分子的品行节操在他们身上得到真实的反映。1941年中国的抗日战争由于珍珠港事件和美国对日宣战而有转机，但全国军民的生活仍处于水深火热之中，中央研究院各所同人无不在艰难中苦撑度日。鉴于史语所与中国营造学社研究人员的生活都已"吃尽当光"，只剩一个"穷"字，傅斯年意识到非有特殊办法不足以救治梁思永和同样处于疾病中的林徽因。于是，1942 年春天，他毅然向中央研究院代院长朱家骅写信求助，在信中傅斯年详述梁家的苦难，"梁思成、思永兄弟皆困在李庄。思成之困是因其夫人林徽因女士生了 T. B.，卧床二年矣。思永是闹了三年胃病，其重之胃病，近忽患气管炎，一查，肺病甚重。梁任公家道清寒，兄必知之，他们二人万里跋涉，到湘，到桂，到滇，到川，已弄得吃尽当光，又逢此等病，其势不可终日，弟在此看着，实在难过，兄

---

① 《中央日报》1944 年 9 月 22 日。

② 李学通：《翁文灏年谱》，山东教育出版社 2005 年版，第 309—310 页。

③ 《团结报》1988 年 9 月 9 日。

必有同感也。"并恳请政府对于他们兄弟给予适当补助，为取得批准，详细列了梁启超对于中国文化的贡献，评价梁思成在中国建筑研究方面并世无匹，对其夫人林徽因，则视为"今之女学士，才学至少在谢冰心辈之上"。对于梁思永，则认为"在敝所同事中最有公道心，安阳发掘，后来完全靠他，今日写报告亦靠他。忠于其职任，虽在此穷困中，一切先公后私"。傅斯年认为，"二人皆今日难得之贤士，亦皆国际知名之中国学人。今日在此困难中，论其家世，论其个人，政府似皆宜有所体恤也。"

　　如果说梁思永还能得到傅斯年极力的救助，而免于病穷之苦。那么发生在1942年的"朱森事件"则真实地显示出科学家所处环境的艰难，也表明中国现代科学家完全继承了中国传统知识分子的节操。朱森，1928年毕业于北京大学地质系，同年进入中央研究院地质研究所工作，30年代留学美国、德国，1937年任重庆大学教授，1942年接任中央大学地质系主任，随即被诬陷贪污米贴，气愤成疾，并发胃出血而亡，年仅40岁。该事件的来龙去脉如下文所述。抗战期间重庆大学和中央大学都在沙坪坝，相距约1公里。两个学校基本上是同样的老师，同时上班、同时学习。重庆大学校方让朱森到中央大学地质系去当系主任，朱森没有办法，只好答应去接任。当时中央大学地质系本身有派系争斗，很复杂。朱森毕业于北大，被别人认为是北大派。当时大学里发平价米，但不是每月按时发全。他转到中大后，重庆大学从前没有发完的平价米还发给他，中央大学那边的平价米也要发给他。朱森去野外考察时，他的太太在家。她是个家庭妇女，没有什么文化，收米时也没有搞清楚，结果重复收了五斗米。当然后来控告他的时候，就不是五斗米了，说是他成心贪污。告到教育部和粮食部。后来教育部去调查。朱森回来以后才知道，当时要撤他的职，他各方面奔走申诉。他原来就有胃病，又急又气，得了胃穿孔，需要做手术。他先在化龙桥一个私人医院治疗，可是那时候没有抗生素，手术后感染了。后来找到翁文灏，把朱森送到中央医院治疗。转院后还是没有治好。朱森去世后在学术界引起很大反响。中央大学的很多教师在《大公报》发表评论，《新华日报》也发表了文章，开朱森追悼会时，群情激昂。①

　　① 参见张九辰《地质学与民国社会：1916—1950》中作者对李星学的访谈，及《地质论评》1942第7卷第6期《朱森先生追悼会记略》。

汪敬熙谈到抗战期间科学家科研环境时说道，"更进一层，今日的科学需要复杂费款的设备。以前稍有款项，便可工作，现在不成了。现在非有国家的力量不能设备起一个实验室。而我国近来只有钱打内战，而没有钱奖励实验科学。据我所知，只有经济部曾经以二十万美金补助黄海化学工业社。这是应该的。孙学悟先生几十年的努力，应该得一个近代设备的实验室。中央研究院今年得有美金预算。至于各大学便是可怜极了。"卢于道在谈到科学家的生活状况时认为，"科学界人士尽管安贫乐道，可是生活却被压在油盐柴米里，甚焉者其职业是在教人而自己的子女受不到教育，整天在研究营养而本身营养不足，专长是研究心理而本人就精神萎靡以致于神经衰弱。"① 这些话语真实地描述出中国现代科学家进行科学研究的局限与生活的艰辛。

第三节　科学文化中的现实观照

一　科学研究与现实问题

在中央研究院成立最初的五六年间，院内各所研究员主要凭个人兴趣和见解选择研究题目，较少受到限制，颇符合所谓"学院的自由"。然而，随着国内形势的转变，1936 年 4 月，蔡元培说"本院各所中自建置以来有甚多工作，其性质不属于纯粹研究之范围，而为常规的服务"。其后，更是要求"就各科范围内对于现时国家及社会所最需解决之问题，约计二三年研究可有相当结果者，具体说明，列表送院，再由院分交有关系之学术机关分别工作"。从"纯粹研究"到"应用研究"，这一学术方向的转型基于国内日趋紧迫的形势。1936 年 4 月 16 日中央研究院评议会第二次会议召开。翁文灏提出提案"中国科学研究应对于国家及社会实际急需之问题特为注重案"，胡先骕又提出"请由中央研究院与国内研究机构商洽积极从事与国防及生产有关之科学研究案"。两案合并审查讨论。这也是"国家及社会实际急需问题"的正式提出。外界对科学的需求展现在中央研究院，这种需求给了中央研究院的科学家们一个难得的发展事业和报效国家的机会。他们在选题时考虑政府或社会的实际急需，以

---

① 卢于道：《科学工作者亟需社会意识》，《科学》1947 年第 5 期。

尽可能好的实际成果回报合作方的委托和投资。地质所成立之初，李四光所长称地质所要"解决地质学上之专门问题"，以与地质调查所"略有差别"。如果从更深的层次考察，可以看出科学研究受外在的而不是严格意义上的科学动机支配，是 20 世纪科学发展的潮流。"二战"前后，美国、苏联、英国和德国、日本的科学家都深深地卷入战争，科学家的自主性只是一种假象。研究活动越来越多地是利用科学知识、方法和技艺来创造工业机会、制造新式武器和服务于区域的或国家的总体发展需要。中央研究院的转向，只不过是顺应了这种潮流而已。①

民国时期的科学发展有一个明显的特征，即注重科学应用问题，这一特点在抗战期间得到特别强调。"当国家多事之秋，科学家所负之责任，极其重大。惟国家困难之问题甚多，无一不恃科学之方法，以图解决。欧美日本之所以富强，皆食科学之赐。科学可以使其国防巩固，国力膨胀，实业教育，一日千里。我国只因科学未能如人之发展，所以屡受外侮，而无可如何，国内民生凋敝，亦因以日甚，故今日欲救国家之贫弱，惟有提倡科学，为当务之亟。吾国科学家，为数不下四五千人，此四五千人，受国家之培植，受科学之训练，有科学之知识技术，当国难方急，宜如何为国家效力，国家现正需要此数千人，各尽所长，为利国福民之工作，吾同人其时时不忘此责任乎！"② 科学家在此次抗战中的责任如何呢？因为科学家是国民，是受了特殊技能训练的国民，所以科学家更应把他们的特殊技能供献国家以助抗战。在抗战期中，各种与抗战有关而待解决的科学问题甚多，全国科学家，应努力去求解决，应以取得抗战胜利为研究科学之出发点，凡与抗战无关的研究，均应暂时放下。他认为与抗战有关的实际科学问题包括以下几类：①兵工问题；②粮食及军粮问题；③医药问题；④农业生产问题；⑤工业生产问题；⑥交通运销问题。而解决这些问题的责任，就在全国的科学家。③

丁文江、翁文灏等人在规划中国地质学的研究方向时，就没有把自己关进学术研究的象牙之塔，而是对国家命运和社会进步表现出强烈的专业关怀。他们认为："不能说纯粹的科学家，是只知研究不管实用的。""科

① 段异兵、樊洪业：《1935 年中央研究院使命的转变》，《自然辩证法通讯》2000 年第 5 期。
② 秉志：《国难时期之科学家》，《公教学校》1936 年第 11 期。
③ 郑集：《战时科学家的责任》，《科学世界》1938 年第 1 期。

学知识便是人类的照海灯，须要照得人类平安才见得它的用处。""近代
文明特色之一，即为地下富源之利用。煤、铁、石油等新式矿业，为现代
工业之基础，亦即国防命脉所关。"①

吴学周认为，一门学科的发展，应该是理论、技术和应用三位一体，
相辅相成；中国要想在科技领域中跻身于世界强国之林，必须全面发展，
也只能全面发展。② 由于科学应用功能对战争具有强大的影响，因而，对
科学与战争的论述也是对现实问题观照的重要领域。七七事变以后，日军
有意地摧毁我国文化机关，以致科学工作者无从继续其工作，据教育部去
年年底的公布，御寇军兴以后，被敌人炮火炸弹所毁的大学及科学机关在
二十个以上，加以陷于战区的大学及机关，不及迁移或迁移而事实上不得
即日开学及继续的，也有十个左右。科学家们流离转徙，或图书仪器荡然
无存，或已经开始的工作，被迫停顿，保持旧有之不遑，更何暇开拓新
路，裨益戎机！加以平津各大学之合并，长江下游各校之停办或缩减，政
府科学机关人员之疏散，研究之凭借既失，想科学家们抱一卷免圈册子便
可唤雨呼风，实属势无可能。③

吴有训在《国民对于科学研究的自信》一文中，将中国近代以来的
国民对于研究科学的态度分为三个阶段：第一个阶段为妄谈科学的时期，
指清朝末年，政府派一些秀才到日本留学，他们有的入了速成班，有的从
私人教师学习，可是他们有许多根本没有学会日本话，上课得请翻译，而
那些翻译甚至一点科学知识都没有，随意瞎译一番。因此这一时期的留学
生虽有学习科学之名，实际并没学到什么，只是妄谈科学而已；第二个阶
段为空谈科学时期，妄谈时期过去后，大家似已能认真研究科学。可是他
们所学，依然是很空虚。譬如学习博物或生物学的人，一年可以读完一本
很厚的教科书，但他们从不到野外观察一草一木，更谈不到做其他较繁的
实验。同时一般学生都爱高谈理论，把科学也看成是突变的资料。所以当
时有人说以我国的大学生和外国的大学生相比，中国学生这种高谈理论的
程度，简直可作外国大学生的先生。故这一时期他们表面上虽然一天到晚
在研究科学，其实却离真实的研究很远。这种空谈的痕迹，我们现在还在

---

① 翁文灏：《翁文灏选集》，冶金工业出版社 1989 年版，第 173—174 页。

② 中国科学技术协会：《中国科学技术专家传略》（理学编·化学卷 1），中国科学技术出
版社 1993 年版，第 326 页。

③ 夏敬农：《在抗日战争中科学家能做些什么》，《今论衡》1938 年第 1 期。

有些学校可以看得出来；第三个阶段为最近 15 年来的这一时期，他将其称为实在工作时期。从这时起，我国的科学研究工作，开始自己有了独立的路线，能独出心裁自己规划研究工作的程序，研究所成绩，也得到世界各科学家的赞许。其最先表现出成绩的是关于地质方面与生物方面的科学，因为这两种科学比较有地域性，工作比较便当。到最近十年，则物理化学及数学等学科也都有很多的收获。有人说这十年来我国科学研究工作的进步，比以前三十年都大，这一点不是过分之言。[①]

"根据上次欧洲大战之史实，吾人深知，凡科学发达之国家，皆可于应战时召集其国内作纯粹科学研究者，临时变作为国家军事技术服务之人，本院同人准备于如此机会之下用其技术的能力，尽其国民的责任。在准备过程中，本院之个人及集体，自当随时应政府之需求，贡献其技术的能力。"[②]

"我国事业百废待举，所依赖于科学者至深且切，当此抗战时期，一切关于发展工商业以至于国防之工作，均须从速解决以应急需。该院似又须遵照总理迎头赶上之遗训，于扩充纯理研究之外加强国防建设以及复员准备之工作，且研究结果决不可仅止于发表，必须推及于实用以取得研究与行政上之联系。"[③] 中央研究院 1942 年度全部研究之表现似已能顾及此点，唯年来限于财力与设备，关于理论之研究尚勉能完成，而属于应用者则多无法进行，且以环境与待遇关系，长于应用科学之人才，宁愿在公司工厂工作而不愿在各研究所内工作，关于此点，不独为该院所特有之问题，亦即全国所必须注意之问题。今后中央对于学术人才不求根本救济办法，使能安心于工作学术之进步将少期望。[④]

二　科学研究与民族自尊

科学研究不仅涉及现实问题，涉及抗战救国，还关乎民族尊严。1943年，竺可桢着手对二十八星宿起源问题做研究。他在重庆北碚讲演"二十八星宿起源考"后，于 1944 年 3 月至 5 月，阅读了大量史料。他在日记中记道："近日阅二十八宿考据文……范围愈来愈广，全无暇略作别事

---

① 吴有训：《国民对于科学研究的自信》，《读书通讯》1942 年第 34 期。
② 《国立中央研究院评议会第二次报告》，国立中央研究院总办事处文书处，1938 年，第86 页。
③ 《国立中央研究院三十一年度工作考察总评报告》，1942 年，第 2 页。
④ 同上。

矣。"在此三个月中，他阅读了近百部中外古籍、近著。其涉及的知识范围，包括天文气象、古诗词、算学、甲骨文、梵文等等。6 月起，动笔起草《二十八星宿的起源》论文。他在日记中这样记道："余历年来作文无此次之苦者，因时间太偏促，只有偷闲于批公文及写信以外，始有时间，以此常于八点后写至子夜始止"。当此论文先后在浙江大学《思想与时代》学刊和《气象学报》上刊载后，立即引起国内外学术界的重视。李约瑟于 1945 年 8 月将此文编入他与张资拱合编的《中国天文学史》中，竺可桢应约改写成英文后，又在美国《大众天文》中刊出。竺可桢为何要在如此超负荷的工作中和如此炮火连天的恶劣环境下，写此文呢？他在此文的绪言中说："我国有二十八宿，印度亦有二十八宿，埃及、波斯、阿拉伯亦有二十八宿。近百年来，欧美人士对于二十八宿起源地点，争论颇为激烈，或主印度，或主中国，或主巴比伦，而国人对于此问题，反懵然若无所知，宛若二十世纪初叶，日俄以东三省为战场，而我反袖手旁观也。"可见，竺可桢写此论文，是针对当时的中国，对于祖先们已经创造出的灿烂文明所取的一种麻木不仁状和愚昧无知的反击，也是出于一种民族的自尊心和自信心。为此，他才有决心参加这场世界性的科学大论争，并以浩瀚史料和精辟的科学分析，令全球科学界人士折服。

1930 年夏，梁思永从哈佛大学获硕士学位归国，李济将他介绍给傅斯年，从此，梁思永正式加入中央研究院历史语言研究所考古组，与傅斯年、李济、董作宾等学界名流，开始了近 20 载交往共事的人生旅程。梁思永入所不久，丁文江从来华考察的法国传教士、古生物学家德日进处得到线索，中国东北中东铁路一线，有人发现黑龙江昂昂溪附近有个新石器时代遗址。线索传到蔡元培与傅斯年耳中，蔡、傅二人立即意识到这个遗址在历史和现实政治中的重要意义，遂萌生了派人前往调查的愿望。之所以对该问题如此关注，其背景在于日本对侵华所做的舆论准备。当时，日本国内以内藤湖南（1866—1934）为代表的汉学家认为，日本是汉文化的边缘地区，深受中国影响。但当中国文化枯竭后，日本不仅可以对中国文化施加影响，还应当在汲取西洋文化的同时，充当新的坤舆文明之中心。他的思想是"大东亚共荣圈"理论的重要来源。为配合伪满洲国的成立，内藤湖南参与了东京帝国大学、京都大学联合组成的"满蒙史料摘编"工作，还出任东北"日满文化协会"理事。日本的汉学研究，一开始，就充当了侵略扩张的政治工具。

　　针对日本汉学界的动向，傅斯年在北平图书馆一次会议上，提出了一个问题："书生何以报国？"讨论的结果是编一部有关东北的历史著作。其理由为"中国之有东北问题数十年矣。欧战以前，日俄角逐，而我为鱼肉。俄国革命以后，在北京成立《中俄协定》，俄事变一面目，而日人之侵暴愈张……日本人近以'满蒙在历史上非支那领土'一种妄说鼓吹当世。此等'指鹿为马'之言，本不值一辨，然日人竟以此为其向东北侵略之一理由，则亦不得不辨"。① 傅斯年联络徐中舒、蒋廷黻等人撰写东北史，傅斯年撰写第一卷《东北史纲》，用民族学、语言学的眼光和史地知识，证明东北自古就是中国的郡县。全书的主要部分由李济译成英文，送交国际联盟调查团作为参考，受到重视。

　　站在国家、民族立场上，正准备与日本人就东北问题在学术上及社会影响等方面展开一搏的傅斯年，恰逢"中国第一位考古专门学家"梁思永学成归国，并归属史语所大旗之下，立即电商蔡元培，欲抢在日本人全面发动侵华战争之前，派梁思永去实地调查发掘，以地下出土实物书写历史，借此反驳日本人煽惑众人的言论，揭穿他们为占领中国而叫嚣"满蒙在历史上非中国领土"的谎言。从 1930 年 9 月 19 日到 11 月 27 日，经过两个多月的实地调查，采集了大量陶片、石器等文物标本。经过对热河与东北三省发掘材料对比研究，梁思永根据共同出土打制石器及印文陶的特点，把西辽河以北之热河同松花江以北之东三省划为一区，辽河流域划为一区，进行了条理清晰的文化区系划分。随着对黑、热二地史前文化材料进行鉴别和比较，初步得出了"昂昂溪的新石器文化不过是蒙古热河的新石器文化的东支而已"的结论。此次科学考古发掘和研究报告的问世，为嫩江流域古代文化的研究奠定了理论基础和科学依据。与此同时，傅斯年撰写的《东北史纲》第一卷在北平出版，书中第一条就理直气壮地指出"近年来考古学者人类学者在中国北部及东北之努力，已证明史前时代中国北部与中国东北在人种上及文化上是一事"，由这一事实而扩展为"人种的，历史的，地理的，皆足说明东北在远古即是中国之一体"。由此，傅斯年发出了"东北在历史上永远与日本找不出关系也。史学家不能名白以黑，指鹿为马，则亦不能谓东北在历史上不是中国矣"的呼声。

----

① 傅斯年：《东北史纲初稿》，岳麓书社 2011 年版，第 1—2 页。

三　对科学文化的辩护

1923 年初，中国思想界发生了一场规模较大的科学与玄学的论战，辩论是由张君劢在清华大学作了题为"人生观"的演说引起的，参加辩论的人包括丁文江、梁启超、张东荪、吴敬恒等数十人。这场历时半年余，发表文章超过 25 万字的论战，表面上看来，似乎只是一场人生观是否受科学制约的辩论，但从思想史上来看，胡适认为是"拥护理学与排斥理学的历史的一小段"，也是新文化运动在思想改造上遇到的一个重大挑战，胡适很重视这次论战的意义，为论战的论文集《科学与人生观》写了长序。在序中，胡适对梁启超在《欧游心影录》中所提到"科学破产"的说法，是很不以为然的。新文化运动的目的无非是要树立起人们对科学的信念，以梁启超当时的声望，加上他那支"笔锋常带感情"的健笔，高唱"科学破产"，这对当时的新文化运动的发展是可以造成相当阻力的。胡适忧心的绝不只是这次论战的胜败，而是由这次论战所引出反科学保守势力的抬头，进而威胁到科学在中国的发展。这次论战的焦点，与其说是科学与玄学的争论，不如说是中国人究竟应该如何面对现代西方科学技术的态度。

为了提倡科学，新文化运动早期，胡适最需要的是一个彻底明快为科学辩护的同志。在所有科玄论战的参战者当中，胡适认为只有吴敬恒具体地界定了"科学的人生观是什么"，而其他的人都只是"抽象地力争科学可以解决人生观的问题"。套用一句陈独秀在《科学与人生观》序中的话，绝大部分参加这次论战的人，都不免是"下笔千言，离题万里"。在胡适看来，只有吴敬恒一针见血，单刀直入地说明了问题的本质，"他一笔勾销了上帝，抹煞了灵魂，戳穿了人为万物之灵的玄秘。这才是真正的挑战……这样战争的结果，不是科学能不能解决人生的问题了，乃是上帝的有无、鬼神的有无、灵魂的有无等人生切要问题的解答"。胡适感叹道："科学与人生观的战线上的押阵老将要倒转来做先锋了！"胡适的这番话充分地肯定了吴敬恒在科玄论战中扮演了最关键的角色。就年纪来说，吴敬恒是老辈，但就对科学和西方文明的态度而言，他却远比年轻人更激进，更彻底。在中西文化的取舍上，他从不含糊其辞，模棱两可。

1923 年科学与玄学的论战，胡适虽未直接参与，但给了他一个审视当时中国思想界的绝好机会。让他看到了当时许多知识分子，如梁启超、张君劢表面上是新人物，但骨子里有一种反科学的倾向。而这个倾向是不利于新文化运动的。吴敬恒鲜明彻底的态度给了他不少启发，即在科学与玄学的论争中，必须旗帜鲜明地支持科学，而不能有任何妥协。1926 年胡适就是在这样的基础上发表了他的名篇"我们对于近代西洋文明的态度"。1926 年 10 月 11 日，胡适在给他的老师杜威的信中给出了现代西方文明的评价："（现代西方文明）在充分提供了物质需要的同时，能高度满足人类精神上的需要。……一个文明能充分地利用人类的智力来征服、改善并转化现有的环境，并为人类所受用，这是高度理想的，也是高度精神的"。当然，胡适对西方文明并非盲目崇拜，他接着写道："我并非无视于现代文明中的许多缺点，这些缺点和我所界定的现代文明是不一致的。但是，我相信，这些不一致的地方大多是缘于西方世界对它自己的文明缺少一种有意识的批判性的哲学。"① 胡适在 1926 年 9 月 5 日给美国女友韦莲司的信中也表露出类似的意思，"一个'东方'演说者面对美国听众时，'听众'所期望于他的，是泰戈尔式的信息，那就是批评讥讽物质的东西，而歌颂东方的精神文明。我可没有这样的信息……我所给予东方文明的指责，比任何来自西方的指责更严苛，而我对西方现代文明的高度评价，也比西方人自己说的更好。"②

吴敬恒主张只有科学，而不是宗教，才能使人类更进于完善，并提高道德。他是现代西方世界科技文明最热烈的支持者，在他许多著作中，毫不讳言地痛诋所谓东方的"精神"文明。他最得意的理论是科技的进步大大地提高了人类的道德水准；而人类也从未在任何地方，任何时候达到过当今科技时代所带来的高水准的道德上的生活。③ 若以今日学术标准来看吴敬恒，他只是个特立独行、热心改良社会的活动家，在哲学上并不曾提出过深刻而有系统的理论。他的许多文字，由于过分着意于嬉笑怒骂，兼之文白夹杂，俚语方言并用，往往显得冗长拖沓，甚至达不到起码的通顺明白。胡适对他的推崇，与其说是着眼于他的思想，不如说是佩服他彻底不妥协的态度，和他在东西文化议题上，赞扬西方文明，积极提倡科学的立场。

竺可桢在《论不科学之害》一文中称："中国科学的落后，是人人所承认的，在这时候，中国的科学家，正应该加倍努力，埋头苦干。但是要

---

① 周质平：《胡适与吴敬恒》，《传记文学》2009 年第 5 期。

② 周质平：《不思量自难忘》，台北联经出版事业公司 1999 年版，第 154 页。

③ 周质平：《胡适与吴敬恒》，《传记文学》2009 年第 5 期。

中国科学化，不仅仅靠了几个专门的人去努力就行的，必得要社会民众，政府当局共同努力才行。三年以前，国际联盟派了四位教育专家来中国调查教育现状。调查的结果出了一个报告，这里面有几句话是值得我们注意的，他们说'中国一般人士，以为欧美的文明，是受了近代科学发达之赐，所以中国只要应用欧美的科学技术，就立刻会把中国跻于欧美文明的水平线上，这种观念，是错误的。欧美的科学技术，并不能产生现代的欧美文明，倒是欧美人的头脑，才能产生近代科学。'这话初听好像不近情理，但是我们要晓得近世科学，好象一朵花，必得有良好的环境，才能繁殖，所谓良好环境就是'民众头脑的科学化'。"① 民众头脑的科学化，是一件不容易的事。第一，要养成社会民众科学的态度，第二，要社会民众能应用科学的方法。所谓科学的态度，就是不轻信盲从，人云亦云。事事物物，要经过实验，方才相信。竺可桢认为，近代科学即实验科学所以在中国不发达源于两种原因："一是不晓得利用科学工具，二是缺乏科学精神。"②

第四节　科学文化中的实践特性

国防事业的强弱关系着国家的安危，关系着民族的尊严和社会的发展。与国防关系密切的学科，在抗日战争中受到格外重视。战争是力量的较量，力量包括人，也包括物质，武器在战争中的作用，人所皆知。而武器的发展，离不开科学与技术，许多具有现代化素质的学者对此认识十分深刻，曾昭抡便是突出的代表之一。

曾昭抡是时时以国防科学工作自励的科学家，他认为科学技术、武器装备与现代战争、建设国家、振兴民族，有着极为密切的关系。他提出人员、装备、训练三种制胜因素中，装备是"决定胜负的一种主要因素"，"所有武器的数量、品质、与新颖，是它能影响胜负的三方面。"③ 基于这一认识，他在抗战期间撰写了大量军事科普文章和读物，介绍第二次世界大战中使用的各种武器，目的就是普及军事知识，唤醒民众武装抵抗

---

① 竺可桢：《论不科学之害》，《东方杂志》1936 年第 1 期。
② 竺可桢：《中国实验科学不发达之原因》，《广播周报》1935 年第 61—63 期。
③ 曾昭抡：《火箭炮与飞炸弹》，北门出版社 1944 年版，第 64—65 页。

意识。

1940 年 9 月，曾昭抡撰写了《现代战争的武器》一文。他在开头部分就说："翻开人类的历史一看，整个的就是一部斗争史。人与人间的互相屠杀，时断时续地，在那里进行着。在这种斗争当中，武器的使用，当然占据着显著的地位，因此不谈战争则已；要谈战争，就得明了作战时所用的武器。"文中，他介绍了原始时代最初使用的刀枪剑戟、弓箭斧钺；介绍了中古时代的前膛枪、前膛炮及枪管炮管里的来复线，以及用硝化纤维制成的无烟火药；介绍了第一次世界大战中的步枪、机枪、大炮、飞船和潜水艇。

身为化学家的曾昭抡，十分清楚化学武器的危害，自觉担起了普及化学武器知识，预防化学战争的工作。他在西南联大讲授化学课时，特别开设"国防化学"课程，及时融入了现代战争所需要具备的知识。国防化学课的内容，大约在起爆剂、火药、炸药和包括毒气种类、防护器材、对毒气的化学分析等知识在内的国防化学。除了在课堂上讲授外，曾昭抡还非常重视普及预防化学武器的知识。1940 年 12 月，他应昆明广播电台之邀，公开播讲《化学战争》。在讲演中，曾昭抡深入浅出地讲了"化学弹药与爆炸弹药的区别""化学弹药的效力""化学战剂的种类"和"怎样预防毒气"4 个问题。曾昭抡是个有强烈爱国意识的学者，费孝通认为：曾昭抡是个追求"志"的人，他的"志"表现在两个方面：第一是爱国，"为了爱国，别的事情都可以放下"；第二是学术，"开创一个学科或一个学科的局面，是他一生唯一的任务"。[1]

日本投降后不到两个月的时候，国民政府即对原子弹给予了极大的关注。军事委员会军政部次长兼兵工署署长俞大维的妹妹是曾昭抡的妻子，于是俞大维便征求曾昭抡的意见，曾昭抡主张请吴大猷、华罗庚一起商量。1946 年 1 月吴大猷、华罗庚、曾昭抡以军政部借聘名义赴美考察。报载他们此行的目的是考察原子弹研究，并称吴大猷"对放射性线甚有研究，在世界物理学界地位甚著"，华罗庚是"著名数学家，相对论发明者爱因斯坦曾认为华教授为尚能懂相对论之数人之一，并自认为彼'弟子'"，曾昭抡"为国内有数之化学人才"。[2] 社会各界对他们这次赴美相

---

[1]　费孝通：《我心目中的爱国学者》，《群言》1999 年第 8 期。
[2]　《三教授出国研究原子，弹助理由联大助教中遴选》，《云南日报》1946 年 1 月 20 日第 3 版。

当重视，《云南日报》还特请他们发表意见。华罗庚在出国前夕写下了《今天中国科学研究应取之原则》一文。

华罗庚的文章，首先批评"中国的科学教育，三十余年来似乎尚未脱离清末的影响。清末的维新变法，完全是从富强的表面现象做出发点的，所以，富国强兵的自然逻辑，便是怎样学习制造洋枪大炮。然而，其结果并未使中国富强，反造成了三十年来中国国际地位之愈行低落。"对于近十余年来的科学教育，华罗庚认为"依然是旧的一套"，不过是把名词变成"造就工业人才"而已。至于社会上，也有"重工而理"的风气，大学公费生中，工学院为百分之百，而理学院则为百分之八十一，这说明下意识地存在着"不齐其本而揣其末"观念。华罗庚承认美国原子弹的爆炸对于战局的影响十分重大，但更重要的是，"原子弹之发现，辟开了科学的新方面而言，其富有划时代的历史意义，更难以评价"。正是因为这个原因，才"使得科学素来落后的中国也大大的波动起来"，"因而原子弹的研究，也列上中国科学研究的日程"。但是他认为，原子弹的制造不仅需要建立在高度的工业化基础上的极复杂技术，并且物理化学、数学等科学"都必须达到应有的研究高度，然后和工程方面的高度技术一结合，才会有今天的原子弹出现"。以中国当时的科学水平，并没有上述的条件，没有这些条件而侈谈原子弹的研究，其为悬空的理想，不言而知。中国"应当切实的打下各种牢固的基本科学方面的基础"，特别是"先在理论的和实用的科学方面，培养好无数的专家和人才"，这样持续五年十年，"中国科学界才可以一谈原子弹研究的可能"。否则，"人家有了什么新东西，我们也就跟着侈谈那些东西，妄想在这方面有成就，就是连所谓'尾巴主义'还谈不上的。"[1]

"年来因抗战关系，人事流动甚为频繁，其中以工程、化学、社会科学各所较为显著，此种情形对研究工作的影响甚大。许多研究工作均因人事之变更致遭停顿，殊为可惜。该院为补救起见，自不得不默许各所研究人员尽量与各机关工厂合作，以期增厚其待遇而提高其工作之兴趣，唯此种办法作为权宜则可，而认为根本解决之办法则不可。窃查此类研究人员既为国内专门学者，若给以充实与合理之待遇，必能对于国家有切实之贡献，似应打破一般待遇之标准，有确具专长之人才必须厚其待遇，使无衣

---

① 华罗庚：《今天中国科学研究应取之原则》，《云南日报》1946年1月20日第2版。

食之忧而能安心于学术之研究。欧美各国科学之进步，固多由于个人之努力，而国家善于养材实有以致之。"①

谢家荣在《地质与现代文化》一文中称：地质学与现代文化，诚有密切之关系在矣。自另一方面观之，我人生存于世，既不能离地而独立，且生活所需要之大部，亦皆自地面或地内经人工之培养或开掘而来。故人类文化之高下，可自其对于地面或地壳之利用程度如何而判断之。关于地面之利用，可分为农、林、建筑、治水、道路等数项，关于地壳之利用，则以开采各种有用矿产，如发生原动力之煤炭、石油，及工业原料之铁、铜石料等为最重要。而肥料矿产之采勘，与地下水之取汲，尤与农业有密切之关系。② 他认为中国文化落后之原因甚多，但科学不发达，实为最重要之一因。就学术方面言之，地质研究之有裨于我国自然教育，增高学术地位，与纠正国民思想者，其意义更为重大。近来教育注重自然科学之声浪甚嚣尘上，但自然科学非其他科学可比，不能仅以欧美成例相介绍，而须以深切实用之中国事实以作教材，则学者始易饮悟。当民元以前，地质调查所尚未成立，地质教育实无法从事，近来调查研究逐渐推行，于是教学始渐有实例可凭，但欠缺之处尚多，皆有待于未来之努力也。……今日国人对于自然界之见解幼稚极矣，勿论新颖之学说，闻所未闻，即欧美早经公认之理论，亦多所未悉。就此判断，亦足为中国文化落后之一证。故我国人亟须急起直追，尽量灌输地质学说，以补救文化落后以求万一也。③

杨钟健在《非常时期之地质界》一文中提道：现在中国遭遇空前的困难，一切工作，均不能照预定计划，按部就班地进行，乃是意料中事，我们地质界，当然也不能成为例外。有许多人，值此紧张关头，把握不住个人的意志，往往陷于过分的悲观，情绪很紧张，乃至日常最低限度应作之事，亦不能好好的办。我以为这是最不应该的。他对战时的地质学界提出以下几点实践性的希望：（一）能有工作机会者，必须照常努力工作。……就事实来讲，至少地质工作的一大部分，不是与国防军事完全无关的。许多有用的矿产，许多特殊的区域，都应该求其明了，求其改进。……我们地质界的同人，既不能如疆场健儿之勇猛，努力抗敌，守卫

---

① 《国立中央研究院三十一年度工作考察总评报告》，1942 年，第 6 页。
② 谢家荣：《地质学与现代文化》，《国风半月刊》1933 年第 1 期。
③ 同上，第 25 页。

国土，又不能在后方作特别有效工作，尽瘁所守。就只有仍本所学，努力工作。若目下无用，至少可以维持地质工作之进展于不退。若万一有用，必于抗战局势，有甚大之裨益。（二）应当在职责外的工作外，兼些其他非专门的工作。国难到现在，实在不能令任何人作独善其身的生活，也不能让任何人离开政治。……所以如果有机会，一个人应当随时随地，找一点于国有利的工作。或是做些通俗的文字，宣传国际形势，国家情形。或鼓吹人民爱国心，增加民众组织能力，或实际参加一种不妨害本身职务的工作。我们知道，我国国民知识水准甚低，大多数的还不识字，大多数爱国心很薄的，所以每一个知识分子，实在千百国民中一个特出的一员，而这一员特出的人，应当发挥他充分的效力，尤其在非常时期。①

在特殊的时局背景中，中央研究院的研究工作逐渐倾向实践性强的研究领域。"本院所属各研究计划中对于各项利用科学方法以研究我国之原料与生产诸问题，充分注重之，其为此时国家或社会所急需者，尤宜注意。""科学研究，本不当以应用为目的，若干具有最大应用价值之科学事实，每于作纯粹科学研究时无意得之。就中央研究院之立场言，更宜注重科学研究之自由精神，自不待言。但是……亦有甚多科学具以实际应用的需要而发展。纯粹科学研究之结束，固多为应用科学之基础，而应用科学之致力亦每为纯粹科学提示问题，兼供给工具之方便。故此二事必兼顾然后兼得，若偏废或竟成为遍废。况若干利用科学之实际问题，为此时社会及国家所需要者，不可胜计，本院允宜用其不小部分之力量从事于此。此一类中之工作，就财力论本院差可举办，而人才不可得者，当酌量聘用外国专家，以成其事而应需要。"②

"本院各所中自建置以来包有甚多工作，其性质不属于纯粹研究之范围，例如天文所之编制历本观察变星，物理所之地磁测量，气象所之观测温度、气压、风雨，以及报告天气，本属于此类。即如普通之化学分析，材料试验，制绘地质图，采集动植物标本，编校史料，制作生活统计等，亦属此类。此类工作虽严格论之不属于纯粹研究，然甚多纯粹研究正以此类工作为之聚集材料，整理事实。此类材料若未充分聚集则甚多纯粹研究即无从着手。本院各所设置以来，所以包含此类工作者，一方固为社会作

---

① 杨钟健：《非常时期之地质界》，《地质论评》1937 年第 1—6 期。
② 《国立中央研究院评议会第二次报告书》，国立中央研究院总办事处文书处，1938 年，第 85 页。

此项经常服务，而祈求其正确，一方亦因此类工作聚集研究之资料，既便于所内若干纯粹，又可供人之研究也。"①

第五节　科学文化中的社会担当

任鸿隽在美国康奈尔大学主修化学和物理学专业的同时，还经常考虑科学与国家、社会进步的深远关系，认为："现今世界，假如没有科学，几乎无以立国。""所谓科学者，非指化学、物理学、生物学，而为西方近三百年来用归纳方法研究天然与人为现象而得结果之总和。……欲效法西方而撷取其精华，莫如介绍整个科学。"为了实现科学救国的理想，他与同学赵元任、胡明复、周仁等联合发起成立科学社，集资创办《科学》月刊。②

吴承洛特别重视化学在科学救国活动中的作用。1932 年成立的中国化学会，一开始就重视国防化学的研究和宣传，建会初期即设有国防化学委员会，吴承洛任委员长，为配合抗战的需要，做了许多宣传和研究工作。比如中国化学会 1938 年在重庆召开第六届年会，会议除了宣读论文和交流学术思想外，还讨论了《关于声讨日本侵略者施放毒气的决议》，并致电国际反侵略总会，呼吁各国化学家共同声讨，体现了吴承洛和广大化学会会员的爱国热忱。1949 年，国民党政权濒临崩溃，时任商标局局长的吴承洛，为了不使他主管的重要资料流失，携带商标专利和重要图表 6 万余册前往香港；1950 年初，吴承洛由香港带回北京，使全部资料得以保存无损。他在一份《自传》中写道："我的嗜好只有工作，我的生命就是我的意志，在任何社会环境中，我有我的坚毅不拔的意志，这个意志就是工作。于学习中求进步，于工作中求进展。人生以服务为目的，我立志为科学技术服务，立志为祖国、为人民服务"。③

① 《国立中央研究院评议会第二次报告书》，国立中央研究院总办事处文书处，1938 年，第 84—85 页。

② 中国科学技术协会：《中国科学技术专家传略》（理学编·化学卷 1），中国科学技术出版社 1993 年版，第 41 页。

③ 同上书，第 87—88 页。

秉志主张用科学的方法、科学的知识、科学的精神来改造中国，只有科学才能真正实现中国的独立和富强；作为有着深厚科学素养的生物学家，他明白生物学对救国图存的重大意义，其文章、行动也无不体现了对科学社"联络同志、研究学术，以共图中国科学之发达"这一宗旨的认真贯彻。秉志不仅曾与日本人争速度，抢先组团深入四川调查生物资源，把科学与国家紧紧联系在一起，还取名骥千，从自然界的生存竞争出发，极言民族强弱与生存之理，发表了数篇论证科学与国家关系的文章，如《所望于科学同人者》《科学精神与国家命运》《科学精神之影响》《关于国防之三点》《民性改造论》《国家观念与国防》等，宣扬科学救国、科学强国、科学建国之道，还撰文《科学与国内之青年》号召青年们努力为救国而效其智力，"宜努力于研究""宜灌输知识于社会""宜诚恳合作"。

当时归国留学生们同样也在言行中实践着"生物学救国"的思想，胡先骕希望"乞得种树木，将以疗国贫"，就是他利用植物学为救国做贡献的写照。1947 年他分别在《读书通讯》和《观察》发表了《生物学与国防》和《生物学战争》两篇文章，用以说明生物学在救国方面的作用。出于同样的目的，张作人也曾于 1937 年在《统一评论》中发表《生物学与国家建设》一文。文中指出，生物学不仅从物质方面是国家建设的基础，而且在精神方面也负有重大责任，比如国家建设需要健康的体格，锻炼和卫生是两个基本条件。这与生理学和卫生学有关系，还要重视优生学。当时各大民族都在斥巨资搞种族改良计划。除了这几位有名的生物学归国留学生，还有其他的生物学工作者也都纷纷撰文论述生物学的"救国"功能，从这些文章可以看出，生物学作为富国强兵的工具之一，在特殊的历史环境中变得逐渐实用化。

因当时中国所处的特殊时代背景，出国的留学生为了救亡图存，振兴中华民族，担负起现代科学在中国传播的重任，学习科学知识来发展中国的教育与实业，地质学因其直接的实用功能而受到特殊的关注，因此，地质学研究与科学救国自然地结合在一起，成为时代赋予地质学及地质学者的使命。

中国地质学是在一个特殊的历史背景下发展起来的，列强的侵略使"国人忧于外患之日深，非努力图存，无以挽回危局。于是不约而同地上下竞言提倡实用科学……以期对国家有速效的真实的贡献"。① 1910—1912 年，章鸿钊相继发表《世界各国之地质调查事业》和《中华地质调查私议》，痛陈在中国开展地质调查的重要性和急迫性。他说："调查地质，有学理与实用之两途。……我国是时，无论学理与实用，舍此便无以奠国于东亚，以跻身于东西文明国之列。"地质学的经济价值使政府和社会十分重视该学科的发展，并给予了相应的支持。这种支持的前提条件便是它的应用性研究。"中国的地质调查事业，始终没有离开一个实利政策，所有地质报告，大多数总附矿产一章，此外关于矿产或矿业的专著也复不少"。② 地质学因其应用价值而具有强大的生命力，"'为科学而科学'的思想在中国从来没有地位"。③

钱伟长在《回忆我的老师叶企孙教授》一文中提到，1936 年绥远抗战中傅作义指挥取得百灵庙大捷，在全国掀起援助绥远抗战的运动。清华大学师生曾发起慰问前线战士，叶老师发起老师捐款，家属把自用缝纫机组织起来制作棉衣和伤病员的卫生疗养用品，送往百灵庙前线。④

1939 年 7 月，大后方发起一场给前线士兵写慰问信的运动。科学家们是如何开展这项活动的，未见详细记载，但曾昭抡给前线一位士兵的慰问信，则被保留了下来，这是一份珍贵的史料，特录全信如下。

　　××同志：

　　　　你们在前线为国家辛苦，是不是常收到后方寄来的信件？近来后方各重要城市，都有一种运动，让多数同胞，参加写信，去慰劳我们前线的战士。这点解释了为什么你从一位素不相识的人接到了这封信。

　　　　我们彼此素来没有见过面。让我猜猜你是怎样一个人。接到这信以后，请你回信告诉我，猜对了几分。我想你是一位中等身材，但是很壮健的青年。在你面部的表情上，很明白地显出勇敢和毅力。我想你大约有二十三岁左右的年龄，家里父母双存，有好几位兄弟姊妹，但是并没有结过婚。我想你受过初等教育，现在一定很喜欢看报，而且爱看小说。

---

① 杨钟健：《纯粹研究之出路》，《国论周刊》1939 年第 12 期。
② 章鸿钊：《中国地质学发展小史》，商务印书馆 1937 年版，第 43 页。
③ 董光璧：《中国近现代科学技术史论纲》，湖南教育出版社 1992 年版，第 67 页。
④ 钱伟长：《一代师表叶企孙》，上海科学技术出版社 1995 年版，第 15 页。

　　现在说我吧！假设你常看报纸或看杂志，也许你会知道我是谁，也许你看过我的作品。但是无论如何，我自己简单的介绍，或者对于你不是过多。我是湖南人，现在四十岁。我很忌妒你，因为我没有机会，像你一样，在青春的时候，站在最前线，替国家争荣誉。我是许多同胞们所羡慕的：正途出身的，文化界的一分子。从坐摇篮的时候起，幸运常常对我微笑着。读罢了小学、中学、大学以后，得着机会，到美国去读了六年书。对于各种学问，我有嗜好。但是一个人总得选择一种职业来吃饭，结果偶然地选定了化学做我终身的事业。因为环境的限制，我并未能变成当初所梦想的化学家，但是现在并不后悔这职业的选择。回国以后，差不多全部的时间，是在大学教书。这职业也是我自己选定的，不过近年来国难的严重，常常令我怀疑，一个富有血气的中国人，是不是应该做这种慢性的工作。我有过世界上一般人所希望的一切——美满的家庭，称意的收入，也许太多一点的名誉。但是布尔乔亚的社会，常常会在我心中引起反感来。在职业以外，我很爱好音乐和文学。三年前偶然被一位朋友拉着写了一篇游记。从此不由自主地，先后拉杂地写了几十万字。这些事述来未免过于琐碎。但是我想，当前线有战事的时候，读一些这种琐碎的私人历史，也许可以帮助解解网。

　　人们都把你称作"英雄"、"勇士"，对于一天到晚在英雄生活中过日子的战士，这种空头衔的有无，或者是无关紧要。也许在你那坦白谦虚的心灵中，常常会想："我不过是在尽国民的天职，没有什么可以赞扬的地方。"但是这次抗战的重要性，从纵的和横的两方面看起来，实在都是异常伟大。它的重要，远超过你心中所能想象的。抗战洗净了我们一百年来的耻辱，唤醒了多年来在半睡状况中的国魂，完成了全国的统一，开发了偏僻的内地，铲除了各族间和省界间的成见，论起规模的宏大，牺牲的壮烈来，我们的抗战，在世界历史上，占了重要的地位，在中华民族的历史上，是对付外来侵略空前的奋斗。两年来的成绩，已经把我们的国家，从一个半殖民地状态，素来为别人所看不起的国家，变成一俱全世界景仰的强国。同时也把敌国，从一等国降至了二等国。抗战胜利以后，世界上的侵略国，当然受到最严重的打击。到那时候我们四万万五千万受过血的洗礼的同胞，可以协同其他爱好和平的民族，共同建设全世界的新秩序，让世界变成人类可以安居的行星，不是吃人的野兽可以纵横的处所。

同志，你不要把你自己对于抗战的关系，估计得太低，虽然你不过武装同志中几百万分之一。我们要想得到最后胜利，当然也需要军火、资源，和其他别的方面的准备。但是假设没有英勇的武士，来筑成血肉的长城，别的准备，有什么用呢？建筑这个保卫国家的长城，每块砖和其他一块一样地重要，少一块也不成。

同志，跟着你足迹的后面，有成千成万热血的青年。他们全都想，得着机会，为国家上前线。敌人军队中，不断地发生厌战的事例；我们全民族的血，却永远在沸腾着。在我们用血来写成新的历史的时候，没有直接参加过战斗，对于大时代的儿女，谁都认为是一种耻辱。好多人想，抗战已经两年，还没有能够上前线打过仗，真是枉做了一世人。我自己就是作这样想的一个。少数意志薄弱的人，不免有时会叹息着问道：这仗到底还有好久可以打得完。我们的回答是，抗战就是生活。

因为前方作战屡次失利的关系，敌人的飞机，带来屠杀的使命，有时常飞到后方城市来狂炸，为的是满足他们吃人的嗜好。不可避免地，我们受着一些物质和生活上的损失。但是假若他们以为这样可以破坏我们抗战的心理，那就真是大错。我们抗战意志的牢不可破，正和我们前方的阵线一般。屠杀平民的行为，徒然更加强了我们的意志。在后方一切仍然是照常地工作，只是每个人的心中，更加认识了国家的可爱，和自己对于国家的责任。

同志，在两年前，你能够相信中国可以打败日本吗？中国和日本单独作战，在十年前大家都认为是一件不可能的事。两年以前，战争刚刚开始的时候，一般的同胞，虽说是一致拥护政府的抗战政策，对于战事的前途，心里却总不免怀着危惧的观念。一年以前，多数人对于最后胜利的获得，还只是抱着宗教式的迷信。现在呢？谁都看得到，日本帝国主义走上崩溃的悲运，不过是时间问题。你们在前方努力，已经改变了世界的历史。我们现在用不着佩服西班牙共和军怎样地死守马德里城两年。我们也用不着景仰俄国人怎样地能够坚壁清野，让拿破仑的大军，全军覆没。我们的勇士们，已经创造了世界上从来未有的奇迹。

同志，再会了。祝你为国家自重。

"七七"两周年纪念日。①

---

① 曾昭抡：《给一位前线的战士》，《益世报》1939年7月8日第4版。

抗战开始后，前途如何，能否成功，对一些人来说，还是一个未知数，以致在有些人内心深处，存在着一种悲观情绪。1937 年 7 月 14 日傍晚，陈寅恪与吴宓在清华园散步，面对老友，陈寅恪说了番心里话。他认为："中国之人，下愚而上诈。此次事变，结果必为屈服。"陈寅恪还认为"华北与中央皆无志抵抗，且抵抗必亡国"，故"屈服乃上策"，否则"一战则全局覆没，而中国永亡矣"。因此，只有"保全华南，悉心备战，将来或可逐渐恢复，至少中国尚可偏安苟存"。7 月 21 日，吴宓在日记中又一次记录了陈寅恪"战则亡国，和可偏安，徐图恢复"的主张。① 很多人知道陈寅恪在蒙自写过一首诗："风物居然似旧京，荷花海子忆升平；桥边鬓影还明灭，楼外歌声杂醉醒。南渡自应思往事，北归端恐待来生；黄河难塞黄金尽，日暮关山几万程。"不必隐讳，"北归端恐待来生"反映了某种悲观情绪。陈寅恪是深受传统文化熏陶的学术大师，北平沦陷时，他父亲陈三立以 85 岁高龄忧愤绝食而死，陈寅恪将家属留在北平，只身一人到蒙自，表现了士大夫的气节。但是，作为历史学家，他非常清楚中国自古以来北方曾出现的三次大规模的南渡，无论是第一次西晋南渡，或是第二次北宋南渡，还是第三次晚明南渡，最后都没有回到故里。尽管那些南渡者也高喊过收复河山的口号，但终不免"风景不殊，晋人之深悲；还我河山，宋人之虚愿"②。那么，在日本强敌进攻下，第四次南渡的北方民众，真能打败侵略者，改写这一历史么？可见，陈寅恪诗中反映的情绪虽然只是少数人的悲观，却说明宣传抗战意义，坚定抗战信心，在抗战初期是多么重要。

人们不可否认抗日战争是一场敌强我弱、力量悬殊的战争，但于中国而言，战则可能存，不战则必亡。冯友兰在一次演讲时说："中日战争因利害不同，敌人欲为东亚主人，我们岂肯为其奴隶？故解决办法，惟有抗敌一途，非知胜而战，实则非战不能自存。"③ 既然不得不抗战，就必须树立坚定的信念，中国学术精英在这方面做了许多努力。1938 年 5 月，在最需要坚定抗战意志的时候，曾昭抡应云南省绥靖公署邀请，为政训班

---

① 吴宓：《吴宓日记》（第 6 册），生活·读书·新知三联书店 1998 年版，第 168—174 页。
② 冯友兰：《国立西南联合大学纪念碑碑文》，张胜友、粟博莉主编：《文化的力量》（中国现当代卷），红旗出版社 2014 年版，第 95—96 页。
③ 冯友兰：《及时努力勿贻后悔，沉痛纪念九一八，大家要用血肉保卫祖国雪耻复仇》，《云南日报》1939 年 9 月 19 日第 4 版。

补充第四、五、六大队军官做了一次《对于中日大战之认识与分析》的演讲。他在演讲中强调"一个意志很坚强的民族，决不会失败"，但前提是必须"有一个必胜的信念"和"坚强的意志"①。

　　抗日战争期间，书生如何报国是知识分子思考最多的一个问题。知识分子的报国途径有多种，利用自身的知识优势参加抗战，支持抗战，无疑是广大知识分子义不容辞的责任。知识分子利用广播电台进行抗战宣传工作。组织学术讲座，邀请名人演讲，是广播电台进行抗战宣传的重点，它主要分为政治和学术两部分，前者传达政令方针，后者传播思想文化，内容都紧紧围绕抗战建国这一核心。20 世纪 40 年代是中国广播从初创走向成熟的过渡阶段，加上战争环境下广播在传播战事消息方面的便捷性和高效率，因而受到社会各界的高度重视。学术精英在昆明广播电台的演讲，无一不体现了抗日救亡的主题。如 1940 年 8 月 20 日，曾昭抡在电台播讲《抗战以来中国工业的进展》。他回顾了抗战三年来中国工业的内迁，讲到大后方钢铁、煤炭、水泥、燃料、军火以及轻工业、手工业的发展。一个个有力的事实，既说明了战时工业对促使中国走向工业化的作用，又增强了人们坚持抗战建国的信心。同年 12 月 12 日，曾昭抡又在昆明广播电台播讲了《化学战争》，他用清晰的条理和通俗的语言，把军事科学尤其是防毒的重要性，表达得生动明白。当时，日军在一些地方施放毒气，云南也是受害地区，所以地方当局十分重视曾昭抡的这次播讲。不久，《云南日报》拨出相当篇幅，将曾昭抡的播讲全文分两天刊出。据相关档案统计，自 1940 年 7 月到抗战胜利，先后应邀到云南电台演讲的中央研究院研究员有蒋梦麟、曾昭抡、钱端升、汤佩松、罗常培、汤用彤、陈省身等人，俨然形成一个广播演讲的专家群体。演讲内容既有现实观察，又有历史追踪，既有形势预测，又有对策建议，展现了学者们的犀利眼光和冷静思考。

　　对于传音媒体来说，播出时间上所占比例最大的，是听众喜闻乐见的文艺类节目，其内容也多与抗战有关。如 1943 年 3 月 19 日，云南电台举行口琴广播音乐会，中央研究院、西南联大、中华职业学校、昆明市邮政总局等单位的口琴名家同台吹奏抗战歌曲。抗战时期的昆明广播电台，是向国内外进行抗战宣传的重要传播工具，中央研究院的学术精英大力支持

①　曾昭抡：《抗敌精神讲话》，《民国日报》1938 年 5 月 28 日第 4 版。

电台宣传抗战救国，为国人了解世界反法西斯战场局势，坚定抗战决心，振奋民族精神等，提供了有力的思想文化武器，传播了反侵略战争的时代强音。

现代化的科学文化，是国家发展、民族振兴的基本保证。接受现代科学文化教育的爱国知识分子，一直怀有科学救国、教育救国的深厚情结。作为科学研究工作者，中央研究院的职员则把自身的优势化为参加抗战建国的武器。中央研究院的学术研究，是在战争时期进行的。身处这一特殊环境，一些纯学术研究这时也自觉地增添了某些现实需要的内容。即使在大量人文学科论著中，也表现出弘扬民族精神，为抗战服务的显著特征。

构成冯友兰哲学主要体系和哲学创作高峰并给冯友兰带来极高荣誉的"贞元六书"①，就是为了适应抗战形势的需要而写成的，这一工作使他成为"抗战期中，中国影响最广，名声最大的哲学家"，这一评语说明冯友兰用自己的心血和智慧为抗日文化作出的贡献，得到了哲学界同人的认同。冯友兰解释说："抗战时期是中华民族复兴的时期：当时我想，日本帝国主义侵略了中国大部分领土，把当时中国政府和文化机关都赶到西南角上。历史上有过晋、宋、明三朝的南渡。南渡的人都没有活着回来的。可是这次抗日战争，中国一定要胜利，中华民族定要复兴，这次'南渡'的人一定要活着回来。这就叫'贞下起元'，这个时期就叫'贞元之际'"。这四个字表达了冯友兰坚信抗战必然胜利的意志。把深奥的哲学道理用通俗易懂的文字表达出来的"贞元六书"，是冯友兰将哲学融入抗战生活的具体体现。他坦诚承认自己"习惯于从民族的观点了解周围的事物"，而"抗战时期，本来是中、日两国的民族斗争占首要地位，这就更加强了我的民族观点。在这种思想的指导下，我认为中国过去的正统思想既然能够团结中华民族，使之成为伟大的民族，使中国成为全世界的泱泱大国，居于领先的地位，也必能帮助中华民族，渡过大难，恢复旧物，出现中兴。"对于希望对抗战有所贡献的人，只能用他已经掌握的武器。既然"我所掌握的武器，就是接近于程、朱道学的那套思想，于是就拿

① "贞元六书"指的是冯友兰的《新理学》《新事论》《新世训》《新原人》《新原道》《新知言》六部书。冯友兰用"贞元之际"统称这六部书是颇有用心的。"贞""元"二字出自《周易·乾卦》卦辞之"乾：元亨利贞"，后来有人就把"元亨利贞"解释为一年四季的循环，用"元"代表春，"亨"代表夏，"利"代表秋，"贞"代表冬。冯友兰用"贞元之际"，是表示冬天就要过去，春天就要到来。

起来作为武器"。他又说："中国古典哲学中的有些部分，对于人类精神境界的提高，对于人生中的普遍问题的解决，是有所贡献的，这就有永久的价值。"而"贞元六书"便是"把中国古典哲学中的有永久价值的东西，阐发出来，以作为中国哲学发展的养料，看它是否可以作为中国哲学发展的一个来源"。可见，冯友兰是在中华民族危难之际，努力为中华民族寻找精神武器，以促使中华民族精神上的团结，为未来的文化建设提供营养。

整体看来，追求学术自由与社会使命是科学文化精英思想的一体两面，它们的关系错综复杂地交织在一起。中国现代科学文化共同体的成员，多数接受过西方的科学教育，同时，又有传统文化的深厚修养，修齐治平的思想使他们以科学这一时代的利器来改变中国落后的面貌，致力于把科学文化建设成为中国社会文化的核心。现代性与传统性在他们身上得到融合，表现在价值观上，即他们所提倡的科学文化除了科学精神、科学思想、科学方法之外，还包含学术自由、道德因素、现实观照、实践特性、社会担当这些"科学"之外的属性，使得中国现代科学文化具有丰富多彩而又别具一格的特征。

第十四章　科学文化共同体的
科学文化影响力

科学文化共同体的重要功能之一，即传播科学文化，塑造科学精神，培养科学人才。民国时期作为一个学术思想全面发展的时期，至今令人回想，越来越多的研究者涉足这一领域，这也恰能体现那一时期科学文化影响力的遗泽深远。本章主要讨论抗战期间科研机关的迁徙对科学文化的传播及对地方科学文化的塑造，通过科学精英的培养传承科学文化与科学精神，也是科学文化影响力的重要表现形式。

第一节　科学文化的传播

在前述各章中有些内容通过不同视角对科学文化的传播进行了论述，本节专门对科学文化传播的一条特殊的途径进行考察，即科研机构的迁徙、科学文化共同体成员的流动对科学文化传播所起到的独特作用。

科学文化不仅在时间上有延续性，而且在空间上具有扩展性。与文化源地这个主题直接有关的是文化传播或文化扩散的问题。既然承认有科学文化的中心，那么科学文化便或早或晚沿特定地理轨迹向外辐射传播，引起其他地区发生一连串反应，主要是受文化源地的影响，向源地文化认同。无论如何，文化传播的方式、途径、过程及效果都十分值得注意，因为文化传播是弥合文化空间差异的重要途径。科学文化的传播可分为两种类型：扩展扩散和迁移扩散。

众所周知，学术文化具有明显的地域特色，这是文化地理研究的重要内容。那么科学文化是否也具有地域性呢？文化地理的研究方法是否适用于科学领域呢？如果适用，那又是在何种程度上何种范围内适用呢？这是本文引入文化地理研究的一个重要问题。当然，科学文化因其客观性，其地域特色不至于象人文学术的地理差别那么大，但其必因其外在的表现形式，而受地理、社会的影响而表现出不同的特色，这也可以归为文化地理的研究范畴。对其进行的讨论应该能反映出科学发展的不均衡的原因，其研究具有一定的历史意义和现实意义。

民国时期，科学局面地理与科学活动中心地理所受的影响因素中，以科学家的群体流动与相对聚集最为直接。这一时期，或迫于战争，或出于对学术的追求与向往，科学家的流动迁徙十分频繁；又因行政命令、经济利益、思想观念、人际关系、文化背景等，也因时因地因人的不同，而成为科学家流徙的原因。科学家的个体尤其是群体的流动，既直接影响到一些地区科学局面的兴盛与冷寂，科学家在特定年代相对集聚于特定地点，又形成了若干的科学文化中心。"年来因抗战关系，人事流动甚为频繁，其中以工程、化学、社会科学各所较为显著。此种情形影响研究工作甚大，许多研究工作均因人事之变更致遭停顿，殊为可惜。该院为补救起见，自不得不默许各所研究人员尽量与各机关工厂合作，以期增厚其待遇而提高其工作之兴趣。惟此种办法作为权宜则可，而认为根本解决之办法则不可。窃查此类研究人员既为国内专门学者，若给以充实与合理之待遇，必能对于国家有切实之贡献，似应打破一般待遇之标准，遇有确具专长之人才，必须厚其待遇使无衣食之忧而能安心于学术之研究。欧美各国科学之进步固多由于个人之努力而国家善于养材实有以致之。"①

秉志认为，科学是修己治人的学问，把这种学问推广到社会上，灌输到民间，提高人民的科学知识，使社会科学化，中国社会因为太缺乏科学的原故，人人都不真正了解科学，而把科学当作口头禅，当作时髦货，所以科学家应负有推广的责任。② 在外敌入侵、国破家亡的情况下，科学文化共同体成员跋涉数千公里，暂避后方。在西南边地从事科学研究，客观上保护了一大批著名科学家，也培养出了一大批高级专门人才。竺可桢带领浙大师生几度迁徙，最终落脚遵义，他指出："浙大之使命，抗战期中在贵州有更特殊之使命，昔阳明先生贬窜龙场，遂成知难行易之学说。在黔不达二年，而闻风兴起，贵州文化为之振兴。阳明先生一人之力尚能如此，吾辈虽不及阳明，但以一千余师生竭尽知能，当可有裨于黔省……凡

---

① 《国立中央研究院三十一年度工作考察总评报告》，1942 年，第 6 页。
② 秉志：《科学家对于社会的责任》，《科学世界》1937 年第 7 期。

所以为生计，皆吾人之责任。"浙大在贵州期间，传输现代科技文化，进行科学普及宣传，举办科技产品展览，采用当地原料制作肥皂；对当地产生转移风气的作用，读书风气增浓，大、中学生增加，良好的学风代代相传。

战争对科学事业是一种摧残，但客观上却为科学文化的传播提供了契机。为直观描述科研机构迁徙对科学文化的传播，下文列出了中央研究院各所在抗战期间的迁徙路线。

总办事处：

南京──→ 长沙──→重庆
　　　　1937.11　1938.2

心理研究所：

南京──→长沙──→南岳──桂林→阳朔──柳州→三江──→桂林──贵阳→北碚
　　　　1937.8　 1937.10　 1937.12　 1938.12　1940.12　1944.11

物理研究所：

上海──→湖南──→阳朔 桂林 三江（上路径）／昆明（下路径）──→桂林──贵阳→北碚
　　　　　　　　　　　　　　　　　　　　 1940冬　　　1944.11

地质研究所：

南京──→湖南──→桂林──→三江──→桂林──贵阳→重庆
　　　　　　　　　　　　　　　　　　　1944.11

天文研究所：

南京──→南岳──→桂林──→昆明
　　　　1937.8　　1937.12　1938.4

气象研究所：

南京──→汉口──→重庆──→北碚
　　　　1937.9　 1938.1　 1939.5

史语所：

南京──湖南→昆明──→李庄
　　　　　　　　1941

社会科学所：

南京──湖南→阳朔──→昆明──→李庄
　　　　　　　　　　　1941

动植物所：

南京──湖南→阳朔──→北碚

化学、工程研究所：

上海 $\xrightarrow{\text{湖南}}$ 昆明

　　中央研究院的西迁，是一项具有战略意义的举措。它在战火中为国家基本完整地保存了这一最高学术研究机构，及其人员和重要的资料、仪器、设备，这对于推进科学、教育、文化事业，加速国家现代化的进程，夺取抗战胜利，都有着深远的意义。[①] 毋庸讳言，战争对科学事业造成了巨大的创伤，打乱了中央研究院正常的工作秩序和学术研究计划，在人力、物力、财力上都造成了重大损失，严重影响了它的发展速度和工作实绩。但是，中央研究院的迁徙客观上却对促进大后方的科学事业、传播科学文化起到了积极的作用。从这一点来看，研究中央研究院的迁徙具有重要的科学史价值与文化意义。本文拟对中央研究院西迁的路线进行描绘，探讨各个研究所迁徙的不同路线及落脚点，分析各所在不同地区从事的科学工作，着重探讨它们对当地科学事业的促进，在科学文化传播方面的作用与贡献。

　　中央研究院各所最终的落脚点主要集中三处，一是陪都重庆，二是云南昆明，三是四川李庄。抗战期间，中央研究院各单位一再播迁，内部组织，亦先后奉命增设或更改名称。到 1945 年日本投降时，设于重庆市区及北碚的有总办事处、地质研究所、医学研究所筹备处、心理研究所、物理研究所、气象研究所、动物研究所、植物研究所等 8 个单位，在四川南溪李庄的有史语所、社会所及体质人类学研究所筹备处，在昆明的有天文研究所、化学研究所、工学研究所及数学研究所筹备处等单位。中央研究院的迁徙不仅是促进了当地的科学，而且当地的材料也有助于科学的发展。"以格于物质条件，所以未能集中一地，尤因须择高等教育文化机关所在地区，以便互取研究上之联系也。"[②] 各所工作，虽在迁徙期间，苟为环境及时间所许可，莫不尽其可能努力赓继，如当时暂驻庐山、长沙、南岳、及昆明之各所，均曾致力于此。及迁移既定，即一一照常继续进行，除纯学术之研究外，并为适应当前需要，多注意有关抗战建国各项实际问题之研究工作。[③]

---

① 孙宅巍：《抗战中的中央研究院》，《抗日战争研究》1993 年第 1 期。
② 朱家骅：《抗战以来中央研究院之概况》，《学思》1942 年第 11 期。
③ 同上。

科学思想的普及与传播也是科学文化共同体成员关注的要点，他们在进行科学研究的同时，也考虑怎样把一些浅近的专业科学知识变为民众普遍懂得的科学常识。杨钟健说："有许多东西，固然很专门，但也可以使它普通化。如化学上的许多浅近知识与常说的元素名称，如气象学上的许多现象及连带的名词，都是一般人应当知道的。……现在国民文化程度低，但只要坚持这样宣传、介绍，10 年 20 年后，这个专门的东西，会成为很普遍的东西，成为很普遍的读物。"①

抗战期间，史语所、社会所主要在李庄，同在李庄的还有同济大学医学院、中国营造学社。同济的医学院要开解剖课，营造学社要测绘古墓，史语所藏有大量的人体骨骼，如殷墟出土的头盖骨，以及搜集来的近代人的胫骨、股骨……这些行为为当地人匪夷所思。不久就产生了史语所吃人的谣言，这些谣言不胫而走，愈演愈烈，以至政府专门派来军队加强防卫。针对此种情形，傅斯年认为堵塞不如疏导，决定开办展览会，以破除迷信。1941 年 6 月 9 日，在中央研究院成立 13 周年的纪念日，具有全国水准的文物科普展览开幕。海报从李庄到南溪、从南溪到宜宾，顺着长江两岸，沿着山路，广为张贴。

纪念会暨展览开幕仪式，由董作宾主持，社会科学所所长陶孟和发表演讲。演讲的内容包括介绍中央研究院的成立、工作性质、贡献等。研究体质人类学的吴定良也发表演讲，介绍了研究人骨头的目的、意义、内容、方法等。董作宾、李济、凌纯声、梁思永等人担任解说员。展品从古人类骨骼到恐龙等动物化石，从古代兵器、甲胄到国外的文物、模型，从安阳出土的青铜器到明清的字画等。展览轰动四方，《中央日报》《新华日报》都发表消息，参观者不单李庄百姓、各校学生，远在成都、重庆、泸州、乐山、南充等地也有人乘舟坐车而来。江安国立剧专的曹禺、欧阳予倩以及流寓四川、云南、贵州的名流也来观看。②

这以后，李庄还举办过各种展览。如中央研究院还陆续展览过类人猿化石及模型、殷墟殉葬人骨骼、甲骨文龟片、鹿头骨文字、古代兵器、战国图片模型、历代衣冠袍套、甲胄、民族服饰、服装、外国进贡表章、贡品等。同济大学医学院展出了人体解剖用的人体骨骼，供解剖用的尸体、

---

① 杨钟健：《科学副刊》，《大公报》1936 年 10 月 3 日。
② 岱峻：《发现李庄》，四川文艺出版社 2009 年版，第 83 页。

图表，生化、药物化学品等。通过这些展览和讲解，不仅消除了当地人的疑惑，更重要是提升了当地人的整体科学文化素养。

第二节 科学精神的塑造

一个学科的建成或一项事业的开创，不但要确立学术规范、学术取向与适合学科发展的有效机制，还应树立科学精神。学术领袖的治所理念与措施对塑造研究所的面貌和学风会起到至关重要的作用。秉志认为，应"注重研究精神，不可因无造次之得而自阻，亦不可专重应用，因科学家目的在于求真理。"① 在他看来，中国科学发轫之初，先行者应首重纯粹研究及研究方法的传授，来潜移默化地培植研究精神，逐步树立以学问为目的而非手段的学风。这样，不但有助于学科的植根，而且养成的人才科学事业与科学精神兼顾，不至于迷失人生方向。

何谓科学精神？秉志认为它的内涵包括以下几点：一曰公而忘私，科学非私产，研究科学者，必须有公开之精神。倘自己从事研究，得有结果，严守秘密，不肯公之于世，则此人绝不能于科学上有所成就。二曰忠于所事，对于自己所从事之工作，皆具最忠挚之态度。科学之真理，不以忠诚之精神，努力进求，绝不能自来相寻。三曰信实不欺，科学以求真理为唯一目的。所研究之问题，几经困难，得有结果，是即是，非即非，不能稍有虚饰之词。对于各种学理，各种事实，反复推求，得是乃止，毫不容参加意气，尤不容作伪矫强，自欺欺人。四曰勤苦奋励，科学工作者不肯勤苦努力，则此学之真铨，绝不能偶然侥幸而获之。五曰持久不懈，从事研究，必终身不懈，方能有所成就，真正的科学家对于科学，无论身处何等环境，遭如何困难，必锲而不舍，一息尚存，不容稍懈。②

科学精神的作用为何？与科学知识相比，秉志认为科学精神更为重要，缺乏科学之知识及技能，其害固大。而缺乏科学之精神，其国家必日见剥削，其种族必不免于沦亡。他说，西方列强何尝不唯科学是赖，以科学之精神为立国之根基？他们的繁荣昌盛，岂非受科学精神之赐乎？他还

---

① 《本社生物研究所开幕记》，《科学》1922 年第 8 期。
② 秉志：《科学精神之影响》，《国风月刊》1935 年第 4 期。

以巴斯德研究微生物为例，不但在经济上造福祖国，而其精神实贯注于法国社会，法国人民受此等精神之感化，皆奋发卓励，以复兴国家为唯一目的，其国家所以转危为安，转败为强。中国近代很早就输入西方科技，但未能从根本上改变中国的社会状况，原因在于科学精神的匮乏阻碍了科学在中国的发展，他说："试观吾国人民近来之性情，乃无一不与之（科学精神）相反，欲振起国人之萎弊，唯有诉诸科学之精神。总之，科学精神，治科学之人，万不可缺。""政府宜有之，社会宜有之，吾科学界同人尤当负此责任，力求推进。"① 秉志不遗余力地倡导科学精神的态度应予以充分肯定。近代文化的根本特征在于科学化，政治、经济、国防等莫不需要科学。卢于道指出，欲中国强盛，必须发展科学与科学文化，而树立科学文化的要素之一便是科学精神的培养。他说，树立科学文化有三要点，即培养科学精神，广播科学常识，开展科学研究。

为促进同行之间的互动，生物所积极推动学术共同体的成立。20 世纪 30 年代中期，国内生物学研究能力已大为增强，成果较为丰硕，但总体上仍处于"随个人性之所近，为漫无限制之自由发展"的局面，缺乏必要的合作和交流。摆脱门户之见，打破地区畛域，成立专业性学会，集思广益，共同推进生物学事业，就显得越来越迫切。1933 年夏，胡先骕等 19 人发起，在四川北碚成立中国植物学会，旨在"使各地同志互通声气，促进研究，并普及植物学知识于社会"②，由钱崇澍任首任会长，并自 1934 年出版《中国植物学杂志》和《中国植物学汇报》。秉志等 30 人发起，1934 年 9 月 23 日在庐山牯岭成立中国动物学会，以"联络国内习动物学者共谋各动物学知识之促进与普及为宗旨"，③ 首任会长为秉志，1935 年创办《中国动物杂志》。各学会成立后，积极发展会员，组织学术会议，使会员相互切磋砥砺，剖疑析难，交换新知。而且，随着各学会专业刊物的创办，改变了此前研究成果往往投往国外发表的局面，此后"除去很少的论文送到外国专门杂志登载外，大多数的论文都在国内的专门刊物上发表"④ 他们建立了科学的标准和传统，并通过各种角色、任务（研究、教学、出版、评审等）的实现来维持科学共同体的存在，保证科

① 秉志：《科学精神之影响》，《国风月刊》1935 年第 4 期。
② 《中国植物学会概况》，《科学》1936 年第 10 期。
③ 《中国动物学会缘起》，《科学》1934 年第 7 期。
④ 陈桢：《中国生物学研究的萌芽》，《东方杂志》1931 年第 14 期。

学活动的开展和科学传统的延续。而且，学术权威还对本学科发展情况及时总结和评论，或介绍国内外学术动态，或对以后的工作提出指导性的意见。

值得指出的是，生物所对中国科学与社会的影响不限于生物学科在中国的建立，还在于它开创的科学文化建设模式对中国复兴的价值。生物所不仅以科学方法研究本土材料，创造新知识，丰富了世界科学知识宝库，并以科学方法对中国传统本草学成就进行清理，既正本清源，又昭示来者，还努力探索建立生物学中文名词术语的方法，使"科学也能说中国话"，走出一条以科学为基础的文化继承与创新之路。这种建设科学文化的态度和行动，与胡先骕、吴宓等为首的学衡派的"昌明国粹、融化新知"主张表里如一，有力地推动了中国学术现代化，得到学术界的肯定和赞誉，成为许多学科效仿的榜样。如 1928 年傅斯年就在《历史语言研究所工作之旨趣》中呼吁，"要把历史学语言学建设得和生物学地质学等同样"。柳诒徵也曾高度评价胡先骕、秉志、竺可桢在研究中国动植物与气象领域所取得的杰出成就，并期许国人当以此为榜样，"努力吸收外国之学术，进而研究中国之文物"，以建立"一种中国的新学术"①。胡适 1935 年 10 月 24 日应邀在科学社二十周年庆祝大会上发表讲演时说道："中国学术界最得意的一件事，就是生物所在秉志、胡先骕两大领袖领导之下，动物学植物学同时发展，在此二十年中为文化上辟出一条新路，造就许多人才，要算在中国学术上最得意的一件事"。一言以蔽之，生物所在中国现代科学文化兴起的进程中启一曙光，放一异彩，立了一座不朽的碑碣。

在谈到如何发达中国科学时，秉志引用了竺可桢的一段话，"我们要晓得，近世科学，好像是一朵花，必得有良好的环境，才能繁殖，所谓良好环境就是'民众头脑科学化'"②，这也是秉志的态度，他认为第一是宣传，第二才是研究。"大凡学科学的人，都想科学流传，使一切人知道科学，对于科学发生兴趣。但这全仗于宣传。诸位学科学的，应该负责宣传。我们科学界的人，对于宣传科学，也是负极大责任。"因此，抗战前秉志一再宣扬科学救国，强调科学在提升民族素质、国家建设中的重要作

---

① 柳诒徵：《清季教育之国耻》，《国风月刊》1936 年第 1 期。
② 秉志：《科学与民族复兴》，《科学》1935 年第 3 期。

用，指出"吾国人民急需科学以起死回生之计，吾人能发展科学，人民之知识、技能、生活、体格、思想、道德，均将之而日有起色，由衰老之民族，变为鼎盛之民族"①。要求科学同人从事科学普及，将科学知识灌输给民众，"不可高自位置，置人民之教育于不顾"②。抗战期间，秉志先生用笔名伏枥发表文章，意义是"老骥伏枥，志在千里"，表达了他爱国抗日的雄心壮志。

"凡一民族欲久存于世，发荣滋长，不为他族所征服者，必恃其国民努力于科学。吾国今日当此危急存亡之秋，欲抵抗强敌，保存国土主权，为永久独立之民族，端赖有志爱国之士，各竭心力，从事于科学之发展。"③ 为此，在抗日战争期间，秉志还曾经与刘咸、杨孝述等人一起主编《申报》创办 60 多年历史上第一次以"科学"为名的专刊《申报·科学与人生》，在抗日时期号召科学家们利用手中的笔做贡献，向民众普及基本科学常识，探寻阻碍中国科学发展的原因，宣扬为科学而科学、为学问而学问的求知求真态度，以提升中华民族素质，使大家一起同仇敌忾，争取抗战的最后胜利。此举在抗战建国的大势下，显得有些不合时宜，但鲜明地提出科学是抗战报国、抗战救国、抗战建国的不二法门，委实值得深思④。

科学家们十分重视科学普及的重要性，如秉志认为"吾国社会，最缺乏科学常识，故人民有许多不会科学之行为，迷信也，疾病也，恶劣之习惯也，妄谬之思想也，无一非缺乏科学知识之所致，科学家宜以改良社会为己任，于研究工作之余暇，设法将科学知识，灌输于人民，近来国内热心爱国之士，已渐努力于此途。各处之科学演讲，颇风行一时，各种之刊物，如《科学》《科学画报》《科学世界》《科学的中国》等，为数渐多，流行亦广，其中有在各书肆及火车之中，皆可见得者，此诚宣传科学之大助。其余关于科学常识之书籍，亦渐见刊布，科学家若皆能顾及社会之教育，群致力于此项工作，不患不生影响。⑤ 他举国外科学家和科普活

---

① 翟启慧、胡宗刚：《秉志文存》（第 3 卷），北京大学出版社 2006 年版，第 137 页。

② 同上书，第 140 页。

③ 秉志：《科学与民族解放》，《申报》1939 年 7 月 26 日。

④ 张剑：《另一种抗战：抗战期间以秉志为核心的中国科学社同仁在上海》，《中国科技史杂志》2012 年第 2 期。

⑤ 秉志：《国难时期之科学家》，《公教学校》1936 年第 11 期。

动为例，"欧美科学大家，终身勤苦于高深之研究，为学理上之贡献，而于传布科学常识，亦努力最大，有为工人讲演者，有著普通画报者，使妇孺皆可读晓者，故其社会之知识程度，因之抬高，国家所以长治久安也"。①

第三节　科学精英的培养

《国立中央研究院设置研究生章程》第一条规定："国立中央研究院各研究所得设置研究生，研究生人数每年由各所所务会议议决通过，经院长核准。"第二条规定："凡具有次列资格之一者得应研究生之选拔考试：（一）国立大学本科毕业者；（二）在教育部立案之私立大学或本院认可之国外大学。"

陈省身回忆在担任数学研究所代理主任期间的工作时提到，"我觉得第一要务是培养新人。我函各著名大学的数学系，请他们推荐三年内毕业的最优秀的学生。应征者踊跃，不久我便有十多个活跃的年轻助理员。这些人后来在数学上都有贡献。我教他们代数拓扑，有时每周上 12 小时的课。所以大多数的人后来都以拓扑为专业。"陈省身提到的"十多个活跃的年轻助理"包括如下数人。路见可，数学所第一位助理员，武汉大学毕业，后来长期担任武汉大学教授。吴文俊，上海交通大学毕业，早日即显示出独立工作的能力。留学法国学习拓扑学，对纤维丛的拓扑有重要贡献。1956 年获国家科学一等奖，1957 年当选中国科学院学部委员，2000 年获首届国家最高科学技术奖。陈杰，四川大学毕业，1949 年任教于四川大学，1950—1957 年任教于北京大学，后任内蒙古大学教授，副校长。陈德璜，四川大学毕业，后任清华大学讲师、新疆大学教授。周毓麟，上海大同大学毕业，曾留学苏联莫斯科大学，从拓扑改攻偏微分方程，甚有成绩。长期担任北京大学、清华大学教授，1991 年当选为中国科学院学部委员。

中央研究院人才荟萃，集中了国内各界的名流。以生物学为例，当时学习生物学或相近专业的大学生，都以毕业后能进生物所深造或工作视为人生一大快事。生物所吸收新成员的途径一般有二：一是专家的推荐，二

---

① 秉志：《国难时期之科学家》，《公教学校》1936 年第 11 期。

是考试录用。专家推荐主要依据其业务水准，录用人才不徇私情，要求严格，备受称赞。在人才培养理念与方针上，他们根据人才成长的规律对录用的学员因材施教，悉心指导。首先，要求厚基础，先博而后精。"大凡治科学者有必不可犯之二弊：一狭隘，二浮浅"，1922 年秉志就对希望从事生物研究者说："学者必博学各门，以为普通之基础，然后不忧狭隘"，"然后就其性之所近者而专攻之，以为独立之研究"①。后来，他继续强调，"不论怎样，研究者都应该有一个基本训练"，即有在形态学、生理学、分类学、试验动物学方面的基础训练。因为随着研究逐步深入，牵涉的知识越来越多，必然要求有宽泛的专业知识。如果研究者基础宽厚，一些问题加以精深研究后，即能触类旁通，迎刃而解，或"若起初即专治一门，由褊狭之见，固所难免"。所以，他要求初入该所的学员"必先使其经习各方面之学识，然后就性所近，自为选择，以专攻一学"②。而且，他非常重视研究方法的训练，说："先得一种科学方法之训练，然后由以攻专门分类之学；或专攻物境学，或专攻遗传学，不至流于浮浅。"③ 此外，他还建议研究者应留心与自己专业有密切联系的知识，"不要只死抱住自己狭仄的一行，将别的东西，一概不去理会。应该是先就切近最有关系的学问，加以留意；行有余力，再推展得更远些。"其次，以实现生物学本土化为培养目标。中国生物学发轫之初，按照西方模式构建学科体系与理论框架，采用的教科书理论读本皆为译自外国，应用科学教材亦然。这样，就不可避免地带有照搬、模仿国外模式的缺陷，造成实际上对中国生物情形的偏差，如钱崇澍所说："余前见苏州某农学院讲义，其所载皆东京西京神户等处之气候种植，盖直抄其人留学时之讲义，一字不易者也。"④ 这种普遍状况成为生物学在中国植根的一大障碍，因为生物学有很强的地方性，各国相互差别明显，所以本土化的任务也就显得更为急切和繁重。生物所的教授对本土化的必要性和重要性也有清醒的认识，胡先骕说："物理化学等学科系具普遍性者，朝习之于外国，夕即可施教于本国，不必须有专门高深之研究也。至于分类学，则虽在外国学校修习，而

① 秉志：《动物学讲习法》，《新教育》1922 年第 5 期。
② 秉志：《国内生物科学近年来之进展》，《东方杂志》1931 年第 13 期。
③ 秉志：《动物学研究趋势》，《学艺》1931 年第 4 期。
④ 钱崇澍：《评博物学杂志》，《科学》1915 年第 5 期。

以种类不同，回国后非重起炉灶，加以研究不可。"① 生物学本土化就是用近代生物学理论方法研究中国地域上的生物，通过这种研究，科学地描述和解释境内的生物，解决中国社会发展过程中所需要解决的生物问题，并能检验、修改、补充生物学的理论和方法，丰富世界生物学知识体系。他们认识到，从西方植入的生物学要在中国生根发展，必须将中国的生物情形和生物学问题容纳到生物学里，以中国的事实来说明各种生物学原理，以服务中国社会为根本目的。这种取向保证了自西方导入的生物学从服务中国社会需要中获得持久的生命力，通过对社会现实问题的思考和解决，与中国情形结合，并围绕着中国区域生物调查和研究而向前推进。同时，作为有地方性的科学，本土化的取向也是摆脱西方学术垄断或优势的一种方式，从依赖西方、拾人牙慧走到独立自主、与西方竞雄。所以，本土化是科学发展的客观要求，也是"学术独立"的必然之路。

为了合理调查和研究利用本国的丰富生物资源，必须由中国科学家亲自到各地深入调查，采集标本，建立自己的标本库，绝不可依赖外国人。胡先骕曾说："中国地大物博，植物至为繁富，迄今全仗欧美各学者为之采集研究，宁非国人大耻。故每一大学，苟有植物学科者，必宜以采集植物为职责，必如是群策群力，中国植物始能有调查详尽之一日，其贡献于科学者斯能甚大也。"② 在本土化取向的指导下，生物所的教授均自觉着手生物采集和研究，如秉志对江豚、虎等脊椎动物进行形态学、组织学研究，著述甚丰；陈桢根据孟德尔—摩尔根学说，利用中国特产金鱼进行遗传与变异研究，1925 年在国内最早发表有关遗传与进化的论文；胡先骕归国后就到浙江、江西、福建等省调查植物，采集了数以万计的植物标本，并亲自对这些标本整理鉴定，相继写出《浙江植物名录》《江西植物名录》等论文，成为研究浙江、江西两省植物的重要参考文献。戴芳澜进行植物病害和病原真菌研究；陈焕庸著有《中国经济树木志》《中国木本植物志》等。这些调查和研究取得的成果达到了那个时代中国学术发展的水平，奠定了中国生物学的基础和模式，代表了未来发展的方向。

生物所特别注意将本土化目标贯彻在人才培养工作之中，教授们均亲

---

① 胡先骕：《与汪敬熙先生论中国今日之生物学》，《独立评论》1932 年第 15 期。
② 胡先骕：《植物学教法》，《科学》1922 年第 11 期。

自带领学生进行野外调查采集，以使学生对本土生物情形有深入的了解。这种重视野外考察的培养方法还有助于学生摒弃中国传统旧式文人的"君子不器""技艺为下"的思想。中国古人治学。重在书本，鲜有实地考察与实验研究，此与近代科学注重实验的精神相距甚远，若以此法研究科学，无异于缘木求鱼。这种培养理念的贯彻和实施，使中国学术研究的对象由原先的典籍转向了自然界，研究方法由坐在室内释解经典训诂的方式走出书斋，迈向自然调查采集，采用近代科学的观察、实验、比较分析、归纳推理方法，在中国建立了从自然界获取新知识的新模式。生物所还要求学员出国后也尽量以本土生物为研究对象，为中国而研究。当时，国内尚无法完成高级研究人才的培养，秉志要求学员在所内打好基础，完成研究技能的基本训练，然后推介志趣纯正、学问优长者分赴欧美各大学、博物馆，在名师指导下深造，以备学成回国充任大学教员，并能担负高深研究。还鼓励学员在欧美搜集、复制中国生物标本、文献，为建立中国生物学事业积累标本文献资源。如秦仁昌 1929—1932 年旅欧期间，遍访欧洲几个主要的标本馆，对中国蕨类植物进行了全面研究，拍摄了包括种子植物在内的中国植物标本照片 18300 余张，奠定了中国蕨类植物学的基础。这套标本照片后来由静生生物所复制与国内外机构交换，推动了中国植物学研究。由此观之，生物所把留学和培养国内学术带头人结合起来，留学目的并非镀金，而在于提升学术水准，以填补国内空白和薄弱学科为重点，实现学术独立。随着立足本土的研究成果不断涌现，中国生物学界逐渐被世界了解，并在国际学术界取得了一席之地。

来自不同机构、各具风格的人员聚焦到一起，不但有助于研究力量的新陈代谢，而且对其他机构人员的培养也发挥了重要作用。经过生物所学风的熏陶，他们具有一致的学术取向与研究方法，相互之间建立了密切的学术联系，同声相应，同气相求，彼此援奥。1920 年代以后，国内生物学教学与研究机构如同雨后春笋般涌现，生物所人员各挟所长，以讲学执政于域内，遍布全国各地。还有许多人员相继任职国内各机构，成为各机构的骨干。以人才培养的水准而言，与世界先进水平相比，生物所略显幼稚，但毕竟完成了中国高级生物学人才的初步培养。伴随着中国生物学事业的快速成长，他们或成为学富五车的泰斗，或成为某些学科的翘楚。

结　语

　　当代的科学史研究，已不再局限于描述科学知识的发展和演变以及为科学家树碑立传这样一些传统的历史体裁，而是致力于探索科学的发展与社会、政治、经济和文化的复杂关系，越来越多的学者倾向于把科学当作一种社会文化过程加以研究。综观对中央研究院进行研究的现有成果，可以发现研究者基本沿着从建制史、思想史到文化史的脉络开辟研究进路，从早期对该机构建制发展的讨论到对学术领袖、科学家的思想分析，最后延伸到文化史的层面，把对中央研究院的研究置于具体的历史背景，以对中央研究院在民国时期的作用和地位做出公允的评判。通过考察科学建制的发展，探讨其对中国科学文化的影响，考察中国科学文化的建设，是避免对中国科学文化的地位与作用作空泛判断的一条有效途径。通过对科学建制微观的科学社会史研究的积累，完成对科学文化塑型及社会对科学文化认同脉络的勾勒成为科学史研究的一种必然选择。

　　本书提出了一个全新的共同体——中国现代科学文化共同体，全书围绕这一共同体的科学文化实践来展开中国现代科学社会史的研究，是一种研究中国现代科学发展史、科学文化史的新进路。

　　一、提出中国现代科学文化共同体，有助于科学文化与人文文化的统一与融合，有助于科技史学科领域与方法的拓展。科学史研究也需要渗透人文情怀。从本质上来说，文化是一个整体概念，在同一社会形态科学文化与人文文化作为同一文化的不同部类，它们的差别只在于对人类生活的表现方式不同，二者应该是一个整体，当然也必须看到它们有各自不同的体系，应该在新的历史条件下，在更高水平和更深层次上实现统一与融合。李醒民对两种文化的融合提出的有效途径是，走向科学的人文主义（*scientific humanism*）和人文的科学主义（*humanist scientism*），即走向新人文主义（*neo - humanism*）和新科学主义（*neo - scientism*）。通过研究，可以确定笔者所提出的"中国现代科学文化共同体"这一抽象的共同体是可以存在的，它以中央研究院为现实基础，并以各种各样的社会关系维系着，共同致力于中国现代科学事业、科学文化的建设。本书的研究主要以该共同体的科学文化实践为对象，展开中国现代科学史特别是科学建制与科学文化领域的研究。本书所提出的中国现代科学文化共同体以中央研究院20多年间的1131名职员为成员，通过对这1131名共同体成员特别是它的核心成员的分析，可以确定他们以地缘、亲缘、学缘、业缘等多样的关系共存于一个共同体，在共同体内部，按不同标准划分，又可以将这一共同体划分为若干不同类型的子共同体。开展中国现代科学文化共同体的研究，是中国现代科学史研究的文化学趋向的必然。作为一个共同体，它有共同的价值目标、有相应的结构、有多样的维系方式。提出一个这样的共同体有助于中国现代科学史研究领域与研究方法的拓展，具有相应的学科价值与历史意义。

虽然本书提出的中国现代科学文化共同体是一个既包含科学家又包含人文学者的共同体，但在研究的过程中，仍是以科学家的科学文化实践与科学思想为主要对象和内容来展开研究。因此，科学文化共同体仍是以科学家为主体，以科学理性为主导，以科学文化实践为主要内容。

从文化学的角度来研究中国现代科学史，具有重要的理论意义与实践意义。有助于超越狭隘的科学观，树立一种新的科学观，从而更加全面而深刻地理解科学，理解科学的根源、动力、目的、意义和价值；有助于促进科学教育和科学管理体制的改革和完善，让科学教育和科学管理更富有文化色彩，更加人文化和人性化，更触及科学文化之魂。全面而深入地研究科学文化，全方位地揭示科学的根源、动力、目的、意义和价值，特别是揭示科学的文化本性，揭示科学的人性和创造性，揭示科学的生存论意义和科学家的精神世界，揭示真正意义上的科学精神，无疑对于构建创新文化具有十分重要的意义。

二、科学文化共同体对中国现代科学的发展起着根本性的作用，对中国现代科学文化的发展起着主导作用。通过研究可以看出，中国现代科学文化共同体的成员尤其是它的核心成员——中央研究院的院士、评议员、各研究所所长、研究员对中国现代科学的发展起着不可替代的作用，他们大多都是相关学科的奠基人、学术领袖。现代中国的大多数科研机构都是科学文化共同体的核心成员所创立并领导的，国立的科研机构中央研究院由蔡元培等创立，杨铨、丁文江、朱家骅、任鸿隽、傅斯年等人在不同时期发挥着舵手的作用，各研究所的所长对国内学术的发展多所贡献；北平研究院名义上以李石曾为院长，但实际主持院务的一直是副院长李书华，而李书华不仅是中央研究院的评议员、院士、研究员，还一度担任中央研究院的总干事；其他重要的科研机构如中央地质调查所，长期由丁文江、翁文灏领导；静生生物调查所与中国科学社生物研究所则一直以秉志、胡先骕为领袖；孙学悟则担任黄海化学工业研究社社长长达30年之久。这些人都是中国现代科学文化共同体的成员，可以说，没有这些精英科学家的存在，就没有中国现代科学的发展，更谈不上科学文化的形成。

　　自近代以来，中国长期处于动荡战乱的历史时期，旧有的文化秩序被不断地打乱颠覆，新的文化建立的过程中也充斥着形形色色的各种学说与流派，但只有一种文化，即科学文化，始终被大多数精英所认同，并逐渐确立了科学文化在中国新文化当中的核心地位。科学文化核心地位的确立，一方面源于近代以来国人对于西方科学技术无可奈何的膜拜，更重要的是一批科学文化精英亲身体会到欧美强国何以富强，何以重视学术研究，何以具有科学的理性精神，他们把这种思想带回国内，试图通过自身的努力，改造中国旧有的文化，确立科学在中国社会形态以及文化形态中的核心地位，以达到科学救国、科学强国的目的。由于处在这样一个特殊的历史时代，科学文化精英对科学文化建设的努力始终坚持不懈。以"五四"为标志的"新文化运动"的核心即在于"民主"与"科学"，这一思潮的倡导者并不是以科学家为主体，反而是以胡适等人文学者为领袖，即使中央研究院的首任院长蔡元培也并非自然科学专家，以此观之，足见人文学者在科学文化的确立、兴起的过程中起着引领风潮的先导作用。1923年的"科玄论战"在社会上引起强烈反响，"科学派"的主将不仅有丁文江、任鸿隽、唐钺这样的科学家，还包括吴稚晖这样纯粹的人文学者，而且他对科学的辩护比科学家更甚。胡适虽未直接参与论战，但他在为《科学与人生观》撰写的序言中明确地表达了自己属于"科学派"的主张。20世纪三十年代，科学化运动在中国大地全面地展开，科学社会化、社会科学化成为科学文化精英的目标，虽然这一运动由官方主导，但科学文化精英也积极投身其中，1932年成立的科学化运动协会的发起人中有顾毓琇、吴承洛、张其昀、钱天鹤、张钰哲等人，他们创办刊物、广播演讲、编辑书报、举办通俗科学展览，开展了许多科学普及工作。从中国现代科学文化发展的脉络来看，科学家与人文学者对科学文化建设的责任与使命始终是融合在一起的，他们共同为科学文化的发展确立方向，搭建结构，填充内容。

三、中国现代科学文化共同体的科学文化实践全面而深入，他们的学术示范为后来者披荆斩棘，他们富有时代特征的科学文化价值观遗泽深远。科学文化共同体尤其是其核心成员，不仅是科学事业的领军人物，也是科学教育、科学社团的主力。科学研究与教育二者之间有天然的联系，文中对那些同时在中国现代科学研究与科学教育两个领域中均做出重要贡献的科学文化共同体成员进行了考察，以院士为例，除一人无高校执教的经历外，其余皆在高校从事过科学教育工作，可见，中国现代科学文化共同体与现代科学教育有着密不可分的关系，他们既是科学家，更是科学教育的专家，他们怀着"科学救国""教育救国"的信念，通过参与高校行政管理、创设新系科、编写新教材、组织学术团体、编辑科学刊物等形式，将西方先进的科学知识引入中国，对促进中国科学教育做出了突出贡献。

20 世纪二三十年代，中国科学家整体成熟，为建立科学家的组织奠定了基础。这批科学家具有较高的科学素养和强烈的救国热情，他们认为，在民族危亡的时刻，爱国的科学工作者应该立即组织起来，共同为发展中国的科学事业，为救国图强贡献自己的力量。在他们的积极倡导和活动之下，一批现代科学学会在极端困难的情况下应运而生。中国的科学学会在成立之后，有效地组织起国内科学界的同人，为发展科学研究与教育事业，开展了一系列卓有成效的活动，为中国科学学会的成长迈开了坚实的步伐。而且，中国现代科学文化共同体的核心成员——中央研究院院士——多数有在国外著名大学学习和研究的经历，与国外著名科学家保持着密切的联系，这样的身份为加强与国际科学界的交流提供了便利。

总体来看，中国现代科学文化共同体的科学文化实践丰富多样，他们在涉及科学的各个领域都能起到很强的奠基与示范作用。在科研机构中他们是科研机构的创立人，是主要的研究力量；在科学教育机关，他们是各学科的创始人，是科学教育的主力；在科学学会中，他们多是发起人，领导者；即使在政府部门，他们也往往担任要职，学而优则仕是中国文化中传承了几千年的内容，在现代社会中仍不能免除。官方的身份使得他们的思想能够以更权威的方式传达出来，形成效力。仅以担任过教育部部长的人来看，科学文化共同体中就有王世杰、朱家骅、杭立武、李书华 4 人担任过此职。

中国现代史上，或迫于战争，或出于对学术的追求与向往，科学家的流动迁徙十分频繁；行政命令、经济利益、思想观念、人际关系、文化背景等，也会成为科学家流徙的原因。科学家的个体尤其是群体的流动，直接影响到一些地区科学局面的兴盛与冷寂。战争对科学事业是一种摧残，但客观上却为科学文化的传播提供了契机，比如，中央研究院的迁徙客观上就在促进大后方的科学事业、科学文化传播等方面起到了积极的作用。

中国现代科学文化的一个显著特点是，科学知识与社会生活的密切联系产生于民族主义的潮流之中，科学话语构成民族主义话语的有机部分。科学的意义不仅在于它对事物内在规律的理解，而且更在于一项更高的事业。国家富强、文明福泽与对事物的认识构成了一个意义的连锁关系。

中国现代科学文化共同体的成员，多数接受过西方的科学教育，同时，又有传统文化的深厚修养，修齐治平的思想使他们以科学这一时代的利器来改变中国落后的面貌，致力于把科学文化建设成为中国社会文化的核心。现代性与传统性在他们身上得到融合，表现在价值观上，即他们所提倡的科学文化除了科学精神、科学思想、科学方法之外，还包含学术自由、道德因素、现实观照、实践特性、社会担当这些"科学"之外的属性，使得中国现代科学文化具有丰富多彩而又别具一格的特征。

四、从历史的角度来看，尽管民国时期的几十年自成一个相对完整的历史单元，这一时期的科学建制、科学研究、科学文化都取得了突破性的进展，奠定了中国科学文化的基石，但是，还应当看到，中国现代科学文化的发展仍然只是处于历史长河中的一部分，科学文化建设并不是完全成熟。

民国时期，科学作为一个社会部类独立出来，科学家的社会角色逐渐明确，中国科学文化开创了新的局面，对这一"新局面"进行的无论何种方法的研究，都具有相当的典型示范意义。再者，这一时期，中国的局面纷繁复杂，又遭受外族入侵，当时的社会文化多所变迁，种种时代特征均给予科学文化以深刻的影响。因此，从历史的角度而言，截取民国时期这一时间断面，构建新的科学文化研究模式，极富典型示范意义。中国现代科学文化的独特性，决定了这一时期科学文化备受学者重视。对中国现代科学文化的形成与发展进行全面的研究，无疑会使我们对民国时期科学文化的认识更加客观与深入，这也是中国现代科学文化共同体研究的意义所在。

在肯定中国现代科学文化共同体成就的同时，必须要指出，当时的科学文化建设并不是完全成熟的，从历史的角度来看，民国时期的科学文化建设只能是历史长河中的一段，它承担那一时代的任务，反映那一时代的科学精神与社会特征。民国时期的文化有鲜明的特色，由于在建设科学文化的塑型阶段，很多内容是在借鉴、吸收、探索的过程中逐步形成的，不可能完全成熟。中国现代科学文化的发生、发展，本质上是中国传统文化接纳科学文化的过程，也可以理解为科学文化本土化的过程。这一过程因处于特殊的历史时期，承载了过多的意义，不可避免地使科学文化附带其他的属性。同时，由于中国现代科学先天不足，使得中国现代科学文化具有一些缺陷，比如，其一，中国科学文化虽然孕育于中国的传统文化，但却未能深深植根于民族的文化之中，没能成为大众的文化；其二，中国科学界缺少独立性，损害了科学作为一种文化系统的独立性，销蚀了科学自主创新的灵气；其三，科学理性的弘扬与科学事业的发展并不同步，科学精神失落，广大民众缺少科学素养。1948 年发生的积石山探险事件就反映出当时中国科学文化尚未完全发育成熟。中国的科学文化是随着近代科学的引入而发展起来的，因为中国科学的先天不足，进而导致中国科学文化存在明显的缺陷。诸如，科学往往屈服于政治权威和金钱崇拜，甘为附庸，缺少独立性；而且，正在形成中的中国科学文化是根植于传统文化之上的，以和谐、谦逊、礼让、宽容等为核心的传统伦理道德观念深入人心，在认识事物、处理问题上往往以中庸之道为行为准则，这种文化品质投射到科学活动中即体现为不轻易怀疑事物，易于相信他人。并且，当时中国的科学文化远未成为大众的文化。这些缺陷使得中国科学家和民众在面对他人的蓄意欺骗时表现出普遍的轻信与盲从，轻而易举落入彀中，因所谓的"积石山探险"蒙羞，酿成中国现代科学史上的一桩欺诈闹剧。

五、科学文化的发展具有一定的历史继承性，不会因为社会史的变革而骤变。原有的科学文化仍然会对科学产生持续的影响，影响着科学发展的进程。历史研究的价值，一方面在于还原历史的真相，理清历史的发展脉络，另一方面则在于"以史为鉴"。科学史是一门特殊的历史，它也应当起到"鉴古知今"的作用。

1949 年之后，原有的科学格局重新布局，科学建制重新组合，科学文化也被注入新的内容。但在民国时期形成的科学文化格局，在当今依然发挥着重要的作用，旧有的科学文化也不断地孕育着新的科学胚芽。比如，民国时期科学人才的分布不仅仅表明当时科学研究的地区分布格局，而且也影响着新中国科技分布的格局。中央研究院 81 名院士在 1949 年后多数选择留在大陆，或从海外归国，1955 年有 46 人当选为中国科学院学部委员，院长郭沫若、副院长李四光、陶孟和、竺可桢、吴有训等都是当年的院士，而当初的 150 名院士候选人就有 70 人成为新中国的学部委员。这样的情形使得他们的工作具有延续性与连贯性，也直接影响了新中国的科技分布格局；再比如原有科研机构的继承与合并重组，无不体现原有的研究特色；以科学家的最高荣誉称号来看，尽管一度仿效苏联命之为"学部委员"，但"院士"情结仍不时地显露出来，1993 年中国科学院的"学部委员"改称为"院士"明显沿袭了民国时期的科学文化。而且是否如中央研究院一样，给予人文社会科学学者以院士的称号的呼声从未断绝。

从科学文化价值观来看，尽管随着时代的变迁，旧有的社会背景不复存在，发展科学的条件与民国战乱的背景相比已不可同日而语，但维持科学文化价值观中的学术自由、道德因素、现实观照、实践特性、社会担当在当下仍具有重要的意义。数十年过去了，科学文化在某些方面非但没有取得长足进步，甚至有所倒退，这不能不令人警醒。同时，更加说明，科学文化建设的复杂与艰巨。总而言之，中国科学文化的建设任重而道远，是一个复杂的系统工程，既需要政府的主导与营造科学文化氛围，也依赖于民众科学文化素养的逐步提高；既需要科学家的积极参与，也需要人文学者的大力宣扬，更需要全社会的力量积极行动，需要方方面面的长期努力才能逐步臻于完善。

最后，让我们以一个"无名氏"的"名言"来为全书做一个结束："不要等到'需要'历史的时候才想到历史，历史是一代一代人走过的脚印，历史是一条不容割断的血脉。"中国现代科学文化共同体的成员在 1949 年后多数选择留在大陆，成为新中国科研力量的重要力量。他们以新的身份开始自己的学术使命，百川奔海，殊途同归，共同汇入新中国科学发展的主流。从这个角度看，开展中国现代科学文化共同体研究不但具有重要的历史价值，也同样具有极强的现实意义。

参考文献

一　文献资料

[1]《国立中央研究院章程》，民国铅印本。

[2]《国立中央研究院组织法及筹备经过》，民国铅印本。

[3]《国立中央研究院概况：民国十七年六月至三十七年六月》，国立中央研究院1948年版。

[4] 国立中央研究院文书处编：《国立中央研究院十七年度总报告》，国立中央研究院1928年版。

[5] 国立中央研究院文书处编：《国立中央研究院十八年度总报告》，国立中央研究院1929年版。

[6] 国立中央研究院文书处编：《国立中央研究院十九年度总报告》，国立中央研究院1930年版。

[7] 国立中央研究院文书处编：《国立中央研究院二十年度总报告》，国立中央研究院1931年版。

[8] 国立中央研究院文书处编：《国立中央研究院二十一年度总报告》，国立中央研究院1932年版。

[9] 国立中央研究院文书处编：《国立中央研究院二十二年度总报告》，国立中央研究院1933年版。

[10] 国立中央研究院文书处编：《国立中央研究院二十三年度总报告》，国立中央研究院1934年版。

[11] 国立中央研究院文书处编：《国立中央研究院二十四年度总报告》，国立中央研究院1935年版。

[12] 国立中央研究院文书处编：《国立中央研究院二十六——二十八年度总报告》，国立中央研究院1939年版。

[13] 国立中央研究院文书处编：《国立中央研究院工作报告：民国二十四年十一月》1935年版。

[14] 国立中央研究院文书处编：《国立中央研究院工作报告：民国三十年十月》，1941 年版。

[15] 国立中央研究院文书处编：《国立中央研究院工作报告：民国三十一年十月》，1942 年版。

[16] 国立中央研究院文书处编：《国立中央研究院工作报告：民国三十二年九月》，1943 年版。

[17] 国立中央研究院文书处编：《国立中央研究院工作报告：民国三十三年》，1944 年版。

[18] 国立中央研究院文书处编：《国立中央研究院工作报告：民国三十四年》，1945 年版。

[19] 国立中央研究院文书处编：《国立中央研究院工作报告：民国三十五年二月》，1946 年版。

[20] 国立中央研究院文书处编：《国立中央研究院工作报告：民国三十六年二月》，1947 年版。

[21]《国立中央研究院三十一年度工作考察总评报告》，1942 年版。

[22]《国立中央研究院三十三年度工作成绩考察报告》，1944 年版。

[23] 国立中央研究院文书处编：《国立中央研究院首届评议会第一次报告：民国二十六年四月》，1937 年版。

[24] 国立中央研究院文书处编：《国立中央研究院首届评议会第二次报告：民国二十七年五月》，1938 年版。

[25]《国立中央研究院院士录：第一辑》，1948 年版。

[26]《国立中央研究院职员录：民国十八年度》，1929 年版。

[27]《国立中央研究院职员录：民国二十一年度》，1932 年版。

[28]《国立中央研究院职员录：民国二十二年度》，1933 年版。

[29]《国立中央研究院职员录：民国二十三年度》，1934 年版。

[30]《国立中央研究院职员录：民国二十四年度》，1935 年版。

[31]《国立中央研究院职员录：民国三十六年二月》，1947 年版。

[32]《国立中央研究院第二届评议员候选人参考名单》，铅印本。

[33]《国立中央研究院人员录：民国三十七年四月》，1948 年版。

[34]《国立中央研究院气象研究所概括：民国十八年八月》，1929 年版。

[35]《国立中央研究院气象研究所概括：民国二十年五月》，1931 年版。

[36]《国立中央研究院气象研究所概括：民国二十四年三月》，1935 年版。

［37］《国立中央研究院天文研究所二十一年度总报告》，1932 年版。

［38］《国立中央研究院天文研究所二十二年度总报告》，1933 年版。

［39］《国立中央研究院社会科学研究所二十三年度报告》，1934 年版。

［40］《国立中央研究院社会科学研究所二十四年度报告》，1935 年版。

［41］《国立中央研究院社会科学研究所二十九年度报告》，1940 年版。

［42］《国立中央研究院社会科学研究所三十一年度报告》，1942 年版。

［43］《国立中央研究院动植物研究所民国三十一年度事业计划》，1942 年版。

［44］国立中央研究院植物研究所编：《国立中央研究院植物研究所年报》（第一号 1944—1947），1948 年。

［45］国立中央研究院植物研究所编：《国立中央研究院植物研究所年报》（第二号 1948），1949 年。

［46］《国立中央研究院首届评议会第五次年会化学研究所报告：民国二十九年度》，1940 年版。

［47］《国立中央研究院物理研究所二十年度总报告》，1931 年版。

［48］《国立中央研究院院务月报》（第一卷第一期），1929 年。

［49］《国立中央研究院院务月报（第一卷第四期），1929 年。

［50］　《国立中央研究院院务月报》　（第一卷第五、第六期合刊），1929 年。

［51］《国立中央研究院院务月报》（第一卷第八期），1930 年。

［52］《国立中央研究院院务月报》（第一卷第十期），1930 年。

［53］《国立中央研究院院务月报》（第二卷第六期），1930 年。

［54］《国立中央研究院院务月报》（第二卷第九期），1931 年。

［55］《国立中央博物院筹备处概况》（民国三十一年二月），1942 年版。

二　著作

［56］［德］黑格尔：《哲学史讲演录（第 1 卷)》，贺麟、王太庆译，商务印书馆 1981 年版。

［57］［法］让－克里斯蒂安·由蒂菲斯：《十九世纪乌托邦共同体的生活》，梁志斐、周铁山译，上海人民出版社 2007 年版。

［58］［古希腊］亚里士多德：《尼各马可伦理学》，廖申自译，商务印书馆 2003 年版。

［59］［美］费侠莉著：《丁文江：科学与中国新文化》，丁子霖、蒋毅

坚、杨昭译，新星出版社 2006 年版。

[60] ［美］费正清、费维恺：《剑桥中华民国史（1912—1949 年》（下卷），中国社会科学出版社 1994 年版。

[61] ［美］费正清：《剑桥中华民国史：1912—1949》，中国社会科学出版社 1994 年版。

[62] ［美］费正清：《中国：传统与变迁》，张沛译，世界知识出版社 2002 年版。

[63] ［美］郭颖颐著：《中国现代思想中的唯科学主义（1900—1950）》，雷颐译，江苏人民出版 1998 年版。

[64] ［美］夏绿蒂·弗思：《丁文江——科学与中国新文化》，湖南科学技术出版社 1987 年版。

[65] ［美］小摩里斯·N. 李克特著：《科学是一种文化过程》，顾昕、张小天译，生活·读书·新知三联书店 1989 年版。

[66] ［美］叶维丽著：《为中国寻找现代之路——中国留学生在美国（1900—1927）》，周子平译，北京大学出版社 2012 年版。

[67] ［美］朱克曼：《科学界的精英——美国的诺贝尔奖金获得者》，周叶谦、冯世则译，商务印书馆 1979 年版。

[68] ［英］J. D. 贝尔纳著：《科学的社会功能》，陈体芳译，张今校，商务印书馆 1982 年版。

[69] ［英］斯诺著，陈克艰：《两种文化》，秦小虎译，上海科学技术出版社 2003 年版。

[70] 白吉庵：《胡适教育论著选》，人民教育出版社 1994 年版。

[71] 编写组：《中国物理学会六十年》，湖南教育出版社 1992 年版。

[72] 秉志：《生物学与民族复兴》，中国文化服务社 1947 年版。

[73] 蔡元培：《我在教育界的经验》，高乃同编：《蔡子民先生传略》，商务印书馆 1943 年版。

[74] 陈时伟：《中央研究院 1948 年院士选举述论》，《一九四〇年代的中国》（下卷），社会科学文献出版社 2007 年版。

[75] 陈歆文、周嘉华：《永利与黄海——中国近代化工的典范》，山东教育出版社 2006 年版。

[76] 陈寅恪：《金明馆丛稿二编》，上海古籍出版社 1984 年版。

[77] 程裕祺、陈梦熊：《前地质调查所的历史回顾：历史评述与主要贡

献》，地质出版社 1996 年版。

［78］岱峻：《发现李庄》，四川文艺出版社 2009 年版。

［79］董光璧：《中国近现代科学技术史》，湖南教育出版社 1997 年版。

［80］董光璧：《中国近现代科学技术史论纲》，湖南教育出版社 1992 年版。

［81］段治文：《中国现代科学文化的兴起（1919—1936）》，上海人民出版社 2001 年版。

［82］冯桂芬：《校邠庐抗议》，《续修四库全书》（第 952 册），上海古籍出版社 2002 年版。

［83］冯之浚：《科学与文化》，中国青年出版社 1990 年版。

［84］傅斯年：《东北史纲初稿》，岳麓书社 2011 年版。

［85］高平叔：《蔡元培论科学与技术》，河北科学技术出版社 1985 年版。

［86］高伟强：《民国著名大学校长》，湖北人民出版社 2007 年版。

［87］谷小水：《"少数人"的责任：丁文江的思想与实践》，天津古籍出版社 2005 年版。

［88］贵州遵义地方志编委会：《浙江大学在遵义》，浙江大学出版社 1990 年版。

［89］郭双林：《西潮激荡下的晚清地理学》，北京大学出版社 2000 年版。

［90］何志平等：《中国科学技术团体》，上海科学普及出版社 1990 年版。

［91］洪晓斌：《丁文江学术文化随笔》，中国青年出版社 2000 年版。

［92］胡适等：《丁文江这个人》，传记文学出版社 1979 年版。

［93］胡适：《丁文江的传记》，安徽教育出版 2006 年版。

［94］胡适：《胡适论人生》，安徽教育出版社 2006 年版。

［95］胡适：《胡适全集》（第 21 卷），安徽教育出版社 2003 年版。

［96］胡适：《胡适全集》（第 25 卷），安徽教育出版社 2003 年版。

［97］胡颂平：《胡适之先生晚年谈话录》，中国友谊出版公司 1993 年版。

［98］胡颂平：《朱家骅先生年谱》，传记文学杂志社 1969 年版。

［99］胡宗刚：《北平研究院植物学研究所史略（1929—1949）》，上海交通大学出版社 2010 年版。

［100］胡宗刚：《胡先骕先生年谱长编》，江西教育出版社 2008 年版。

［101］胡宗刚：《静生生物调查所史稿》，山东教育出版社 2005 年版。

［102］计荣森：《中国地质学会概况》，中国地质学会 1941 年版。

[103] 江晓原：《看！科学主义》，上海交通大学出版社 2007 年版。

[104] 金以林：《近代中国大学研究：1895—1949》，中央文献出版社 2000 年版。

[105] 科学家传记大辞典组：《中国现代科学家传记（1—6）》，科学出版社 1991 年版。

[106] 赖树明：《吴大猷传》，希代书版有限公司 1992 年版。

[107] 雷启立：《丁文江印象》，学林出版社 1997 年版。

[108] 黎庶昌：《西洋杂志》，湖南人民出版社 1981 年版。

[109] 李济：《李济学术随笔》，上海人民出版社 2008 年版。

[110] 李书华：《李书华自述》，湖南教育出版社 2009 年版。

[111] 李先闻：《李先闻自述》，湖南教育出版社 2009 年版。

[112] 李学通：《书生从政——翁文灏》，兰州大学出版社 1996 年版。

[113] 李学通：《翁文灏年谱》，山东教育出版社 2005 年版。

[114] 李义天：《共同体与政治团结》，社会科学文献出版社 2011 年版。

[115] 李玉海：《竺可桢年谱简编》，气象出版社 2010 年版。

[116] 李约瑟：《李约瑟游记》，贵州人民出版社 1999 年版。

[117] 李约瑟：《战时中国之科学》，徐贤恭、刘建康译，中华书局 1947 年版。

[118] 林洙：《困惑的大匠·梁思成》，山东画报出版社 1997 年版。

[119] 凌鸿勋口述：《凌鸿勋口述自传》，沈云龙访问，湖南教育出版 2011 年版。

[120] 刘军宇：《自由与社群》，生活·读书·新知三联书店 1998 年版。

[121] 刘珺珺：《科学社会学》，上海科技教育出版社 2009 年版。

[122] 刘述礼：《梅贻琦教育论著选》，人民教育出版社 1993 年版。

[123] 刘咸：《中国科学二十年》，《民国丛书》（第 1 编第 90 册），上海书店 1989 年版。

[124] 鲁迅：《集外集拾遗补编》，人民文学出版社 1995 年版。

[125] 马节：《慕尼黑大学》，湖南教育出版社 1990 年版。

[126] 马胜云：《李四光年谱》，地质出版社 1999 年版。

[127] 茅于美：《桥影依稀话至亲》，西南交通大学出版社 1993 年版。

[128] 欧阳哲生：《科学与政治——丁文江研究》，北京大学出版社 2009 年版。

［129］钱端升：《钱端升学术著作自选集》，北京师范学院出版社 1991 年版。

［130］秦孝仪：《革命文献（第一〇二辑）·抗战建国史料——农林建设》（一），台湾中华印刷厂 1985 年版。

［131］任鸿隽：《十年来中基会事业的回顾》，樊洪业，张久春：《科学救国之梦——任鸿隽文存》，上海科技教育出版社 2002 年版。

［132］任鸿隽：《中国科学社简史》，樊洪业、张久春：《科学救国之梦——任鸿隽文存》，上海科技教育出版社 2002 年版。

［133］沙莲香：《中国民族性》，中国人民大学出版社 1989 年版。

［134］沈云龙：《凌鸿勋先生访问纪录》，"中央"研究院近代史研究所 1982 年版。

［135］孙永如：《柳诒徵评传》，百花洲文艺出版社 1993 年版。

［136］唐代兴：《文化软实力战略研究》，人民出版社 2008 年版。

［137］陶希圣：《潮流与点滴》，传记文学出版社 1964 年版。

［138］陶英惠：《蔡元培》，台湾商务印书馆 1978 年版。

［139］陶英惠：《蔡元培 1868—1940》，《中华民国名人传》（第 1 册），近代中国出版社 1984 年版。

［140］陶英惠：《王世杰 1891—1981》，《中华民国名人传》（第 8 册），近代中国出版社 1988 年版。

［141］陶英惠：《中研院六院长》，文汇出版社 2009 年版。

［142］陶英惠：《朱家骅 1893—1963》，《国史拟传》第 6 辑，国史馆编印 1996 年版。

［143］汪晖：《现代中国思想的兴起》，生活·读书·新知三联书店 2008 年版。

［144］王鸿祯：《中国地质事业早期史》，北京大学出版社 1990 年版。

［145］王继平：《近代中国与近代文化》，中国社会科学出版社 2003 年版。

［146］王奇生：《中国留学生的历史轨迹：1872—1949》，湖北教育出版社 1992 年版。

［147］王仰之：《中国地质学简史》，中国科学技术出版社 1994 年版。

［148］王余光：《中国新图书出版业初探》，武汉大学出版社 1998 年版。

［149］王聿均、孙斌合编：《朱家骅先生言论集》，"中央研究院"近代

史研究所 1977 年版。

[150] 温源宁：《一知半解及其他》，辽宁教育出版社 2001 年版。

[151] 翁文灏：《翁文灏选集》，冶金工业出版社 1989 年版。

[152] 翁文灏：《序·中国地质学会概况》，中国地质学会 1941 年版。

[153] 翁文灏：《中国地质学会二十年来的工作》，李学通：《科学与工业化——翁文灏文存》，中华书局 2009 年版。

[154] 吴大猷：《八十述怀》，远流出版事业公司 1987 年版。

[155] 吴大猷：《吴大猷科学哲学文集》，社会科学文献出版社 1996年版。

[156] 吴大猷：《早期中国物理发展之回忆》，台北联经出版事业公司 2001 年版。

[157] 吴国盛：《反思科学》，新世界出版社，2004 年版。

[158] 吴海江：《文化视野中的科学》，复旦大学出版社 2008 年版。

[159] 吴廷燮：《北京市志稿·文教志》（下），北京燕山出版社 1998 年版。

[160] 夏湘蓉、王根元：《中国地质学会史》，地质出版社 1982 年版。

[161] 萧超然：《北京大学校史（1898—1949)》，上海教育出版社 1981 年版。

[162] 萧公权：《问学谏往录》，传记文学出版社 1972 年版。

[163] 颜振吾：《胡适研究丛录》，生活·读书·新知三联书店 1989 年版。

[164] 杨步伟：《一个女人的自传·杂记赵家》，岳麓书社 1987 年版。

[165] 杨德才：《20 世纪中国科学技术史稿》，武汉大学出版社 1996 年版。

[166] 杨钟健：《杨钟健回忆录》，地质出版社 1983 年版。

[167] 杨仲揆：《中国现代先驱——朱家骅传》，近代中国出版社 1984 年版。

[168] 岳南：《陈寅恪与傅斯年》，陕西师范大学出版社 2008 年版。

[169] 岳南：《从蔡元培到胡适》，中华书局 2011 年版。

[170] 张剑：《中国近代科学与科学体制化》，四川人民出版社 2008 年版。

[171] 张九辰：《地质学与民国社会：1916—1950》，山东教育出版社

2005 年版。

［172］张九庆：《自牛顿以来的科学家——近现代科学家群体透视》，安徽教育出版社 2002 年版。

［173］张君劢：《科学与人生观》，中国致公出版社 2009 年版。

［174］张培富：《海归学子演绎化学之路——中国近代化学体制化史考》，科学出版社 2009 年版。

［175］张子高：《科学发达略史》，中华书局 1932 年版。

［176］章鸿钊：《中国地质学发展小史》，商务印书馆 1937 年版。

［177］《植物研究》，行政院新闻局 1948 年版。

［178］智效民：《八位大学校长》，长江文艺出版社 2006 年版。

［179］中国地质学会编：《黄汲清年谱》，地质出版社 2004 年版。

［180］中国化学会：《中国化学会史》，上海交通大学出版社 2008 年版。

［181］中国科学技术协会：《中国科学技术专家传略》（理学编·化学卷 1），中国科学技术出版社 1993 年版。

［182］中国植物学会：《中国植物学史》，科学出版社 1994 年版。

［183］《中央研究院八十年》，《中央》研究院 2008 年版。

［184］中央研究院八十年院史编纂委员会：《追求卓越："中央"研究院院史八十年（卷一）》，"中央"研究院 2008 年版。

［185］《中央研究院院史初稿》，"中央"研究院 1988 年版。

［186］周昌忠：《中国传统文化的现代性转型》，生活·读书·新知三联书店 2002 年版。

［187］周一良：《周一良学术文化随笔》，中国青年出版社 1998 年版。

［188］周质平：《不思量自难忘》，台北联经出版事业公司 1999 年版。

［189］周质平：《胡适丛论》，台北三民书局 1992 年版。

［190］朱传誉：《朱骝先传记资料》，天一出版社 1985 年版。

［191］竺可桢：《竺可桢文集》，科学出版社 1979 年版。

三　论文

［192］Picken：《中英生物科学的交流》，陶大镛译，《民主与科学》1945 年第 2 期。

［193］《本社生物研究所开幕记》，《科学》1922 年第 8 期。

［194］编委会：《纪念戴芳澜教授诞辰九十周年》，《真菌学报》1983 年第 2 期。

[195] 编者:《抗战中的中央研究院》,《教育杂志》1939 年第 2 期。

[196] 秉志:《动物学讲习法》,《新教育》1922 年第 5 期。

[197] 秉志:《动物学研究趋势》,《学艺》1931 年第 4 期。

[198] 秉志:《国内生物科学近年来之进展》,《东方杂志》1931 年第 13 期。

[199] 秉志:《国难时期之科学家》,《公教学校》1936 年第 11 期。

[200] 秉志:《科学家对于社会的责任》,《科学世界》1937 年第 7 期。

[201] 秉志:《科学精神与国家命运》,《国风月刊》1936 年第 8 期。

[202] 秉志:《科学精神之影响》,《国风月刊》1935 年第 7 期。

[203] 秉志:《科学与民族复兴》,《科学》1935 年第 3 期。

[204] 秉志:《美国韦斯特生物研究所报告》,《教育杂志》1920 年第 7 期。

[205] 蔡元培:《丁在君先生对于中央研究院之贡献》,《独立评论》1935 年第 188 期。

[206] 曹效业:《中国科学文化的缺陷与科学精神的失落》,《科学对社会的影响》1999 年第 2 期。

[207] 陈彪、罗定江:《解放前后前中央研究院天文研究所概况》,《科学通报》1950 年第 1 期。

[208] 陈德懋:《胡先骕与中国近现代植物学》,《华中师范大学学报》(自然科学版) 1990 年第 2 期。

[209] 陈省身:《中央研究院三年》,《中国科技史料》1988 年第 4 期。

[210] 陈时伟:《中央研究院与中国近代学术体制的职业化 1927—1937》,《中国学术》2003 年第 3 期。

[211] 陈裕光:《金陵大学汇刊序》,《金陵大学汇刊》1943 年第 1 期。

[212] 陈垣:《党使我获得新的生命》,《人民日报》1959 年 3 月 12 日。

[213] 陈桢:《中国生物学研究的萌芽》,《东方杂志》1931 年第 14 期。

[214] 陈遵妫:《陈遵妫回忆录》,《中国科技史料》1981 年第 1 期。

[215] 陈遵妫:《对中央研究院天文研究所的筹建及建设紫金山天文台的回忆》,《中国科技史料》1988 年第 3 期。

[216] 陈遵妫:《抗战期内我国的天文界》,《东方杂志》1943 年第 1 期。

[217] 陈遵妫:《中国近代天文事业创始人——高鲁》,《中国科技史料》1983 年第 3 期。

[218] 成骥：《中央研究院第一届院士的去向》，《自然辩证法通讯》2011年第 2 期。

[219] 程忆帆：《中国学术界出版事业介绍·中国气象学会》，《书人》1937 年第 1 期。

[220] 《戴芳澜教授小传》，《植物病理学报》1979 年第 1 期。

[221] 戴宏、徐治立：《文化价值观科学功能探讨——以清教伦理与儒家文化为例》，《科学学研究》2010 年第 9 期。

[222] 邓叔群：《今日中国之森林问题》，《经济建设季刊》1942 年第 1 期。

[223] 《邓叔群先生生平》，《菌物系统》2002 年第 4 期。

[224] 丁文江：《历史人物与地理之关系》，《史地学报》1923 年第 4 期。

[225] 丁文江：《中央研究院的使命》，《东方杂志》1935 年第 2 期。

[226] 段异兵、樊洪业：《1935 年中央研究院使命的转变》，《自然辩证法通讯》2000 年第 5 期。

[227] 樊洪业：《中央研究院机构沿革大事记》，《中国科技史料》1985 年第 2 期。

[228] 樊洪业：《中央研究院院长的任命与选举》，《中国科技史料》1990 年第 4 期。

[229] 范岱年：《"另眼"看中国的科学精英》，《科学时报》2004 年 11 月 25 日。

[230] 范明：《蔡翘教授传略》，《中国神经科学杂志》2003 年第 2 期。

[231] 付邦红：《1946 年中国一份发展科学的长期计划》，《广西民族学院学报》（自然科学版）2005 年第 1 期。

[232] 付邦红：《从 1948 年中央研究院人文院士选举看社会科学评价》，《中国科技奖励》2006 年第 9 期。

[233] 傅长禄：《蔡元培与"国立中央研究院"》，《史学集刊》1982 年第 2 期。

[234] 高孟先：《卢作孚与北碚建设》，《文史资料选辑》第 25 卷第 74 辑。

[235] 葛兆光：《世家考》，《东方》1995 年第 6 期。

[236] 管惟炎：《吴有训教授事略》，《中国科技史料》1983 年第 3 期。

[237] 《广西建设研究会会务报告》，《建设研究》1941 年第 5 期。

[238] 郭金海：《1948 年中央研究院第一届院士的选举》，《自然科学史

研究》2006 年第 1 期。

[239] 郭金海：《中央研究院第一次院士会议》，《中国科技史杂志》2007 年第 1 期。

[240] 《国立北平研究院植物学研究所概况》，《广东教育月刊》1933 年第 11 期。

[241] 《国立中央研究院理工实验馆志略》，《科学》1934 年第 3 期。

[242] 《国联教育考察团建议改革中国教育之初步方案》，《江西教育旬刊》1933 年第 2 期。

[243] 郝景盛：《关于大学教授》，《时与潮副刊》1944 年第 2 期。

[244] 郝刘祥、王扬宗：《科学传统与中国科学事业的现代化》，《科学文化评论》2004 年第 1 期。

[245] 胡适：《丁在君这个人》，《独立评论》1936 年第 188 期。

[246] 胡先骕：《论中国今后发展科学应取之方针》，《科学时报》1947 年第 1 期。

[247] 胡先骕：《与汪敬熙先生论中国今日之生物学》，《独立评论》1932 年第 15 期。

[248] 胡先骕：《植物学教法》，《科学》1922 年第 11 期。

[249] 胡先骕：《中国科学发达之展望》，《科学》1936 年第 10 期。

[250] 胡旭初：《解放以来的前中央研究院医学研究所》，《科学通报》1950 年第 1 期。

[251] 华薇娜：《20 世纪上半叶走向世界的中国科学研究实况》，《科学学研究》2006 年第 3 期。

[252] 《化学家侯德榜》，《咸阳师专学报》1996 年第 6 期。

[253] 黄汲清：《三十年来之中国地质学》，《科学》1946 年第 6 期。

[254] 黄兴涛：《论民国文化的时代精神》，《教学与研究》1998 年第 10 期。

[255] 姜玉平、张秉伦：《从自然历史博物馆到动物研究所和植物研究所》，《中国科技史料》2002 年第 1 期。

[256] 姜玉平：《静生生物调查所成功的经验及启示》，《科学学研究》2005 年第 6 期。

[257] 《科学 "例言"》，《科学》1915 年第 1 期。

[258] 孔庆泰：《前中央研究院的组织机构和重要制度》，《历史档案》

1984 年第 3 期。

[259] 雷颐：《民国中央研究院院长之争》，《文史博览》2007 年第 9 期。

[260] 李乐元：《中国西部科学院》，《科学通报》1950 年第 4 期。

[261] 李莲青：《俞大维的家世》，《大地周报》1947 年第 93 期。

[262] 李寿枏：《前中央研究院物理研究所解放后工作概况》，《科学通报》1950 年第 1 期。

[263] 李四光：《二十年经验之回顾》，《中国地质学会志》1942 年第 1—2 期。

[264] 李四光：《桂林科学实验馆概况》，《建设研究》1941 年第 5 期。

[265] 李喜所：《留美生在近代中国的文化定位》，《天津社会科学》2003 年第 3 期。

[266] 李喜所：《留学生与中国现代学科群的构建》，《河北学刊》2003 年第 6 期。

[267] 梁金美、吴永忠：《劳斯的科学文化实践观探析》，《哲学动态》2011 年第 9 期。

[268] 梁峥、许亦农：《植物生理学大师汤佩松》，《植物学通报》2000 年第 1 期。

[269] 林文照：《中央研究院的筹备经过》，《中国科技史料》1988 年第 2 期。

[270] 林文照：《中央研究院概述》，《中国科技史料》1985 年第 2 期。

[271] 林文照：《中央研究院主要法规辑录》，《中国科技史料》1988 年第 4 期。

[272] 刘后滨、张耐冬：《陈寅恪的士大夫情结与学术取向》，《中国文哲研究集刊》2003 年第 23 期。

[273] 刘寄星：《中国理论物理学家与生物学家结合的典范——回顾汤佩松和王竹溪先生对植物细胞水分关系研究的历史性贡献》，《物理》2003 年第 6 期。

[274] 刘洁民：《姜立夫先生和中央研究院数学研究所》，《数学的实践与认识》1991 年第 3 期。

[275] 刘克选、胡升华：《叶企孙的贡献与悲剧》，《自然辩证法通讯》1989 年第 3 期。

[276] 刘晓：《北平研究院的学术会议及会员制度》，《中国科技史杂志》

2010 年第 1 期。

[277] 刘昭民：《中央研究院初期的自然科学研究》，《中华科技史学会学刊》2008 年第 12 期。

[278] 柳大维：《前中央研究院工学研究所近讯》，《科学通报》1950 年第 1 期。

[279] 柳诒徵：《清季教育之国耻》，《国风月刊》1935 年第 1 期。

[280] 卢勇、肖航：《民国时期学术研究职业化体制考察——从中央学会到中央研究院》，《求索》2009 年第 4 期。

[281] 卢于道：《科学工作者亟需社会意识》，《科学》1947 年第 5 期。

[282] 鲁子惠：《汪敬熙先生传略》，《中国神经科学杂志》2001 年第 4 期。

[283] 陆景一：《忆秉志先生二、三事——为纪念秉志先生诞生一百周年》，《动物学杂志》1986 年第 2 期。

[284] 罗自梅：《胡先骕》，《江西社会科学》1981 年第 Z1 期。

[285] 马陵合：《凌鸿勋与西部边疆铁路的规划和建设》，《新疆社会科学》2007 年第 2 期。

[286] 马允伦：《姜立夫传略》，《温州师范学院学报》2002 年第 1 期。

[287] 慕伸：《参观上海中央研究院记》，《青年科学》1939 年第 1 期。

[288] 钱崇澍：《评博物学杂志》，《科学》1915 年第 5 期。

[289] 曲凯南：《朱家骅传》，《民国档案》1991 年第 4 期。

[290] 任定成：《中国近现代科学的社会文化轨迹》，《科学技术与辩证法》1997 年第 2 期。

[291] 任纪舜等：《黄汲清先生生平及科学实践活动》，《地质评论》2004 年第 3 期。

[292]《萨本栋教授生平》，《电气电子教学学报》2002 年第 5 期。

[293] 桑兵：《近代中外比较研究史管窥》，《中国社会科学》2003 年第 1 期。

[294] 寿勉成：《我国大学之教材问题》，《教育杂志》1925 年第 3 期。

[295] 苏勉曾：《曾昭抡先生生平年谱》，《大学化学》1999 年第 5 期。

[296] 孙昊：《论中国近代新型知识分子》2002 年第 5 期。

[297] 孙宅巍：《抗战中的中央研究院》，《抗日战争研究》1993 年第 1 期。

[298] 陶英惠：《蔡元培的生平与志业》，《近代中国》（创刊号），1977 年。

[299] 陶英惠：《蔡元培与大学院》，《"中央"研究院近代史研究所集刊》第 3 期（上），1972 年。

[300] 陶英惠：《蔡元培与中央研究院（1927—1940)》，《"中央"研究院近代史研究所集刊》（第七期）1978 年第 7 期。

[301] 陶英惠：《深谋远虑奠磐基：朱家骅与中央研究院》，《中外杂志》2000 年第 2—5 期。

[302] 田彩凤：《叶企孙先生年谱》，《清华大学学报》（哲学社会科学版）1998 年第 3 期。

[303] 王春南：《丁文江与中央研究院》，《学海》1992 年第 4 期。

[304] 王大明：《吴有训年表》，《中国科技史料》1986 年第 6 期。

[305] 王凤青：《傅斯年与中央研究院历史语言研究所》，《殷都学刊》2006 年第 3 期。

[306] 王伏雉：《解放以后的前中央研究院植物研究所》，《科学通报》1950 年第 1 期。

[307] 王奇生：《中国近代人物的地理分布》，《近代史研究》1996 年第 2 期。

[308] 王扬宗：《中央研究院首届评议会 1940 年会与院长选举》，《中国科技史杂志》2008 年第 4 期。

[309] 王聿均：《战时日军对中国文化的破坏》，《（台湾）近代史研究集刊》1985 年第 14 期。

[310] 翁文灏：《再致地质调查所同人书》，《地质论评》1938 年第 1 期。

[311] 吴大猷：《早期中国物理发展的回忆·续三》，《物理》2005 年第 4 期。

[312] 吴大猷：《中央研究院的回顾、现况与前瞻》，《传记文学》1986 年第 5 期。

[313] 吴文俊：《中央研究院数学研究所一年的回忆》，《赣南师范学院学报》（自然科学版）1989 年第 1 期。

[314] 吴效马：《民国时期科学社会化思潮的历史轨迹》，《教学与研究》2005 年第 5 期。

[315] 吴学周：《前中央研究院化学研究所四月份工作报告》，《科学通

报》1950 年第 1 期。

[316] 吴学周：《中央研究院化学研究所》，《化学》1945 年第 9 期。

[317] 吴英杰、张钢：《抗日战争时期浙江大学的科学研究》，《自然辩证法通讯》1996 年第 2 期。

[318] 吴有训：《国民对于科学研究的自信》，《读书通讯》1942 年第 34 期。

[319] 伍献文：《前中央研究院动物研究所最近动态》，《科学通报》1950 年第 1 期。

[320] 夏敬农：《在抗日战争中科学家能做些什么》，《今论衡》1938 年第 1 期。

[321] 夏鼐：《中央研究院第一届院士的分析》，《观察》1948 年第 14 期。

[322] 向达：《祝南北两学术会议》，《中建》1948 年第 6 期。

[323] 谢家荣：《地质学与现代文化》，《国风半月刊》1933 年第 1 期。

[324] 徐曼：《留美生与中国近代自然科学学科的建立与发展》，《学术论坛》2005 年第 4 期。

[325] 徐明华：《"中央"研究院与中国科学研究的制度化》，《"中央研究院"近代史研究所集刊》第 22 期（下），1983 年。

[326] 徐文镐：《吴有训年谱》，《中国科技史料》1997 年第 4 期。

[327] 徐晓白：《解放后的前中央研究院化学研究所》，《科学通报》1950 年第 2 期。

[328] 徐益棠：《中国民族学之发展》，《民族学研究集刊》1946 年第 5 期。

[329] 严家炎：《五四新文化运动与中国的家族制度》，《鲁迅研究月刊》1999 年第 10 期。

[330] 阎光才：《学术系统的分化结构与学术精英的生成机制》，《高等教育研究》2010 年第 3 期。

[331] 杨钟健：《纯粹研究之出路》，《国论周刊》1939 年第 12 期。

[332] 杨钟健：《非常时期之地质界》，《地质论评》1937 年第 6 期。

[333] 《一代宗师竺可桢》，《传记文学》2004 年第 5 期。

[334] 夷声、歆名：《中央研究院的组织与管理（1928—1949）》，《科学学研究》1985 年第 2 期。

[335] 袁振东：《国立中央研究院化学研究所的创建（1927—1937 年）：

职业化化学研究在中国的尝试》，《中国科技史杂志》2006 年第
2 期。

[336] 曾昭抡：《中国学术界出版事业介绍·中国化学会》，《书人》1937
年第 1 期。

[337] 张彬、付东升等：《论竺可桢的教育思想与"求是"精神》，《浙
江大学学报》（人文社会科学版）2005 年第 6 期。

[338] 张凤琦：《抗战时期国民政府科技发展战略与政策述评》，《抗日战
争研究》2003 年第 2 期。

[339] 张桂霞：《在科学和社会之间——丁文江及其政治思想浅析》，《阜
阳师范学院学报》（社会科学版）2002 年第 1 期。

[340] 张剑：《1940 年的中央研究院院长选举》，《档案与史学》1999 年
第 2 期。

[341] 张剑：《中国学术评议空间的开创——以中央研究院评议会为中
心》，《史林》2005 年第 6 期。

[342] 张孟闻：《中国生物分类学史述论》，《中国科技史料》1987 年第
6 期。

[343] 张培富：《从中国科学建制到中国科学文化》，《山西大学学报》
（哲学社会科学版）2008 年第 5 期。

[344] 张世昆：《国立中央研究院物理研究所初建十年：1927—1937》，
《首都师范大学学报》（自然科学版）2008 年第 5 期。

[345] 张文佑：《前中央研究院地质研究所近况》，《科学通报》1950 年
第 1 期。

[346] 张锡金：《知识分子的角色：学术与政治之间》，《学术界》2001
年第 5 期。

[347] 张尧庭：《许宝騄思想方法》，《曲阜师范大学学报》（自然科学
版）1993 年第 1 期。

[348] 张银玲：《中国地质学会及其创办的地质期刊》，《中国科技期刊研
究》2001 年第 4 期。

[349] 张元济：《刍荛之言》，《科学》1948 年第 11 期。

[350] 张祖林等：《中国现代科学技术空间分布的形成与发展》，《华中师
范大学学报》（自然科学版）1998 年第 1 期。

[351] 章震樾：《前中央研究院气象研究所最近工作报导》，《科学通报》

1950 年第 1 期。

[352] 赵慧芝：《任鸿隽年谱》，《中国科技史料》1988 年第 2 期。

[353] 郑集：《战时科学家的责任》，《科学世界》1938 年第 1 期。

[354] 郑林：《中国近代科研体系的形成》，《广西民族学院学报》（自然科学版）2004 年第 4 期。

[355] 《中国化学会会务进展概况》，《科学》1936 年第 10 期。

[356] 《中国物理学会之意见》，《东方杂志》1935 年第 3 期。

[357] 《中国植物学会概况》，《科学》1936 年第 10 期。

[358] 周存君：《中央研究院迁台未果原因探析——兼谈历史转折时期知识分子的价值取向》，《黑龙江史志》2008 年第 8 期。

[359] 周济：《萨本栋的科学观与科学方法论》，《厦门大学学报》（哲学社会科学版）2001 年第 1 期。

[360] 周雷鸣：《一九四八年中央研究院院士选举》，《南京社会科学》2006 年第 2 期。

[361] 周质平：《胡适与吴敬恒》，《传记文学》2009 年第 5 期。

[362] 朱家骅：《抗战以来中央研究院之概况》，《学思》1942 年第 11 期。

[363] 竺可桢：《从战争讲到科学的研究》，《时代公论》1932 年第 7 期。

[364] 竺可桢：《大学生与抗战建国》，《国立浙江大学校刊》1941 年第 100 期。

[365] 竺可桢：《航空救国与科学研究》，《国风半月刊》1933 年第 12 期。

[366] 竺可桢：《抗战建国与地理》，《地理》1941 年第 1—4 期。

[367] 竺可桢：《论不科学之害》，《东方杂志》1933 年第 1 期。

[368] 竺可桢：《求是精神》，《科学画报》1939 年第 21—22 期。

[369] 竺可桢：《中国实验科学不发达之原因》，《广播周报》1935 年第 61—63 期。

[370] 左玉河：《"中央"研究院评议会及其学术指导功能》，《史学月刊》2008 年第 5 期。

四 论文集、综合类

[371] 艾迪：《中国有一模范省乎?》，《莅桂中外名人演讲集》，广西省政府编译委员会 1930 年第 8 期。

[372] 编辑组：《纪念科学家竺可桢论文集》，科学普及出版社 1982 年版。

[373] 卞僧慧：《陈寅恪先生年谱长编》，中华书局 2010 年版。

[374] 卞孝萱编：《民国人物碑传集》，团结出版社 1995 年版。

[375] 陈武元编：《萨本栋博士百年诞辰纪念文集》，厦门大学出版社 2004 年版。

[376] 陈垣：《陈垣来往书信集》，上海古籍出版社 1990 年版。

[377] 《大学院中央研究院广西科学调查计划概略》，《大学院公报》1928 年第 4 期。

[378] 冯友兰：《国立西南联合大学纪念碑碑文》，1946 年。

[379] 谷超豪等主编：《文章道德仰高风：庆贺苏步青教授百岁华诞文集》，复旦大学出版社 2001 年版。

[380] 故院长朱家骅先生纪念论文：《"中央"研究院历史语言研究所集刊》第 35 本，1964 年。

[381] 郭文魁等主编：《谢家荣与矿产测勘处纪念谢家荣教授诞辰 100 周年》，石油工业出版社 2004 年版。

[382] 国立中央研究院气象研究所编：《竺可桢先生六旬寿辰纪念专刊》，国立中央研究院气象研究所，1949 年。

[383] 《国立中央研究院庆祝董作宾先生六十五岁论文集》，"中央研究院"历史语言研究所，1960 年。

[384] 胡升华：《中央研究院物理研究所工作评述（1928—1949）》，《第七届国际中国科学史会议文集》，大象出版社 1999 年版。

[385] 胡适：《胡适来往书信选》，社会科学文献出版社 2013 年版。

[386] 黄建诚主编：《科学巨星——吴大猷博士》，《政协高要市委员会》，1999 年。

[387] 《黄岩文史资料》（第 15 期），政协黄岩委员会文史资料征集研究委员会，1992 年。

[388] 黄钰、郝时远：《广西民族调查的回顾》，《田野调查实录——民族调查回忆》，社会科学文献出版社 1999 年。

[389] 姜义安：《我国著名科学家辛树帜考察大瑶山》，《金秀文史资料》（第 5 辑），政协金秀瑶族自治县委员会，1990 年版。

[390] 李淮春：《马克思主义哲学全书》，中国人民大学出版社 1996 年版。

［391］ 李四光研究会筹备组，地质学会地质力学专业委员会编：《李四光纪念文集》，地质出版社 1981 年版。

［392］ 梁栋材主编：《贝时璋教授与中国生物物理学》，中国科学院生物物理所 1992 年版。

［393］ 马国泉：《社会科学大词典》，中国国际广播出版社 1989 年版。

［394］ 马新斋口述，赏万科整理：《国民党西北羊毛改进处始末》，载中国人民政治协商会议岷县委员会文史资料研究委员会编：《岷县文史资料选辑》（第 2 辑）（内部发行），1990 年。

［395］《民国史档案资料汇编》第 5 编教育（二），江苏古籍出版社年版。

［396］ 潘洵：《论中国西部科学院创建的缘起与经过》，北碚文史资料第十八辑，2007 年。

［397］ 钱伟长：《怀念我的老师叶企孙教授》，《一代师表叶企孙》，上海科学技术出版社 1995 年版。

［398］《庆祝朱家骅先生六十岁论文集》，《"中央"研究院院刊》第 1 辑，1954 年。

［399］ 丘成桐：《纪念陈省身先生文集》，浙江大学出版社 2005 年版。

［400］ 施白南：《中国西部科学院》，《北碚志资料》1986 年第 7 期。

［401］ 覃光广、冯利、陈朴：《文化学辞典》，中央民族学院出版社 1988 年版。

［402］ 汤佩松：《童年和大学时代——朦胧与启迪》，卢嘉锡、李真真编：《另一种人生——当代中国科学家随感》（上），东方出版中心，1998 年。

［403］ 陶英惠：《蔡元培年谱》，《"中央"研究院近代史研究所专刊》，1976 年。

［404］ 王世儒：《蔡元培先生年谱》，北京大学出版社 1998 年版。

［405］《为本院派科学调查员前往该省请予便利由》，《大学院公报》1928 年第 6 期。

［406］ 吴宓：《吴宓日记》（第 6 册），生活·读书·新知三联书店 1999 年版。

［407］ 吴有训百年诞辰纪念活动筹备委员会主编：《吴有训百年诞辰纪念文集》，中国科学技术出版社 1997 年版。

［408］ 许为江：《杨杏佛年谱》，《中国科技史料》1991 年第 2 期。

[409] 薛攀皋、季楚卿：《中国科学院史料汇编（1957 年）》，中国科学院院史文物征集委员会办公室，1998 年。

[410] 余英时：《陈寅恪与儒学实践》，李明辉主编：《儒家思想的现代诠释》，"中央"研究院中国文哲研究所筹备处，1997 年版。

[411] 翟启慧、胡宗刚：《秉志文存》，第 3 卷，北京大学出版社 2006 年。

[412] 张凤琦：《抗战时期内迁西南的中央研究院》，四川文史资料集粹（第 4 卷）文化教育科学编，1996 年。

[413] 张剑：《另一种抗战：抗战期间以秉志为核心的中国科学社同仁在上海》，《中国科技史杂志》2012 年第 2 期。

[414] 张晓良：《自然历史博物馆的科普工作》，［2012 – 10 – 25］. http：//www. ihb. ac. cn/gkjj/lsyg/200909/t20090924_ 2518359. html。

[415] 赵宏量：《回忆华罗庚》，西南师范大学出版社 1986 年版。

[416] 政协北京市委员会文史资料研究委员会编：《文史资料选编》（第 36 辑），1989 年。

[417] 政协平阳县文史资料委员会：《平阳文史资料》 （第 15 辑），1997 年。

[418] 《中国科学社第二十一次年会报告》，中国科学社 1936 年版。

[419] 《中国科学社生物研究所概况（第一次十年报告)》，《中国科学公司》1932 年版。

[420] 中国人民政治协商会议镇江市委员会编：《桥梁专家茅以升纪念文集》，中国文史出版社 1990 年版。

[421] 中国社会科学院近代史研究所：《胡适来往书信选》（中册），中华书局 1979 年版。

[422] 竺可桢：《竺可桢日记》，人民出版社 1984 年版。

五 学位论文

[423] 卜晓勇：《中国现代科学精英》，博士学位论文，中国科学技术大学，2007 年。

[424] 陈洪杰：《中国近代科普教育：社团、场馆和技术》，华东师范大学硕士学位论文，2006 年。

[425] 陈紫微：《中央研究院社会研究所探究》，华东师范大学硕士学位论文，2009。

[426] 冯志杰：《中国近代科技出版史研究》，南京农业大学博士学位论文，2007。

[427] 李惠兴：《有关中央研究院天文研究所建立初期的几个问题的探讨》，中国科学院硕士学位论文，2006。

[428] 李韬：《美国的慈善基金会与美国政治》，中国社会科学院博士学位论文，2003。

[429] 刘韦：《抗日战争期间我国高校内迁研究》，安徽师范大学硕士学位论文，2006。

[430] 潘丙国：《南京国民政府时期中央研究院体制之研究》，河南大学硕士学位论文，2009。

[431] 彭国兴：《20世纪前半期中国关于科学社会功能的认识研究》，西北大学博士学位论文，2004。

[432] 孙从军：《中国近现代科技体制化的历程研究》，湖南大学硕士学位论文，2005。

[433] 唐颖：《中国近代科技期刊与科技传播》，华东师范大学硕士学位论文，2006。

[434] 谢清果：《科学文化及其社会功能研究》，福建师范大学博士学位论文，2003。

[435] 徐明华：《中央研究院与中国科学的体制化》，浙江大学硕士学位论文，1991。

[436] 姚昆仑：《中国科学技术奖励制度研究》，中国科技大学博士学位论文，2007。

[437] 尹兆鹏：《科学传播的哲学研究》，复旦大学博士学位论文，2004。

[438] 张栋：《中央研究院科学体制研究1924—1949》，南京航空航天大学硕士学位论文，2008。

[439] 张于牧：《民国自然科学与民族主义》，武汉大学硕士学位论文，2005。

[440] 周勇：《我国早期留学教育（1872—1949）与中国近代科学的历史转变》，华中师范大学硕士学位论文，2006。

六　报纸

[441] 部院会议，《外人来华考查科学办法》，《申报》1930年10月5日。

[442]《大学院广西科学调查团昨日出发》,《申报》1928 年 4 月 25 日。

[443]《东南日报》1945 年 11 月 9 日。

[444] 费鸿年:《中国动物学界之现状及其将来》,《晨报副刊》1923 年 7 月 5 日。

[445] 冯友兰:《及时努力勿贻后悔,沉痛纪念九一八,大家要用血肉保卫祖国雪耻复仇》,《云南日报》1939 年 9 月 19 日。

[446]《广西科学调查团之近况》,《申报》1928 年 8 月 29 日。

[447]《国立北平研究院学术会议今开幕》,《申报》1948 年 9 月 9 日。

[448] 郝景盛:《关于积石山探险》,《大公报》(天津)1948 年 2 月 13 日。

[449] 华罗庚:《今天中国科学研究应取之原则》,《云南日报》1946 年 1 月 20 日。

[450]《华许本博士对记者报告探测积石山计划,已与我中央研究院商定》,《申报》1948 年 3 月 3 日。

[451] 黄汲清:《闻美国积石山探险队来华有感》,《大公报》(天津)1948 年 2 月 4 日。

[452]《积石山摄影展六日起在沪举行》,《申报》1948 年 3 月 3 日。

[453]《积石山探测经过一片冰天雪地寥无人烟,最高峰不超过万九千呎》,《申报》1948 年 4 月 18 日。

[454]《积石山探险工作我学术界拟自动完成中航派专机供给使用》,《申报》1948 年 4 月 8 日。

[455]《雷诺抵沪,筹划探险,明日晋京与当局商洽》,《申报》1948 年 1 月 20 日。

[456]《雷诺招待记者报告探险目的,我决合作派员参加》,《申报》1948 年 1 月 24 日。

[457]《雷诺昨谒王外长》,《申报》1948 年 1 月 23 日。

[458] 李承三:《关于探测积石山》,《大公报》(天津)1948 年 2 月 17 日。

[459] 刘咸:《论雷诺探险队之来华》,《申报》1948 年 2 月 2 日。

[460] 刘咸:《论自力探险的重要》,《申报》1948 年 4 月 12 日。

[461] 裴文中:《中美积石山探测队结束之后》,《大公报》(天津)1948 年 4 月 3 日。

[462]《却说雷诺探险》，《大公报》（天津）1948 年 4 月 7 日。

[463]《三教授出国研究原子弹助理由联大助教中遴选》，《云南日报》1946 年 1 月 20 日。

[464]《社评：为学术界的青年请命》，《大公报》（天津）1948 年 1 月 26 日。

[465]《团结报》1988 年 9 月 9 日。

[466] 翁文灏：《追念蔡子民先生》，《中央日报》（重庆）1940 年 3 月 24 日。

[467] 严济慈：《北平研究院学术会议，胡适李书华等致词》，《申报》1948 年 9 月 10 日。

[468] 杨钟健：《科学副刊》，《大公报》1936 年 10 月 3 日。

[469] 曾昭抡：《给一位前线的战士》，《益世报》1939 年 7 月 8 日。

[470] 曾昭抡：《抗敌精神讲话》，《民国日报》（昆明）1938 年 5 月 28 日。

[471]《中央日报》1944 年 9 月 22 日。

[472]《自力探测积石山，萨本栋主张陆空并进》，《申报》1948 年 4 月 28 日。

七　英文文献

[473] Axel Schneider. "Book Reviews". *The China Quarterly*, 2001 (1): 1040 – 1041.

[474] Colin Bell and Howard Newby, "Community Studies: An Introduction to the Sociology of the Local Community", *Westport*, CT: Praeger, 1973, p. 15.

[475] Colin Bell and Howard Newby, *The Sociology of Community: A Selection of Readings*, London: Frank Cass, 1974, p. xiii.

[476] Cong Cao and Richard P. Suttmeier. "China's New Scientific Elite: Distinguished Young Scientists", *the Research Environment and Hopes for Chinese Science*. pp. 960 – 984.

[477] Cong Cao. *China's Scientific Elite*, London and New York: Routledge Curzon, 2004.

[478] David Hollinger, "From Identity to Solidarity", *Daedalus*, Fall 2006.

[479] Dominic Bryan, "The Politics of Community", in *Critical Review of In-*

ternational Social and Political Philosophy, Vol. 9, No. 1.

[480] Gerard Delanty, *Community*, London: Routledge, 2003.

[481] Jin Xiaoming. The China – U. S. Relationship in Science and Technology. Paper presented at "China's Emerging Technological Trajectory in the 21st Century", Hosted by the Lally School of Management and Technology Rensselaer Polytechnic Institute , Troy, New York, U. S. September 4 – 6, 2003.

[482] Laurence Schneider. *Biology and Revolution in Twentieth – Century China*. Lanham, MD: Rowman &Littlefield, 2003.

[483] Matthews M R. *A Role for History and Philosophy in Science Teaching. Interchange*, 1989.

[484] Peter Buck. Order and Control: The Scientific Method in China and the United States. *Social Studies of Science*, Vol. 5, No. 3 (Aug. , 1975), pp. 237 – 267.

[485] Peter Pear. Cultural History of Science: An Overview With Reflection. Science, *Technology*, *& Human Values*, 1995, Vol. 20 (No. 2)

[486] Shiwei Chen. *Government and Academy in Republican China: History of Academia Sinica*, 1927 – 1949. Harvard University, 1998.

[487] V. P. Kharbanda. *Science*, *Technology and Ecnomic Development in China*. 1987.

[488] Wang Fan – sen. Fu Ssu – nien: *A Life in Chinese History and Politics*. Cambridge; *New York: Cambridge University Press*, 2000.

[489] Wen – Hsin Yeh. *The Alienated Academy: Culture and Politics in Republican China*, *1919 – 1937*. Cambridge Mass: Council on East Asian Studies, Harvard University and Harvard University Press, 1990.

[490] Zuoyue Wang. Saving China through Science: The Science Society of China, Scientific Nationalism, and Civil Society in Republican China. Osiris, 2nd Series, Vol. 17, Science and Civil Society (2002), pp. 291 – 322.

后　记

　　2000 年我从山东大学中文系毕业后，回到家门口的学校——山西师范大学工作，从"山左"再次回到"山右"，一头扎进了"故纸堆"，开始从事古籍整理工作，工作之初几乎所有的人都要问我两个问题，一是为什么要从山东回到山西，二是年纪轻轻为何要做这种更适合老年人做的工作。也许真是年轻气盛，总想通过自己改变别人的看法，一面享受着"坐拥书城"的怡然自得，一面积极地做一些古籍数字化的工作。每天能面对数以万计的古籍，能亲手触摸明清善本，这种体验现在回想起来也弥足珍贵。

　　为了证明自己不是"养老"而是有"上进心"的，2004 年考入山西大学科学技术哲学研究中心攻读硕士学位，这是山西唯一一个教育部人文社会科学重点研究基地，这样既可选择一个优势专业，又可照顾家庭。作为一个跨专业的学生，总想试图把曾经的专业和当前的专业结合起来，硕士论文选择了与"科学术语"相关的题目，算是把语言学和科学结合起来。三年后，在导师张培富教授精心指导下我完成了学业，毕业后返回山西师大继续工作。2008 年重新投入张培富教授门下读博，有幸忝列张老师的首批博士生之列，继续从事"科学文化"领域的研究。从读研到读博，先后将近 10 年的时间亲耳聆听张老师的教诲，张老师儒雅宽厚的品格和严谨细致的学风对我影响极大，至今我仍在张老师开辟的学术道路上前行。现在不时有同门、同事说我最像张老师，这种"像"是治学路径的像，也是治学态度的像。张老师的恩泽令我受益终身。

　　2013 年，经过 5 年的学习，终于完成了学术论文的发表任务，完成了学位论文的写作，通过了答辩。我至今仍时常回想起答辩时各位老师对我的指导与建议，我借此对高策老师、梅建军老师、赵万里老师、魏屹东老师表达深深的谢意，各位老师的点拨一直为我之后的学习提供指引。

　　毕业后我再次返回山西师大，两年之后调到历史学院工作，从事教学和研究工作，总算走上了"正途"。过去两年多的时间里，我完成了从"教辅"到"教师"岗位的转变，也从以前"自发"的学习变为"自觉"的研究，开始了新的工作历程。

　　本书是在我博士学位论文的基础上修改而成的，有的章节做了删改，有的观点做了修正，同时，限于篇幅，忍痛将长达 120 页的附录删掉，其内容是关于中央研究院 1927－1949 年职员的详细信息，为做成这一名录，耗费了我大量的精力和时间，日后如有合适的方式我仍想将其呈现出来。

　　该书最终以书的形式出现，还要感谢中国社会科学出版社的宋燕鹏编审，是宋老师的鼓励使我将久久不敢示众的文字拿来出版，也是宋老师专业的水准和可敬的耐心使本书看上去更像一本书。

　　谨以此书的出版作为我曲折辗转的求学之路的一个小结。在求学的道路上，我才刚刚上路。